MASCHINEN GEWEHRE

VON 1860 BIS HEUTE

MASCHINENGEWEHRE
VON 1860 BIS HEUTE

ROGER FORD

KARL MÜLLER VERLAG

Fotografien
Robert Hunt Library: 21 (beide), 26, 29, 30, 41, 47, 58-59, 67, 68, 72, 93
Salamander Picture Library: 17, 87 (unten), 89, 91, 92, 104, 136 (oben), 137
TRH Pictures: 6-7, 10, 12, 16, 18-19, 24, 32, 34, 38, 43, 46, 48-49, 51 (beide), 53, 57, 60-61, 63, 64-65, 69, 70, 71, 75, 76, 79 (beide), 80, 81, 83, 84, 87 (oben), 96-97, 99, 100, 103, 105, 110, 112, 115, 119, 121, 122, 125, 126, 129, 130, 134, 136 (unten), 138, 140, 142, 145 (beide), 146-147, 148, 150, 151, 153, 154, 157 (beide), 160-161, 162, 164, 166, 168, 169, 171, 173, 174

Zeichnungen
John Batchelor: 8, 9, 10, 11, 13, 14, 15, 20, 22, 23, 24-25, 26-27, 27, 28, 31, 34-35, 36, 36-37, 37, 38-39, 40-41, 42-43, 44-45, 45, 48-49, 50-51, 54-55 (beide), 58-59, 66-67, 68, 69, 72, 73, 74-75, 76-77, 78-79, 82, 84-85, 86, 88-89, 90-91, 94-95, 98, 101, 102-103, 104, 106, 107, 109, 110-111, 114-115, 116-117, 117, 118-119, 120, 121, 122-123, 124-125, 125, 126, 127, 128-129, 130-131, 132, 133, 134, 137, 138-139, 140-141, 141, 142-143, 143, 144, 150-151, 152, 155, 156, 158-159, 160-161, 162-163, 164-165, 167, 170, 171, 172
De Agostini: 135, 148-149

Redaktion: Vanessa Unwin
Design: Hawes Design
Auswahl der Abbildungen: Ken Botham
Titel der Originalausgabe:The World's Great Machine Guns
Übertragung aus dem Englischen: Jürgen Brust M. A.

ISBN 3-86070-703-5

1 2 3 4 5 3 2 1 00 9

INHALT

KAPITEL 1

HANDBETRIEBENE MASCHINENGEWEHRE

Im dritten Viertel des 18. Jahrhunderts gab es einige drastische Veränderungen in der Funktionsweise der Schusswaffen. In gewissem Sinne überschlug sich die Technologie in ihrer Eile, neue Erfindungen hervorzubringen. Als Ergebnis gab es nicht wenige Irrwege, wozu auch die mechanischen Maschinengewehre mit Handkurbel zählten.

Schon längst gab es Versuche, die Zerstörungskraft der Waffen zu erhöhen. So kombinierte man die wesentlichen Teile mehrerer Feuerwaffen, ihre Läufe und Ladungsräume, zu einer Waffe. Man nannte sie Batteriewaffen, Bündelgewehre oder auch Orgelwaffen. Sie wurden normalerweise wie kleine Artilleriegeschütze auf Lafetten montiert. Es gab aber auch mehrläufige Musketen, die u. a. Henry Nock in den 1780er Jahren für die Royal Navy baute. Sie wurden jedoch letztendlich abgelehnt. Einerseits waren sie zu teuer; andererseits hatten sie wegen der gleichzeitig abgefeuerten sieben Läufe einen furchterregenden Rückschlag, den die Schützen kaum bewältigen konnten.

Bei den Bündelgewehren musste jeder Lauf einzeln von der Mündung her geladen werden. Daher waren sie kaum noch zu gebrauchen, wenn erst einmal das erste Bündel abgefeuert war. Normalerweise wurden sie in festen Verteidigungsstellungen eingesetzt. Viel besser waren die einfachen Feldartilleriegeschütze, die mit Kanistern geladen wurden. Das waren einfache zylindrische, mit Musketenkugeln gefüllte Blechdosen, die beim Feuern zerbarsten. Es gab auch Kartätschen, traubengroße Kugeln in einem hölzernen Rahmen, der sich beim Feuern in seine Bestandteile auflöste, oder explodierende Schrapnellgeschosse, deren Splitter zu tödlichen Projektilen wurden. Letztere wurden nach dem Generalleutnant Henry Shrapnel von der britischen Armee benannt. Diese Munition konnte verhältnismäßig schnell nachgeladen werden und erzielte zumindest theoretisch den gleichen Effekt wie die Orgelwaffen. Außerdem konnten mit den Geschützen auch gewöhnliche Massivkugeln abgefeuert werden.

LINKS: Das Gatling-MG (Modell 1886), hier 1899 bei den US Marines in Samoa, änderte die Kriegführung und wurde ein Symbol für die vernichtende massierte Feuerkraft.

HINTERLADER

In der zweiten Hälfte des 19. Jahrhunderts waren die Hinterlader soweit entwickelt, dass sie schließlich die Vorderlader ablösten. Beim Hinterlader wird die Ladung mit Hilfe eines Hahns, der auf ein Zündhütchen fällt, zur Explosion gebracht. Dieses Zündhütchen enthielt das neu entdeckte, sehr flüchtige Knallquecksilber. Vorher wurde loses Schießpulver in einer Zündpfanne mit Hilfe des Funkens von einem Stahlfeuerstein entzündet. Hinterlader gab es auch früher schon. Sie waren jedoch von zweifelhafter Leistungsfähigkeit oder zu teuer, um sich durchzusetzen. Waffenschmiede und Erfinder machten sich schon bald an die Entwicklung eines Repetiergewehrs, bei dem eine Ladung nach der anderen von einer Art Magazin oder Einfülltrichter mittels einer Kurbel oder eines Hebels in den Verschluss geschoben wird.

Zu dieser Zeit konnte man bereits derartig präzise Mechanismen entwerfen

Kanone von James Puckle, 1717

Kaliber: 30,5 mm
Gewicht: ca. 5 kg einschl. Dreibein
Länge: 1168 mm
Lauflänge: 965 mm
Effektive Schussentfernung: 120 m
Ausführung: mechanischer Revolver
Feuergeschwindigkeit: nicht angegeben
Mündungsgeschwindigkeit: ca. 120 m/sek
Herstellerland: Großbritannien

und bauen. Sämaschinen sind ein gutes Beispiel dafür. Die Techniker scheiterten an einem Faktor, auf den sie keinen Einfluss hatten, dem Mangel an zeitgemäßer Munition. Daher war das mechanische Maschinengewehr als Idee seiner Zeit zunächst voraus; jedoch wie wir sehen werden, nur um ein knappes Jahrzehnt.

EINHEITSPATRONEN

Die ersten Einheitspatronen für Hinterlader hatte der Schweizer Samuel Johannes Pauli in Paris hergestellt. Paulis größtes Interesse galt eigentlich der Verbesserung des Hinterladers selbst. Dazu musste er erst eine Möglichkeit finden, das Projektil, die Ladung und den Zünder zusammen in einem Paket unterzubringen. 1810 oder 1811 baute er eine Patrone mit einem Weichmetallboden mit Rand und einer Hülle aus Papier, ähnlich den Schrotladungen, bei denen erst vor 30 Jahren die Pappe durch Plastik ersetzt wurde. Die Zündung war primitiv, da das Zündhütchen noch nicht erfunden worden war. So musste man eine kleine Menge Knallpulver in eine offene Pfanne an der Patronenspitze zu geben. Damit sie dort blieb, musste Pauli ein bündig abschließendes Verschlussstück benutzen, in das eine Aufnahme für einen federbelasteten Schlagbolzen gebohrt war. Die hahnähnlichen Auswüchse an seinen Waffen sind in Wahrheit lediglich Spanner für versteckte Schlagstücke. Pauli beschäftigte einen jungen preußischen Schlossmacher, Johann Nikolaus von Dreyse, der ihm die Waffen anfertigte. Der Lehrling sollte später dank seines

Gatling Modell 1868

Kaliber: 12,7 mm
Gewicht: 64 kg
Länge: 1220 mm
Lauflänge: 626 mm
Effektive Schussentfernung: 400 m

Ausführung: mechanischer mehrläufiger Revolver
Feuergeschwindigkeit: ca. 300 Schuss/min
Mündungsgeschwindigkeit: 400 m/sek
Herstellerland: Vereinigte Staaten

Zündnadelgewehrs mit Zylinderverschluss berühmter werden als der Meister. Mit Hilfe dieses Gewehrs konnte Preußen den Krieg 1870/71 gegen Frankreich gewinnen. Merkwürdigerweise scheint die Tatsache, dass der Messingboden sich bei der Detonation ausdehnt und eine gasdichte Versiegelung bildet – sicherlich der Kernpunkt von Paulis Arbeit – viele Jahre lang niemandem aufgefallen zu sein. Dabei scheiterte die Weiterentwicklung des Hinterladers gerade an der fehlenden Dichtung oder Liderung.

Später brachten Louis Flobert in Frankreich und Daniel Wesson in den USA die Treibladung im Rand der Patrone unter. Der grundlegende Mangel dieser Randfeuerpatrone lag in ihrer Materialstärke. Damit der Hahn den Treibladungszünder auslösen konnte, musste die Hülse dünn und weich sein. Bei größeren Kalibern war die erforderliche Treibladung stark genug, die Hülse zu spalten. Es war auch schwierig, die Zündladung gleichmäßig um den Rand zu verteilen. Gelang das nicht, gab es oft Versager. Wenn die Zündladung im Verhältnis zur Treibladung relativ groß war, riss oft der Rand auf oder trennte sich von der Hülse. Damit war die Waffe zunächst einmal unbrauchbar und musste von einem Büchsenmacher gerichtet werden.

BOXER UND BERDAN

Es gab viele falsche Ansätze und nicht wenige Irrwege, bevor die nachladbare Patrone mit austauschbarer Treibladung praktisch zu gebrauchen war. Dabei waren alle Komponenten und Bearbeitungs- und Herstellungsverfahren bereits 1840 oder sogar eher bekannt. George Morse baute eine rohrförmige Messingpatrone mit „Drahtamboss", an dem die Zündhütchen detonierten. Die ringförmige Lücke, die nach der Einpassung des Zündhütchens blieb, wurde mit einem Haltering aus Gummi gefüllt. Wichtiger noch war die Arbeit zweier Offiziere, des Briten Colonel Edward Mounier Boxer vom Königlichen Laboratorium in Woolwich und des Amerikaners Colonel Hiram Berdan, ehemals bei den Elitescharfschützen des Unionsheeres. Die beiden entwarfen und bauten die ersten wirklich funktionsfähigen nachladbaren Patronen mit Zentralzündung und eingesetztem Treibladungszünder, Boxer 1866 und Berdan zwei Jahre später. Beträchtliche Unterstützung erhielten sie von ihren Technikern, denn weder Boxer noch Berdan waren Ingenieure oder Büchsenmacher.

Die Patronen von Boxer bestanden aus gewickelten Messingwänden, einer Spitze aus gezogenem Messing mit einer Bohrung für den Treibladungszünder und einem separaten Amboss sowie einem perforierten Eisenring, eigentlich nicht mehr als eine Unterlegscheibe, als Rand für Auswurf und Passung. Im harten Militärdienst erwiesen sich die Patronen als unpraktisch. Beim Schießen schwollen sie oft an und klemmten dann. Der eiserne Ring wurde viel zu leicht von der Ausziehklaue abgerissen. Montiert wurden die Patronen von Hand. Die dabei unvermeidlichen Fehler führten stets zu Versagern. Was auf dem Schießplatz ärgerlich war, war im Gefecht jedoch tödlich, wie die Briten leider viel zu oft feststellen mussten.

Wichtig war die Einsicht, dass die Patrone ein präzise geformter Bestandteil des Gewehres sein musste, auch wenn es sich um einen Wegwerfartikel handelte. Erst als eine präzise Massenproduktion der einzelnen Bestandteile selbstverständlich war, konnten brauchbare Patronen hergestellt werden.

Berdans größte Leistung lag in der Einsicht, dass der Amboss für den Treibladungszünder einen Teil der Hülse bilden konnte und die Hülsen aus Vollmate-

Gatling Modell 1878

Kaliber: 11,43 mm
Gewicht: 34 kg
Länge: 965 mm
Lauflänge: 610 mm
Effektive Schussentfernung: 500 m
Ausführung: mechanischer mehrläufiger Revolver
Feuergeschwindigkeit: ca. 300 Schuss/min
Mündungsgeschwindigkeit: 400 m/sek
Herstellerland: Vereinigte Staaten

rial gedreht und dann maschinell angepasst werden konnten. Dadurch ging er den Problemen aus dem Weg, die Boxer zunächst hatte. Überraschenderweise kam er nicht darauf, ein Patent für einen passenden Treibladungszünder für seine Patronenhülsen zu beantragen. Diesen Schritt unternahm A. C. Hobbs von der Union Metallic Cartridge Co. im Jahr 1869. In Europa entwickelte Werder in Bayern (und etwas später die Brüder Mauser) ebenfalls Einheitspatronen nach dem Prinzip von Boxer/Berdan. Innerhalb weniger Jahre hatte sich de facto ein neuer Standard entwickelt.

Zu jener Zeit hatten alle Patronen einen Rand oder Flansch, wobei dieser Rand und nicht die Form der Patrone dafür sorgte, dass die Patrone richtig im Verschlussstück saß. Das war bei einzelnen Schüssen durchaus zweckmäßig. Später wurde es eine Belastung. Wenn Patronen mit Rand falsch im Magazin saßen, sodass der Rand der ersten Patrone hinter dem der zweiten lag, konnten sie nicht zugeführt werden. Im Gurt

UNTEN: MG-Trupps des britischen Heeres während des zweiten Algerienkrieges 1878–1880. Ihre 11,4-mm-Gatling-MGs haben Broadwell-Trommelmagazine.

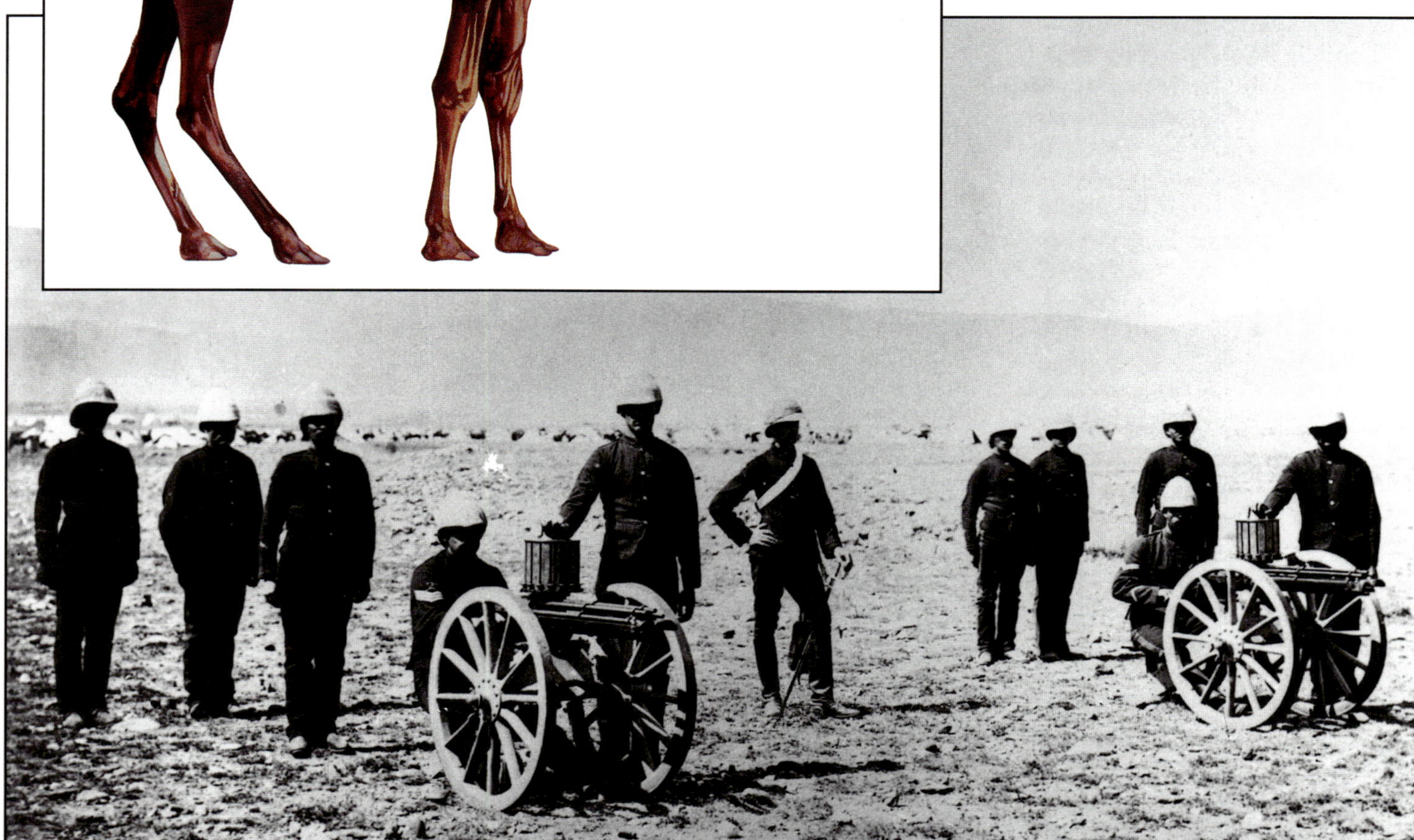

mussten sie gewöhnlich erst nach hinten herausgezogen werden, bevor sie zugeführt werden konnten. Die Lösung dieser Probleme war die randlose Patrone. Bei ihr sorgen der Hülsenhals, der natürlich etwas größer als das Projektil ist, und die Gesamtlänge der Patrone für den exakten Sitz im Ladungsraum, d. h. für den entsprechenden Verschlussabstand und Auswurf. Es dauerte aber einige Zeit, bis der Schweizer Rubin auf diese Idee kam. Die Einführung der randlosen Patrone sollte später sehr wichtig für die Weiterentwicklung des Maschinengewehrs sein. Zunächst bedeutete jedoch die Patrone mit Rand und Zentralzündung von Berdan/Boxer einen großen Schritt nach vorn.

DIE ERSTEN MECHANISCHEN GEWEHRE

In den frühen 1860er Jahren entstanden die verschiedensten mechanischen Maschinengewehre. Das wohl beste ist wahrscheinlich von Ager. Es wurde zum ersten Mal im amerikanischen Bürgerkrieg bei der Schlacht von Fair Oaks im Mai 1862 von der Unionsarmee eingesetzt. Alles in allem beschaffte die US Army etwas über 60 dieser „Kaffeemühlengewehre", die von dem Verkäufer J. D. Mills als „eine Armee auf einem halben Quadratmeter" bezeichnet wurden. Es handelte sich im Prinzip um einen einläufigen „Revolver". Die Munition wurde mittels Schwerkraft aus einem vertikalen Einfülltrichter in eine Trommel mit Ladungsräumen zugeführt – eine zentrale Spindel, die von Trögen umgeben war. Die Patronen, nur aus Ladung und Projektil bestehend, wurden in ein hohles Stahlrohr geladen, das am vorderen Ende durchbohrt und mit einem Zündhütchen versehen war. Diese Wegwerfkammer konnte in Neun-Uhr-Position aus dem Trichter in einen Trog fallen und in Zwölf-Uhr-Position gebracht werden, wo sie auf den Lauf ausgerichtet und abgefeuert wurde. Mit einer weiteren Drehung wurde der nun entleerte Patronenhalter ausgeworfen. Später wurde er wieder beladen und erneut abgefeuert.

Das Ager hatte seine Schwächen, insbesondere die ungenaue Ausrichtung des Patronenhalters auf die Laufseele. Die anderen mechanischen Maschinengewehre der ersten Generation waren noch unzuverlässiger. Keines schaffte mehr als eine kurze Salve, ein paar Kugeln höchstens, bevor es wegen der fast schon typischen Verformungen zu Ladehemmungen kam. Erst als der Pionier der mechanischen Maschinengewehre, Richard John Gatling, sich der Einheitspatrone aus Metall zuwandte, kam es zu einer deutliche Verbesserung. Gleichzeitig änderte sich auch der Einsatz.

Gatling Modell 1893 „Bulldog"

Kaliber: .44/40 Winchester (11,4 mm)
Gewicht: 20 kg
Länge: 610 mm
Lauflänge: 457 mm
Effektive Schussentfernung: 400 m
Ausführung: mechanischer mehrläufiger Revolver
Feuergeschwindigkeit: ca. 300 Schuss/min
Mündungsgeschwindigkeit: 400 m/sek
Herstellerland: Vereinigte Staaten

AUFTRITT DR. GATLING

Gatling war ein Profi, der eine Reihe von Erfindungen, hauptsächlich auf landwirtschaftlichem Gebiet, machte. Später wurde er sogar Doktor der Medizin. Es gibt jedoch keinen Beweis, dass er jemals als Arzt gearbeitet hat. Er kam aus Carolina, lebte aber schon lange in Indiana. Sein Hauptinteresse galt mechanischen Geräten. Als er 1861 im Bürgerkrieg auf das Maschinengewehr kam, hatte er bereits ein kleines Vermögen mit seiner von Pferden gezogenen Sämaschine gemacht. Sein erster Versuch, ein Maschinengewehr zu entwickeln, ähnelte dem von Ager. Der einläufige Revolver mit Patronenhaltern war eine etwas modifizierte Kopie. Gatling stand aus den bekannten Gründen vor den gleichen frustrierenden Schwierigkeiten wie schon sein Zeitgenosse. Nach gründlichem Überlegen war er überzeugt, dass nur Einheitspatronen aus Metall, wie sie Wesson und andere bereits herstellten, brauchbare Ergebnisse liefern konnten. Sie wurden mit Hilfe eines modifizierten Zylinderverschlusses geladen, wie er sich in den Gewehren von Spencer und Henry fand. Dort wurde er aber durch einen Unterhebel betätigt und wirkte auf ein Kniegelenk, das ihn verriegelte, und nicht gedreht, bis ein Zapfen einrastete. Gatling glaubte jedoch nicht, diesen Prozess so beschleunigen zu können, dass er schneller als ein trainierter Schütze war.

So verfiel er darauf, in Anlehnung an die „Pfefferbüchsen" eine Vielzahl von Läufen um eine Achse anzuordnen, die jeweils über einen eigenen Ladungsraum verfügten. Dadurch umging er auch das Problem, den Ladungsraum auf den Lauf auszurichten. Ezra Ripley hatte bereits ein Bündelgewehr nach diesem Prinzip gebaut. Gatling zeigte jedoch, wie diese Anordnung von Läufen mit Munition aus einem Einfülltrichter oder Magazin geladen werden konnte. Der Ladungsraum wurde nachgeladen, während er nicht mit dem Abfeuermechanismus verbunden war und danach wieder darauf ausgerichtet. Der Lade- und Abfeuervorgang wurde von dem Profil eines einfachen starren Mitnehmers gesteuert, um den die Läufe, Ladungsräume und gefederten Verschlüsse rotierten. Die neue Patrone fiel in Zwölf-Uhr-Position in das offene Verschlussstück. Während der Drehung nach unten wurde die Patrone in den leeren Ladungsraum getrieben, dann abgeschossen und auf dem Weg nach oben herausgezogen und ausgeworfen. Der „Bediener" drehte nur einen Knauf, um den Mechanismus in Gang zu setzen, während seine Helfer den Einfülltrichter ständig mit Munition auffüllten. Im November 1862 erhielt Gatling das amerikanische Patent Nummer 36 836 für sein Gerät. Er selbst sagte 1865, wobei er stark untertrieb, dass „das Gewehr 200 Schüsse pro Minute abgeben kann und es in gleicher Beziehung zu anderen Schusswaffen steht wie McCormicks Dreschmaschine zu Sicheln oder die Nähmaschine zu einer gewöhnlichen Nadel. Wenige Männer können mit diesem Gewehr die Arbeit eines ganzen Regiments erledigen."

GATLINGS DURCHBRUCH

Seine Erfindung erregte viel Aufsehen, wurde aber erst 1864 zum ersten Mal verkauft. General Benjamin F. Butler aus Baltimore, Maryland, bestellte zwölf Gewehre vom Kaliber .58 (14,73 mm) mit konischen Laufseelen und jeweils 1000 Schuss Munition für insgesamt 12 000 Dollar. Sie wurden von Gatlings Partner McWinney, Rindge & Co. aus Cincinnati, Ohio, gefertigt. Butler setzte die Gewehre mit beachtlichem Erfolg bei der Belagerung von Petersburg, Virginia, ein. Doch auch dieser Härtetest brachte keine Verkäufe; vielleicht wegen des deftigen Preises, wahrscheinlicher aber wegen des Widerstandes von J. P. Ripley, Feldzeugmeister der US Army. Es sollte noch zwei Jahre dauern, bis das Gatling offiziell übernommen wurde. Die US Navy hatte allerdings bereits einige Exemplare beschafft. Gatling hatte seine Waffe beträchtlich verbessert. Die Feuergeschwindigkeit lag nun bei 300 Schuss pro Minute, wobei er selbst regelmäßig doppelt soviel erreichte.

Das Modell 1865, wie die verbesserte Version hieß, wurde zunächst im Kaliber 1 Zoll (25,4 mm) und mit sechs Läufen hergestellt. Es verschoss entweder Mas-

LINKS: Im Jahr 1878 hatte sich das Gatling-MG durchgesetzt, wie diese Abbildung aus dem anerkannten Scientific American beweist.

Mitrailleuse Martigny

Kaliber: 11 mm Chassepot
Gewicht: 140 kg
Länge: 1370 mm
Lauflänge: 1050 mm
Effektive Schussentfernung: 400 m
Ausführung: Salvengewehr
Feuergeschwindigkeit: nicht angegeben
Mündungsgeschwindigkeit: 410 m/sek
Herstellerland: Frankreich

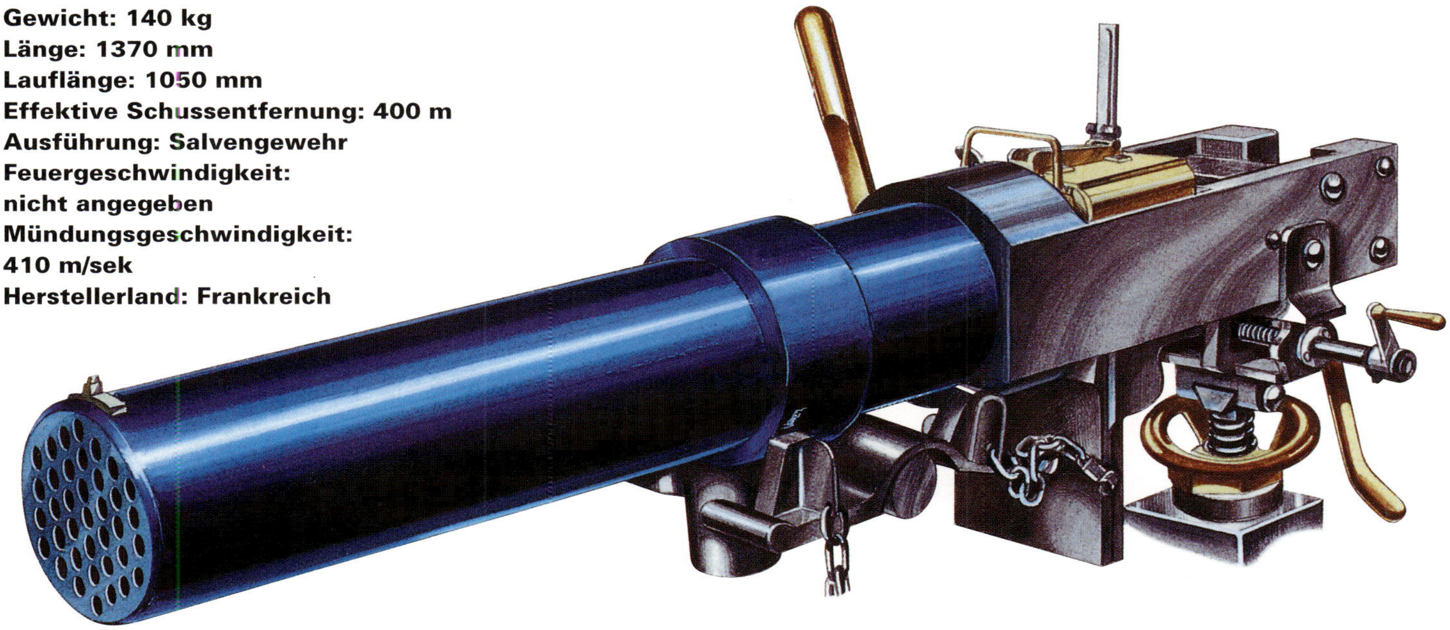

sivgeschosse oder Hülsen, die 15 1/4-Zoll-Kugeln (6,4 mm) enthielten. 1866 bestellte die US Army 50 Gewehre und 50 zehnläufige Gewehre im Kaliber .5 (12,7 mm), die Colonel S.V. Bénét im Arsenal Frankford entwickelt hatte. Bénét wurde später Feldzeugmeister, sein Sohn eine führende Persönlichkeit bei Hotchkiss. Gatling hatte zu dem Zeitpunkt seine Verbindung zu McWinney, Rindge & Co gelöst, da die kleine Werkstatt nicht die präzisen Werkzeugmaschinen herstellen konnte, die für die Waffen benötigt wurden. Statt dessen wandte er sich an James Cooper, der ebenfalls in Frankford arbeitete. Dieser Schritt brachte eine entscheidende Verbesserung. Cooper hatte jedoch nicht genug Kapazitäten, um die Waffen für die US Army in dem genannten Zeitraum herzustellen. Somit ging die Bestellung an die Colt Patent Fire Arms & Co. Diese Firma hatte seit 25 Jahren ihre Fabrikanlagen in Hartford, Connecticut, wo fast alle modernen industriellen Verfahrensweisen angewandt und nicht wenige selbst entwickelt wurden. Colt baute bis 1911 Gatling-Gewehre und Ersatzteile für das US-Militär. Danach wurde das Gatling von einem echten Maschinengewehr, d. h. mit Eigenantrieb, abgelöst. Dieses Maschinengewehr stammte von Hiram Maxim, der es neben einigen anderen Technikern zur Perfektion gebracht hatte.

Auch Gatling hatte seine Waffe weiterentwickelt. Er baute auch andere Modelle, u. a. das Modell 1893, die verkürzte „Bulldog"-Version mit 46 cm langem Lauf. Dieses Gewehr wurde nun von einem Elektromotor angetrieben – eine Entwicklung, auf die wir später noch einmal zurückkommen. Man könnte dieses Gewehr als ein echtes Maschinengewehr bezeichnen, da es vom Treibgas betrieben wurde, das aus einer Öffnung aus jedem Lauf abgezapft wurde.

DIE LEISTUNG DES GATLING

Wie leistungsfähig war das Gatling eigentlich? Dazu muss man wissen, wie präzise und zuverlässig es war und wie hoch die Feuergeschwindigkeit war. In den 1870er Jahren, als die großen Militärmächte die neue Waffe entdeckten, gab es eine inoffizielle und höchst unorganisierte Kampagne gegen diese Neuheit, angezettelt von älteren Offizieren aus vielen verschiedenen Ländern, die sich in einem Punkt einig waren: ihrer Ablehnung gegenüber dieser neuen Waffe. Sie glaubten, dass diese Maschine die Existenz des Soldatentums, wie sie es kannten, bedrohte. Diese Kampagne dauerte sogar noch bis zum Ausbruch des ersten Weltkrieges an. Da gab es, wie wir sehen werden, längst keinen Zweifel mehr an der Leistungsfähigkeit des Maschinengewehrs.

Aber gerade die Tatsache, dass das Potenzial des Maschinengewehrs absichtlich ignoriert wurde, war zumindest teilweise verantwortlich für den Tod von Millionen von Soldaten. Dadurch wurde genau das erreicht, was eigentlich vermieden werden sollte. Die Kritiker ließen keine Gelegenheit aus, das Gatling zu bemängeln. Sie betonten die Anfälligkeit für Ladehemmungen und beschrieben die schrecklichen Auswirkungen dieser Versager auf die Soldaten, die eher dem Gewehr als ihren eigenen Fähigkeiten als Schützen vertrauten.

„Der Sand der Wüste ist tiefrot, / rot vom Blut des gefallenen Karreés; / das Gatling ist verklemmt, der Colonel tot / das Regiment ist blind vom Staub und Rauch."

So beschrieb der Dichter Sir Henry Newbolt einen derartigen Zwischenfall während des Hazara-Feldzuges 1890. Tatsächlich neigte die Waffe wirklich zu schlimmen Ladehemmungen, wenn eine leere Hülse oder ein Blindgänger nicht ausgeworfen werden konnte, weil z. B. die Hülse zerbrochen oder gerissen war, und die neue Patrone dann zusätzlich in

Hotchkiss-MG

Kaliber: 37 mm
Gewicht: 124 kg (nur Waffe)
Länge: 1370 mm
Lauflänge: 710 mm
Effektive Schussentfernung: 400 m
Ausführung: mechanischer mehrläufiger Revolver
Feuergeschwindigkeit: ca. 60 Schuss/min
Mündungsgeschwindigkeit: 400 m/sek
Herstellerland: Vereinigte Staaten

den noch gefüllten Ladungsraum gezwängt wurde. Darauf hatte der Schütze keinen Einfluss, vor allem nicht im Gefecht, denn dieses Problem trat ohne Vorwarnung auf. Hiram Maxim benutzte später diese Art von Versagern, um die Überlegenheit seines Selbstladers gegenüber dem handbetriebenen Maschinengewehr zu demonstrieren. Er verwies darauf, dass bei seinem Gewehr eine verklemmte Patrone den ganzen Vorgang stoppen würde, weil die notwendige Energie für den Mechanismus ausblieb. Dadurch konnte die Ladehemmung nicht so schlimm werden, dass sie von einem Büchsenmacher beseitigt werden musste.

EIN ÜBERZEUGENDER VERSUCH

Das war aber der einzige schwerwiegende Mangel, den das Gatling hatte, und er ließ sich direkt auf die Qualität der Munition zurückführen. Als die Patronen immer zuverlässiger wurden, trat das Problem kaum noch auf. In einem Versuch, den die US Army 1873 in Fort Monroe, Virginia, durchführte, verglich man ein Gatling im Kaliber 10,7 mm mit einer 12-Pfund-Hinterlader-Feldkanone aus Bronze und einer 203-mm-Festungshaubitze. Die Feldkanone verfeuerte zeitgezündete runde Geschosse mit Kugeln (Schrapnell), wobei jedes Geschoss 82 17,5-mm-Musketenkugeln aus Blei enthielt. Die Haubitze benutzte ein ähnliches Geschoss, allerdings mit 486 Musketenkugeln. Die drei Waffen feuerten aus 460 m und 730 m auf ein 15 x 3 m großes Ziel aus Segeltuch. Jede Waffe feuerte ungefähr eineinhalb Minuten lang. Auf

460 m verschoss das Gatling 600 Kugeln und traf 557 mal. Der 12-Pfünder „Napoleon" feuerte siebenmal, was einer Gesamtzahl von 574 Musketenkugeln entsprach und landete 55 Treffer. Die Haubitze feuerte vier Kugeln, also 1944 Musketenkugeln, und traf 112 mal. Danach wurde das ganze bei 730 m wiederholt. Das Gatling traf 534 mal, das Napoleon 35 mal und die Haubitze gar nicht.

Nicht alle Versuche waren so aussagekräftig wie dieser. Bei einem spontanen Wettkampf in Gibraltar sollte sich ein Gatling der Royal Navy mit achtzehn Schützen eines britischen Infanterieregiments messen. Das Gatling feuerte zwar mehr Schüsse in der vorgegebenen Zeit ab, die Schützen trafen aber öfter. Und das, obwohl sie Martini-Henry-Gewehre mit dem Fallblockverschluss hatten, der manuell nach jedem Schuss nachgeladen werden musste. Einhundert preußische Infanteristen konnten 1869 in Karlsruhe gegen das Gatling nicht gewinnen. Sie schossen 721 Kugeln in einer Minute aus 800 m und trafen 196 mal auf ein 1,8 x 22 m großes Ziel, während das Gatling-Gewehr 246 mal feuerte und 216 Treffer landete.

Bei dem Versuch in Fort Monroe verfeuerte ein Gatling mit dem oben liegenden Trommelmagazin eines weiteren gescheiterten Maschinengewehrpioniers, James G. Accles, innerhalb von drei Tagen 100 000 Schuss. Die verbesserte Zuverlässigkeit des Gatling war wohl offensichtlich hauptsächlich auf die Einführung der nahtlos gezogenen Zentralfeuerpatronen von Berdan zurückzuführen. Zu der Trommel von Accles, deren Achse parallel zu den Läufen stand, gesellte sich später die größere Trommel von Broadwell für 400 Schuss, die eigentlich aus einer Reihe von vertikalen, um eine Achse angeordneten Einfülltrichtern bestand. War ein Einfülltrichter leer, drehte er sich weiter und der nächste Trichter stand zur Verfügung. Bei den Briten wurde Broadwells Trommel zum Standard. In Amerika war jedoch der Zweifach-Zuführtrichter weiterhin beliebt, den sich L. F. Bruce ausgedacht hatte.

GATLINGS TRIUMPH

Innerhalb von fünf Jahren wurde das Gatling-MG vielerorts eingeführt. Gatling verkaufte große Mengen an US Army und Navy, nach Großbritannien, wo das Gewehr in Lizenz von Armstrong gebaut wurde, an die zaristische russische Armee, für die das Gewehr im Arsenal Tula hergestellt wurde, sowie nach Japan, in die Türkei und nach Spanien. Preußen prüfte es und lehnte es ab, und Österreich zeigte nur wenig Interesse. Ungeachtet der Tatsache, dass eine Firma aus Wien die Lizenz für die Herstellung des Gatling erwarb und erfolgreich damit war, baute Österreich selbst ein mechanisches Maschinengewehr, das allerdings kaum wirksam war. Bereits 1864 hatte Gatling es sich mit den Franzosen verscherzt, weil er ihnen kein einzelnes Gewehr zur Begutachtung zur Verfügung stellen wollte. Statt dessen bot er eine Mindestbestellung von einhundert Gewehren an; vermutlich sogar zu dem überhöhten Preis, für den er an Butler und die US-Regierung geliefert hatte. Die französische Regierung, die angesichts des drohenden Krieges gegen Preußen neuartige Waffen dringend benötigte, betrachtete diesen Vorschlag als Beleidigung. Die

Gardner-MG mit fünf Läufen

Kaliber: .45in Gatling-Gardner (11,4 mm)
Gewicht: 24 kg (nur Waffe)
Länge: 915 mm
Lauflänge: 626 mm
Effektive Schussentfernung: 400 m
Ausführung: mechanisch, mehrere Läufe
Feuergeschwindigkeit: bis zu 800 Schuss/min
Mündungsgeschwindigkeit: 400 m/sek
Herstellerland: Vereinigte Staaten/ Großbritannien

Oben: Das fünfläufige Gardner-MG im Kaliber 11,4 mm wurde auf den Schiffen der Royal Navy eingesetzt. Bei einer Erprobung schaffte es über 800 Schuss pro Minute.

Franzosen setzten stattdessen auf die Weiterentwicklung einer Version des bereits veralteten Bündelgewehres, das zehn Jahre vorher von dem belgischen Infanterieoffizier Captain T. H. J. Fafschamps, vorgestellt worden war. Er nannte dieses Gewehr Mitrailleuse, abgeleitet von dem französischen Wort für Kartätsche. Das sagt uns vielleicht etwas über die vorgesehenen Einsatzmöglichkeiten. Mit der Modernisierung wurde Fafschamps' Mitarbeiter, ein Ingenieur namens Joseph Montigny, beauftragt. Das daraus resultierende Gewehr wurde dann auch unter diesem Namen bekannt.

DAS MITRAILLEUSE MONTIGNY

Sogar von nahem betrachtet sah das Montigny wie ein Feldartilleriegeschütz aus: Seine 37 Läufe im Gewehrkaliber (der Prototyp hatte sogar 50), befanden sich in einem Rohr, und es wurde auf einer Artillerielafette aufgebaut. Mit Hilfe eines Patronenhalters, der in jeden Lauf eine Patrone platzierte, konnte es auf einmal geladen werden. Die Platte selbst befand sich in einem Schieber, der durch das Bewegen eines Schlosshebels vorwärts und rückwärts transportiert wurde. Der Rücklauf (d. h. der Vorlauf) spannte den Mechanismus, indem er eine Ansammlung von Schlagbolzen festhielt. In der zuerst produzierten, ab 1867 eingesetzten Version, wurden alle Läufe auf einmal abgefeuert. Eine gut ausgebildete Mannschaft konnte damit vielleicht ein Dutzend Salven innerhalb einer Minute abschießen. Das entsprach einer theoretischen Feuergeschwindigkeit von 400 Schuss pro Minute, wesentlich mehr als das zeitgenössische Gatling. Allerdings wog die Waffe einschließlich Lafette fast 3 Tonnen und benötigte sechs Pferde. Diese Unhandlichkeit und die Tatsache, dass das französische Oberkommando darauf bestand, die Waffe nur bei der Artillerie einzusetzen, sorgten dafür, dass sie bei den Truppen niemals beliebt war. Gerade rechtzeitig vor Frankreichs verheerendem Krieg mit Preußen wurde 1870 eine modifizierte Version von de Reffye eingesetzt. Die wichtigste Verbesserung war, dass nun alle Läufe nacheinander abgefeuert werden konnten. Die Feuergeschwindigkeit hing davon ab, wie schnell der Schütze kurbeln konnte. De Reffye sorgte auch dafür, dass die Waffe die gleiche Munition wie das Standardinfanteriegewehr, das Chassepot, benutzen konnte. Außerdem ersetzte er den Ladehebel durch eine robustere Schneckenschraube. Diese ab 1870 eingesetzten Gewehre hießen de Reffye Mitrailleuse. Wo sie phantasievoll eingesetzt wurden, z. B. in der Schlacht von Gravelotte am 18. August 1870, waren sie effektiv. Aber im Allgemeinen waren sie nicht sehr leistungsfähig. Sie stiegen jedoch im öffentlichen Ansehen, als man sie nach dem Krieg mit verheerender Wirkung gegen Aufständische einsetzte. Das lag allerdings nicht nur an den Waffen, sondern auch daran, dass die Straßen in Paris sehr breit sind und für ein exzellentes Schussfeld sorgen. Genau das hat der vorausschauende Baron Haussmann beabsichtigt, als er die Straßen während des Wiederaufbaus nach der Revolution von 1848 konzipierte. Bis zum Krieg 1870/71 war die Einheitspatrone aus Messing vollendet, obwohl keine der am Krieg beteiligten Parteien davon gewusst haben wird. Die Preußen benutzten Zündnadelgewehre von Dreyse und die Franzosen die im Prinzip ähnlichen Chassepots, die beide weiche Patronen verschossen. Mit der Einheitspatrone war das Problem gelöst, Munition schnell in das Verschlussstück

OBEN: Ein fünfläufiges Gardner-MG von ca. 1880. Zuverlässiger als das Gatling und leichter und einfacher als das Nordenfelt, war es besonders in England sehr beliebt.

zu laden. Trotz seiner Preispolitik hatte Gatling einen großen Anteil, wenn auch kein Monopol, an dem noch kleinen Markt. Die Gewehre, die Colt für ihn zum Preis von 700 Dollar baute, verkaufte er für das doppelte. Andere, wie z. B. Claxton, stellten ähnliche Waffen her. Er konnte sogar einige an Frankreich verkaufen. Bedeutsamer war jedoch die Tatsache, dass sich viele Neulinge für dieses Betätigungsfeld interessierten.

DREI NEUE KONSTRUKTIONEN

1871 zeigte Benjamin Berkeley Hotchkiss aus Watertown, Connecticut, eine fünfläufige Revolverkanone im Kaliber 37 mm, die Sprenggeschosse mit einer relativ geringen Feuergeschwindigkeit, kaum mehr als eines pro Sekunde, abfeuern sollte. Diese Waffe gilt oft als Nachahmung des kleinen Gatling-MG, funktioniert jedoch etwas anders: Die Patronen werden einem einzelnen Verschlussstück zugeführt und von dort in den Ladungsraum des benachbarten Laufes geschoben. Als Hotchkiss herausfand, dass seine Waffe in Europa bekannter war als in den USA (z. B. kaufte Armstrong eine Lizenz, um sie für die Royal Navy herzustellen), wanderte er nach Frankreich aus. Die Firma, die er dort gründete und in der später Laurence Bénét als Chefingenieur arbeitete, sollte noch eine bedeutende Rolle auf dem Gebiet der MG-Produktion spielen. Sie schaffte als einzige den Übergang von der Produktion mechanischer Gewehre mit Kurbelantrieb zur Herstellung echter Maschinengewehre.

Ebenfalls 1871 stellte der schwedische Ingenieur Helge Palmcrantz ein handbetriebenes Maschinengewehr vor, das eine Kreuzung aus dem Mitrailleuse Montigny und dem Gatling war. Es hatte eine horizontale Reihe von Läufen, die aus einem vertikalen Einfülltrichter mit Patronen versorgt wurden. Durch die Hin-und-her-Bewegung eines Hebels wurden die Verschlussstücke geöffnet, die verbrauchten Patronen ausgeworfen und neue Patronen zugeführt. Dies mag sich wohl etwas mühsam anhören, aber ein System aus Zahnrädern sorgte für einen mechanischen Vorteil, der sich in einer passablen Feuergeschwindigkeit niederschlug. Die Erfindung wurde von dem schwedischen Finanzier Thorsten Nordenfelt aufgegriffen, der seinen Namen mit dem des Erfinders verband, letzteren jedoch wegließ, nachdem die Waffe perfektioniert war. Das Nordenfelt-MG, wie es nun hieß, wurde unter anderem von der Royal Navy neben dem Hotchkiss, dem Gatling und dem Gardner (s. u.) eingesetzt. Es sollte als Verteidigungsmaßnahme gegen die neuartigen Hochgeschwindigkeitstorpedoboote dienen, die die Unangreifbarkeit des Großkampfschiffes neuerdings in Frage stellten. Hergestellt wurde das MG in vielen Ausführungen und Kalibern mit zwei bis zehn Läufen. Am gebräuchlichsten waren das Kaliber 25 mm für 207 g schwere Vollstahlgeschosse und das Kaliber 11,4 mm, das die für die britischen Gatling-MGs entwickelte Patrone benutzte. Diese Patrone war auch für ein ähnliches, aber einfacheres mehrläufiges Gewehr vorgesehen, das William Gardner aus Toledo, Ohio, 1874 entwickelt hatte. Das Gardner-MG war leichter als seine Rivalen, insbesondere in der von den Briten bevorzugten zweiläufigen Version. Sie wog nur 45 kg einschließlich Dreibein und ließ sich viel leichter transportieren. Weniger tödlich war sie jedoch nicht. Ein zweiläufiges Gewehr, das in der Washingtoner Marinewerft getestet wurde, feuerte 10 000 Schuss in 27,5 min ab. Die fünfläufige Version erzielte eine Feuergeschwindigkeit von 812 Schuss pro Minute, als sie von der Royal Navy getestet wurde.

EIN KURZLEBIGER ERFOLG

Ende der 1870er Jahre war das MG im Arsenal jeder „zivilisierten“ Nation zu finden. Es hat den Krieg zwar beeinflusst, aber nicht so extrem wie oft angenommen. Das handbediente MG tauchte sogar im 20. Jahrhundert noch auf, war aber seit 1874 durch Gatlings Erfindung überholt. Der Fremdantrieb tauchte beim Bord-MG im Ersten Weltkrieg und in letzter Zeit erneut auf, wie in Kapitel 5 beschrieben.

Kapitel 2

ECHTE AUTOMATIKWAFFEN

Das Maschinengewehr ist wohl die erste wichtige amerikanische Erfindung. Natürlich haben auch die Baumwoll-Entkörnungsmaschine von Whitney und die Mähmaschine von McCormick ihre Anhänger; allerdings wurden drei von vier der wichtigsten Repetiergewehre und fast alle Automatikwaffen der ersten Generation in Amerika entwickelt.

Berühmt wurden die Pioniere allerdings in Europa: William Gardner, Benjamin Hotchkiss, Hiram Stevens Maxim, Laurence Bénét, John Moses Browning und Isaac Newton Lewis. Maxim war als erster wichtig, aber Browning hatte mehr Talent. Bénét hatte als Schützling und Nachfolger von Hotchkiss besonders viel Einfluss in Frankreich. Lewis hatte nur eine einzige eigene Konstruktion (und selbst die stammt von jemand anderem).

Hiram Maxim, geboren im Jahr 1840 in Maine, arbeitete als Junge in der Wassermühle seines Vaters. In der angeschlossenen Schlosserwerkstatt erlernte der junge Maxim die Holz- und Metallbearbeitung. Maxim behauptete später, dass er bereits mit 14 Jahren über ein Maschinengewehr nachdachte, als sein Vater Isaac ihm eine Idee für ein einläufiges Repetiergewehr mit Gurtzuführung beschrieb. Isaac Maxim bat seinen Sohn, die Konstruktionszeichnungen zu machen und ein Modell zu bauen. Hiram führte sein Werk einem Büchsenmacher im nahe gelegenen Bangor vor. Dieser sagte, dass die Waffe wohl funktionieren könnte, er aber nicht die Werkzeuge hätte, um sie zu bauen. Ein Onkel mit einem kleinen Ingenieurbüro in Massachussetts sagte nur, es würde 100 Dollar kosten, um die Waffe zu bauen, die dann nicht einmal 100 Cent wert wäre. So verlor Hiram Maxim wieder das Interesse an Waffen. 12 Jahre später lernte er eine Gruppe von Männern kennen, die Zielübungen mit einem Springfield-Gewehr machten. Er stellte zu seiner Überraschung fest, dass er so gut schoss wie die besten unter ihnen. Ebenso überrascht war er von dem mächtigen Rückschlag des Gewehrs. So kam er auf ein Repetiergewehr, das von der Energie seines eigenen Rückstoßes betrieben wurde.

Es ist doch äußerst unwahrscheinlich, dass ein junger Mann von 26 Jahren damals in den Vereinigten Staaten noch nie in seinem Leben einen Schuss abgefeuert haben soll. Sollte das aber zutreffen, dann ist es noch viel unwahrscheinlicher, dass er auf Anhieb so gut schießen konnte wie die Veteranen aus dem Bürgerkrieg. Aber irgendwie muss er darauf gekommen sein, die physikalische Rückstoßenergie einer Waffe zu nutzen, um die verbrauchte Patronenhülse auszuwerfen, eine neue zuzuführen, das Verschlussstück zu schließen, den Mechanismus zu spannen und den Schlagbolzen freizugeben. Dieser Zyklus sollte sich so lange fortsetzen, wie der Abzug gedrückt blieb und Munition vorhanden war.

Maxim brauchte aber 20 Jahre, um diese Idee in die Praxis umzusetzen. Inzwischen hatte er zahllose Patente auf dem Gebiet der Stromerzeugung und der Stromregelung erworben. Er war sogar dem berühmten Thomas Alva Edison so gefährlich geworden, dass man ihm ein

LINKS Einfach, aber verheerend: Das von John Browning nach dem Ersten Weltkrieg perfektionierte luftgekühlte MG mit Gurtzuführung ist nach 80 Jahren fast unverändert geblieben.

Maxim-MG

Kaliber: 7,7 mm
Gewicht: 18,2 kg (nur Waffe)
Länge: 1180 mm
Lauflänge: 720 mm
Effektive Schussentfernung: über 2000 m
Ausführung: wassergekühlter Rückstoßlader mit Gurtzuführung
Feuergeschwindigkeit: ca. 600 Schuss/min
Mündungsgeschwindigkeit: 600 m/sek
Herstellerland: Großbritannien

fast unglaubliches Angebot machte: Wenn er bereit wäre, im Namen der United States Electric Lighting Company für zehn Jahre nach Europa zu gehen, würde man ihm ein jährliches Gehalt von 20 000 Dollar zahlen. Allerdings durfte er sich auf keinen Fall mit der Elektrizität befassen. Maxim nahm das Angebot an.

EIN RICHTUNGSWECHSEL

Maxim erzählte später der London Times, dass ihm die Anregung zum Bau eines Maschinengewehrs bei einer Unterhaltung mit einem amerikanischen Bekannten in Wien kam. „Vergiss deine Chemie und Elektrizität“, sagte dieser, „wenn du wirklich Geld verdienen willst, dann erfinde etwas, mit dem diese Europäer sich noch schneller gegenseitig umbringen können!“

So kam Maxim vermutlich auf seine Idee einer rückstoßbetätigten Waffe zurück, denn 1883 in London hatte er bereits eine Zeichnung für ein automatisches Gewehr mit Magazin und Rückstoßbetätigung in der Tasche. Als erfahrener Erfinder legte er rasch einen Antrag auf Erteilung eines Patents vor für eine Erfindung „zur Nutzung des Rückschlags bzw. Rückstoßes eines Gewehrs oder einer anderen Waffe zur Betätigung des Lademechanismus, die so funktioniert, dass der Rückstoß genügend Energie in einer oder mehreren Federn speichert, um den Mechanismus zum Auswerfen der verbrauchten Hülse zu betreiben, die Waffe zu spannen, die Patronen vom Magazin in den Ladungsraum zu führen, sie in den Lauf zu drücken und das Verschlussstück zu schließen.“

DIE FUNKTIONSWEISE DES MASCHINENGEWEHRS

Bevor wir uns Maxims MG näher zuwenden, sollten wir die verschiedenen Möglichkeiten erläutern, wie eine Waffe ihren eigenen Mechanismus mit der „Abfallenergie“ des Rückstoßes betreiben kann. Bei zwei Methoden wird der Rückstoß unmittelbar genutzt, bei den anderen hingegen werden die Gase, die das Projektil in das Ziel treiben, direkt oder indirekt genutzt.

DAS PRINZIP DES KURZEN RÜCKLAUFS

Beim Prinzip des kurzen Rücklaufs bewegen sich Lauf und Verschlussstück gemeinsam ein kurzes Stück (oft weniger als 2,5 cm) nach hinten, bevor sie entriegelt werden und sich voneinander lösen. Die kurze Verzögerung vor dem Öffnen des Verschlussstücks reicht aus, um den Restdruck im Ladungsraum auf ein ungefährliches Maß absinken zu lassen, sodass die Patronenhülse beim Öffnen des Verschlussstücks nicht reißt. Nun bleibt der Lauf stehen; der Verschlussblock löst sich von ihm und gleitet weiter nach hinten. Dabei nimmt der Auszieher die verbrauchte Patrone mit und wirft sie

RECHTS: Ein finnisches Maxim-MG vom Typ Tikkakoski Modell 09-32 im Einsatz beim Winterkrieg 1939/40 gegen die Sowjetunion.

aus. Die Bewegungsenergie des Verschlussblocks spannt eine Feder, die ihn wieder zurückschnellen lässt. Dabei spannt er den Mechanismus, nimmt eine neue Patrone auf und schiebt sie auf dem Weg zurück in die Feuerstellung in den Ladungsraum. Dort wird der Verschlussblock wieder mit dem Lauf verriegelt. Wir erwähnten bereits die Schwierigkeiten mit Patronen mit Rand, wenn sie in Gurten stecken. Die gesamte Patrone muss nämlich während des Rücklaufs aus dem Gurt gezogen werden, weil der Rand vorn nicht durch den Gurt passt. Daher muss der Laufweg des Verschlussblocks etwas mehr als doppelt so groß sein wie die Länge der Patrone. Randlose Patronen werden normalerweise durch Federklammern zusammengehalten und bilden einen Zerfallgurt. Sie können direkt nach vorn geschoben werden; dabei wird der ganze Gurt in seine Bestandteile aufgelöst, was den gesamten Mechanismus wesentlich vereinfacht.

DAS PRINZIP DES LANGEN RÜCKLAUFS

Beim Prinzip des langen Rücklaufs gleiten Lauf und Verschlussblock wesentlich

UNTEN: Zwei Soldaten der Cameron Highlanders mit einem britischen Maxim auf einem Dreibein Mark 2, vermutlich 1914. Der Gurt ist mit Platzpatronen geladen.

Maxim-MG „Pom-Pom"

Kaliber: 37 mm
Gewicht: 186 kg (nur Waffe)
Länge: 2130 mm (nur Waffe)
Lauflänge: 876 mm
Effektive Schussentfernung: über 1000 m
Ausführung: wassergekühlter Rückstoßlader mit Gurtzuführung
Feuergeschwindigkeit: ca. 200 Schuss/min
Mündungsgeschwindigkeit: 850 m/sek
Herstellerland: Großbritannien

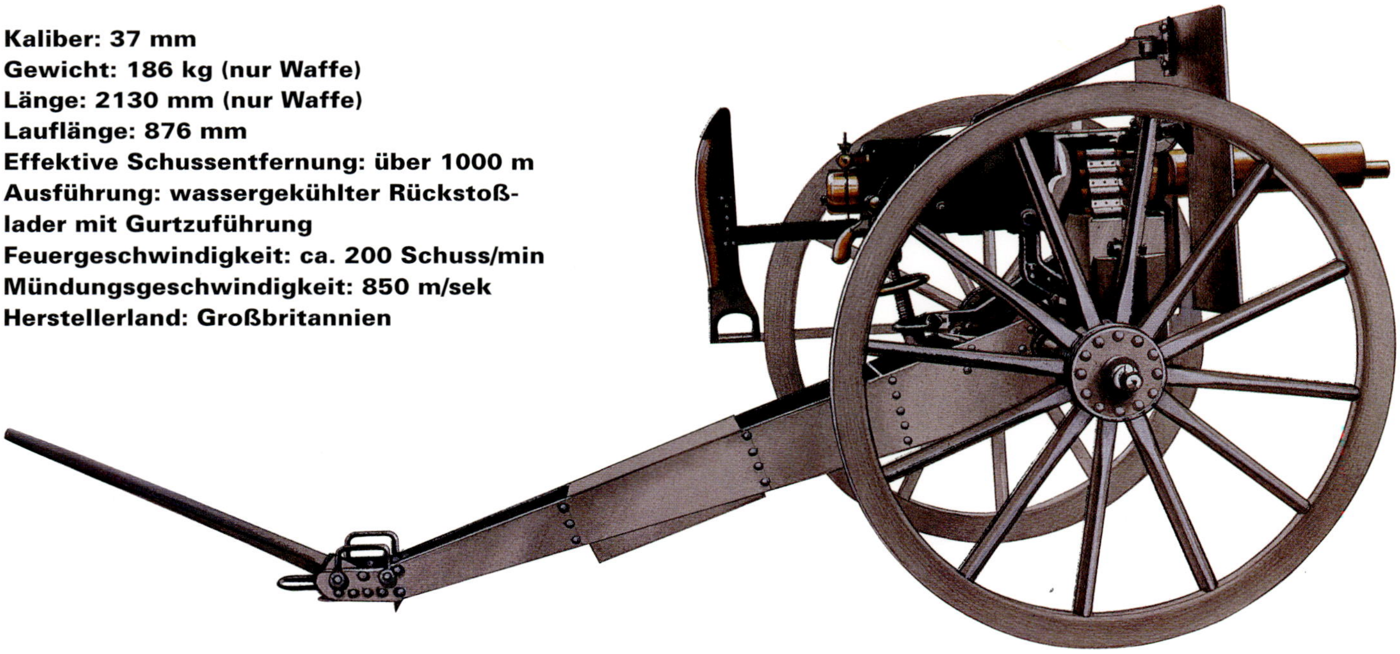

weiter gemeinsam zurück. Eine Rückholfeder treibt den Lauf dann zurück in die Feuerstellung, während ein Auszieher auf der Stirnseite des Verschlussblocks die leere Hülse greift und sie auswirft, sobald sie frei ist. Bei der nun folgenden Vorwärtsbewegung des Verschlussblocks wird eine neue Patrone aus dem Magazin in den Ladungsraum geschoben. Dann wird der Mechanismus gespannt und, wenn der Abzug durchgedrückt bleibt, der Schuss abgefeuert. Dieser Zyklus wird fortgesetzt, bis die Munition verbraucht ist.

GASDRUCKLADER

Der einfachste Gasdrucklader ist der so genannte Rückstoßlader. Dabei wird der Verschlussblock allein durch die Feder gehalten; es gibt keinerlei Verriegelungszapfen oder -knebel. Bei der Detonation der Patrone bleibt das Verschlussstück so lange geschlossen, bis der Druck im Ladungsraum die Masse des Verschlussblocks überwindet. Dann gleitet es nach hinten und funktioniert wie beim Rücklaufsystem. Diese Lösung ist natürlich mechanisch wesentlich einfacher, und so lässt es sich einfacher und kostengünstiger herstellen und instand halten. Es hat auch Versuche gegeben, den Rückstoßlader zu einer gewissen Verzögerung zu bewegen. Am einfachsten ist es, ein künstliches mechanisches Hindernis einzubauen, das der Verschlussblock überwinden muss. Es gibt allerdings nur wenige MGs dieser Art. Die wenigen Versuche haben sich als ziemlich erfolglos erwiesen, denn die Energie der Munition kann auf diese Weise nicht beherrscht werden. Bei Maschinenpistolen mit Pistolenmunition konnte sich dieser Mechanismus allerdings durchsetzen. Maschinengewehre verfügen in der Regel über eine Vorrichtung, die das Treibgas in der Nähe der Mündung aus dem Lauf abzapft. Dieses Gas wirkt dann auf einen Kolben in einem Zylinder, der wiederum auf den Verschluss bzw. den Verschlussblock wirkt. Er treibt den Verschluss samt Lauf nach hinten, entriegelt sie dort und spannt den Mechanismus erneut. Dabei kann die Menge des abgezapften Gases genau kontrolliert werden – entweder durch die Größe der Bohrung im Lauf oder durch die Dauer der Zeit, in der das Gas auf den Kolben wirkt.

MAXIMS VERSCHLUSS UND MECHANISMUS

Maxim benutzte einen Kniegelenkverschluss – ein Paar drehbarer Hebel, die nur in einer Richtung wirken konnten, ähnlich wie das menschliche Kniegelenk, um Verschlussblock und Lauf miteinander zu verriegeln. Während der kurzen gemeinsamen Rückwärtsbewegung von Verschlussblock und Lauf wurde der Knebel durch eine flache Nockenbahn in der Oberseite des Gehäuses nach unten gedrückt. Nun lief der Verschlussblock allein zurück gegen eine seitliche Schraubenfeder, auch als Schnecke bezeichnet. Diese Feder sorgte für die Gegenbewegung, brachte den Knebel wieder in Stellung und gleichzeitig Lauf und Verschlussblock in Feuerstellung.

Der Mechanismus schob dabei eine neue Patrone – übrigens mit Rand – in den Ladungsraum. Zunächst wurde sie durch einen Patronenhalter aus dem Gurt gezogen, der oberhalb des Verschlussstücks quer durch das Gehäuse lief. Dieser Halter zog gleichzeitig die verbrauchte Hülse aus dem Ladungsraum. Die neue und die verbrauchte Patrone steckten mit den Rändern in einem eingefrästen vertikalen Schlitz. Bevor der Verschlussblock wieder nach vorn lief, fiel der Patronenhalter herunter, warf die verbrauchte Hülse aus und brachte die neue Patrone auf die Höhe des Verschlusses. Sobald die Patrone im Ladungsraum war, ging der Patronenhalter wieder nach oben, hielt aber die Patrone an ihrem unteren Ende fest. Zur Verriegelung gibt es verschiedene Möglichkeiten, die gleichzeitig die Charakteristik der Waffe ausmachen.

MAXIMS „FORERUNNER"

Als Maxim endlich sein erstes Patent erhielt, arbeitete er bereits an seinem ersten MG, dem „Forerunner“ (Wegbereiter). Inzwischen verstand er, warum handbetriebene MGs nicht befriedigend funktionierten. Bei einer automatischen Waffe, ob sie nun mit dem Rückstoß oder mit dem Treibgas arbeitet, läuft die Operation im Prinzip von selbst ab. Wenn ein Geschoss versagt, hält es den Zyklus an, ebenso wie ein erfolgreich abgefeuertes Geschoss den Zyklus in Gang setzt. Der Schütze kann einen Versager manuell entfernen (und durch eine andere Patrone ersetzen und dabei den Mechanismus wieder spannen) und dann wie zuvor weiter feuern. In diesem Fall führt der Versager nicht zu einer Ladehemmung; normalerweise würde das Geschoss klemmen und die Waffe unbrauchbar machen. Maxims Einsicht beseitigte das letzte Hindernis zur Einführung des MG als voll entwickelte Kriegswaffe.

Maxim erhielt am 16. Juli 1883 das Patent Nr. 3493 für seinen „Forerunner“, ein MG mit Munitionsgurt und Rückstoßbetätigung. Er benutzte selbst entwickelte und gebaute randlose Patronen und einen einstellbaren hydraulischen Dämpfer zur Steuerung der Feuergeschwindigkeit. Diese Konstruktion diente in erster Linie dazu, Lizenzgebühren für die einzelnen patentierten Merkmale einzutreiben. Er sagte selbst: „Niemand hatte zuvor eine automatische Waffe gebaut, der Weg war also frei. Also konnte ich einige wichtige Patente beantragen, die alle nur denkbaren Möglichkeiten abdeckten. Damit konnte ich auf allen möglichen Gebieten Lizenzgebühren erhalten.“ Sechs Monate später erweiterte er sein ursprüngliches Patent (für eine rückstoßbetätigte Waffe) auf den Betrieb mit Mündungsgasen und erhielt am 3. Januar 1884 das Patent Nr. 606. Andere nutzten diese Möglichkeit und wurden von Maxim für „Plagiatoren“ gehalten und gerichtlich verfolgt.

MAXIMS „PROTOTYP“

Dem „Forerunner“ folgte der „Prototyp“, der die Standardpatrone des britischen Heeres verschoss, eine 11,4-mm-Patrone mit Rand von Gatling-Gardner. Er feuerte am 24. Januar 1884 seinen ersten Schuss ab. Maxim lud ein halbes Dutzend Patro-

Skoda M1909

Kaliber: 8 mm österreichisch
Gewicht: 44 kg
Länge: 1070 mm
Lauflänge: 525 mm
Effektive Schussentfernung: über 1000 m
Ausführung: wassergekühlter verzögerter Rückstoßlader mit Gurtzuführung
Feuergeschwindigkeit: 425 Schuss/min
Mündungsgeschwindigkeit: 618 m/sek
Herstellerland: Österreich

nen in einen Gurt und feuerte sie in weniger als einer halben Sekunde ab – und das vor seiner Werkstatt in 57D Hatton Garden, mitten im Juweliersbezirk von London. Die hohe Feuergeschwindigkeit entsprach der des Gatling, sorgte aber dafür, dass der Lauf sich ziemlich schnell überhitzte. Natürlich feuerte das Gatling nur ein Zehntel der Patronen durch jeden einzelnen Lauf. Um das Problem in den Griff zu kriegen, entwickelte Maxim den charakteristischen Wassermantel, der bald schon alle Maxim-MGs auszeichnen sollte. Lediglich das „Lightweight“ von 1887 und das „Extra Light“ von 1895 bildeten Ausnahmen. Maxims Konstruktion war also im Jahr 1883 fertig. Sie war gewiss noch nicht perfekt, bedurfte aber nur noch geringer Verbesserungen, damit sie sich leichter herstellen und instand halten ließ. Längeres Dauerfeuer ohne Hemmungen zu schießen war noch nicht möglich; das lag allerdings an der miserablen Qualität der verfügbaren Munition. Maxim löste das Problem schließlich, indem er sich einen Vorrat zuverlässiger Staatsbestände sicherte.

Ein anderes Problem ließ sich nicht so leicht lösen. Die Patronen waren nämlich noch mit dem so genannten „Schwarzpulver“ geladen, einer Mischung aus Kaliumnitrat, Schwefel und Kohle. Als Treibmittel war es recht brauchbar, erzeugte aber große Mengen an Rauch und verdeckte damit dem Schützen den Blick auf das Ziel. Außerdem hinterließ es Rückstände, die den Lauf ziemlich schnell verstopften. Maxim ersann eine Einrichtung, die den Rauch sammeln und „reinigen“ sollte, bevor sie ihn an die Luft entließ. Gegen die Verschmutzung des Laufs war er allerdings auch machtlos. So sah es eine Zeit lang so aus, als ob auch Maxims MG eine Fehlkonstruktion sei. Im Jahr 1885 allerdings kam es zu einem Zufall, wie er so typisch für die industrielle Revolution war. Der französische Chemiker Paul Vieille entwickelte ein neues Treibmittel, eine Kombination aus Zellulose und geliertem Nitroglyzerin. Dieses Mittel erzeugte keinen nennenswerten Rauch und löste das Problem ein für alle Mal auf befriedigende Weise.

UNTEN: Französische Truppen mit einem Hotchkiss M1914 im Kaliber 8 mm auf einem Dreibein vom Modell 16 in der Nähe von Roye im März 1918.

Hotchkiss M1914

Kaliber: 8 mm Lebel
Gewicht: 23,6 kg
Länge: 1270 mm
Lauflänge: 775 mm
Effektive Schussentfernung: über 2000 m
Ausführung: luftgekühlter Gasdrucklader für Streifenmagazine
Feuergeschwindigkeit: 600 Schuss/min
Mündungsgeschwindigkeit: 725 m/sek
Herstellerland: Frankreich

Ein weiteres Problem war das schiere Gewicht eines Gurtes mit der 11,4-mm-Munition. Die Probleme bei der Zuführung wollte Maxim mit einem im Uhrzeigersinn laufenden Trommelmagazin lösen. Maxim interessierte sich nur kurz dafür, aber Isaac Lewis führte später ein ähnliches System für sein leichtes MG ein. Maxim selbst setzte einen kastenförmigen Munitionsträger unter die Waffe, sodass der ungestützte Teil des Gurtes statt über 100 cm nur noch etwa 30 cm lang war.

DAS „ERSTE PERFEKTE MG“

1885 erschien das „Transitional“; zwei Jahre später folgte das Modell 1887, das als das „erste perfekte MG“ gilt. Beim Hersteller hieß es „World Standard“. Der Mechanismus wurde an die andere Druckkurve des langsamer abbrennenden rauchlosen Pulvers und den geringeren Rückstoß der nun kleineren Patronen angepasst. Die ersten 130 Waffen im kleineren Kaliber wurden 1889 an Österreich geliefert. Sie verschossen eine Patrone 8 mm x 50 mit Korditladung. Im gleichen Jahr führte das britische Heer das Magazingewehr Lee-Matford im Kaliber 7,7 mm ein, zunächst allerdings noch mit Schwarzpulver als Treibmittel. Maxim baute für andere Kunden in Europa weitere Waffen, besonders in den Kalibern 7, 7,5 und 8 mm. Er baute auch das so genannte „Pom-Pom“ (mit einer Feuergeschwindigkeit von unter 200 Schuss pro Minute) im Kaliber 37 mm. Es verfeuerte die gleichen 450-g-Geschosse wie die Revolverkanone von Hotchkiss. Maxim und später Vickers bauten zwischen 1895 und 1969 insgesamt etwas mehr als 760 Exemplare. 14 Stück aus dem ersten Produktionsjahr gingen nach Transvaal in Südafrika und wurden dort von den Buren erfolgreich gegen die britischen Truppen eingesetzt. Aber auch Krupp und später DWM bauten diese Waffe, in der Regel für Schiffe oder die Flugabwehr.

Das 11,43-mm-Maxim wurde für die Gatling/Gardner-Patrone (GG) der Royal Navy gebaut, die über große Bestände an dieser Munition verfügte, und auch für die Patrone des britischen Standardgewehrs im Jahr 1889, des Martini-Henry (MH). Anfangs hatte Maxim große Probleme, sein MG an die kleinere und leichtere Gewehrmunition mit dem geringeren Rückstoß anzupassen. Er experimentierte mit einem Rückstoßverstärker an der Mündung. Damit rüstete er 11,43-mm-MGs aus, die neue Läufe für die kleinere Munition erhalten hatten. Richtig ließ sich das Problem aber erst durch die drastische Erleichterung aller beweglichen Teile und des Laufs lösen. Mit den ersten Schwarzpulver-Patronen im Kaliber 7,7 mm kam das MG überhaupt nicht zurecht. Erst als 1891 die Korditladung eingeführt wurde, baute Maxim solche MGs für das britische Heer. Allerdings wurden die letzten 11,43-mm-MGs erst 1915 umgerüstet; in Indien blieben sie sogar noch länger im Einsatz.

Die ersten Waffen gingen im März 1887 an die Erprobungsstelle in Enfield.

Gefordert waren ein Gewicht von weniger als 45 kg und eine Leistung von 400 Schuss in einer Minute, 600 Schuss in zwei Minuten und 1000 Schuss in vier Minuten. Die drei Maxims im Kaliber 11,43 mm MH schlugen sich recht gut. Als sie auch die Sand- und Rostprüfungen bestanden hatten, wurden sie auf der Stelle gekauft. Es handelte sich um zwei 27 kg schwere Standardmodelle und eine spezielle Leichtbauversion mit nur 18 kg und einem separaten Wasserbehälter. Maxim benutzte einen speziellen Gurt mit 3000 Schuss, den er mit einer Geschwindigkeit von 670 Schuss pro Minute durch die Waffe zog. „Das", sagte er,

RECHTS: Japanische Seeleute 1942 auf der Insel Guadalcanal. Sie haben ein MG Typ 92 im Kaliber 7,7 mm, eine Weiterentwicklung des französischen Hotchkiss, das die Japaner davor eingesetzt hatten.

Typ 92, 1932

Kaliber: 7,7 mm Shiki 92
Gewicht: 55 kg
Länge: 1160 mm
Lauflänge: 700 mm
Effektive Schussentfernung: über 2000 m
Ausführung: luftgekühlter Gasdrucklader für Streifenmagazine
Feuergeschwindigkeit: 450 Schuss/min
Mündungsgeschwindigkeit: 715 m/sek
Herstellerland: Japan

Taisho 3 (1914)

Kaliber: 6,5 mm Arisaka
Gewicht: 28 kg
Länge: 1155 mm
Lauflänge: 750 mm
Effektive Schussentfernung: 1500 m
Ausführung: luftgekühlter Gasdrucklader für Streifenmagazine
Feuergeschwindigkeit: 400 Schuss/min
Mündungsgeschwindigkeit: 760 m/sek
Herstellerland: Japan

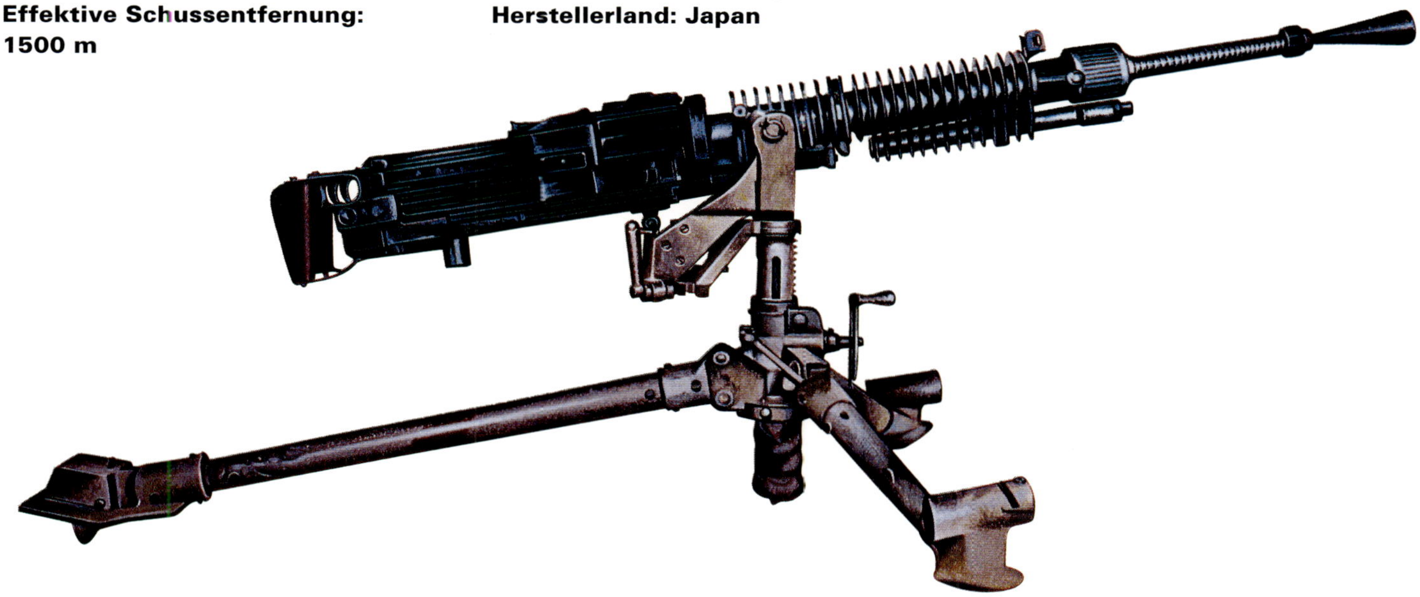

„war der Beginn meines Erfolgs als Waffenproduzent."

DIE VERMARKTUNG DES MAXIM-MG

Im gleichen Jahr hörte Maxim, dass das Schweizer Bundesheer eine Erprobung in Thun zwischen dem Gatling, dem Gardner und dem Nordenfelt durchgeführt hatte. Das Gardner hatte den Wettbewerb problemlos für sich entschieden, und Maxim bat darum, gegen den Sieger anzutreten. Dabei gab es eine interessante Komponente zum taktischen Einsatz dieser Waffen.

Ziel war die Ermittlung der Feuergeschwindigkeit und der Genauigkeit auf 200, 500 und 1200 m. Die größte Entfernung bereitete Maxim etwas Kopfzerbrechen, denn seine Waffe verschoss eine deutsche 11-mm-Patrone, während das Gardner eine genauere 7,5-mm-Patrone benutzte. Der Bediener des Gardner entschied sich aber, nicht über die größte Entfernung anzutreten. Das Gardner feuerte mit seiner Besatzung von vier Mann 333 Schuss in etwas über einer Minute auf die kürzeste Entfernung. Maxim schaffte die gleiche Anzahl in weniger als der Hälfte der Zeit und das auch noch präziser. Über 500 m erlitt das Gardner eine Ladehemmung. In der Hast fiel die Munition in den Sand, und die Besatzung brauchte fast vier Minuten. Das Maxim bot die gleiche Leistung wie zuvor.

VERNICHTEND AUF GROSSE ENTFERNUNG

Auf 1,2 km läßt sich mit bloßem Auge ein Mensch nicht mehr erkennen, und selbst ein normaler PKW ist nur ein winziger Fleck. Maxims Bericht spricht für sich selbst: „Der leitende Offizier forderte uns auf, auf eine kaum erkennbare Attrappe einer Artilleriebatterie in 1200 m Entfernung zu schießen. Er erklärte mir, dass es sich um den blauen Streifen am Horizont handelte. Das Visier am MG war nur auf 1000 Yard (914 m) ausgerichtet; also stellte ich die Markierung grob ein. Ich erklärte Mr. Vickers, dass wir, wenn wir alle 333 Schuss auf einmal verfeuerten, eventuell das Ziel gar nicht treffen würden. Die Offiziere wollten sehen, wie viele Treffer wir in einer Minute erzielen konnten. Die Lafette hatte zwei Begrenzer für den Seitenwinkel. Diese stellte ich auf die Breite des Ziels ein, also etwa 60 bis 90 Meter. Dann legte ich den Gurt mit 333 Schuss ein. Ich richtete die Waffe nach meinem Gefühl etwas zu hoch und verfeuerte 100

Taisho 11 (1922)

Kaliber: 6,5 mm Arisaka
Gewicht: 10,2 kg
Länge: 1105 mm
Lauflänge: 480 mm
Effektive Schussentfernung: 1500 m
Ausführung: luftgekühlter Gasdrucklader mit Zuführtrichter
Feuergeschwindigkeit: 500 Schuss/min
Mündungsgeschwindigkeit: 760 m/sek
Herstellerland: Japan

Schuss, während ich sie langsam von links nach rechts schwenkte. Dann richtete ich sie auf die als richtig vermutete Höhe und verfeuerte etwas mehr als 100 Schuss von rechts nach links. Schließlich richtete ich die Waffe etwas niedriger und verfeuerte die restliche Munition ... das Ganze hatte etwas weniger als eine Minute gedauert. Nach einer Wartezeit von etwa 20 Minuten erfuhren wir, dass wir theoretisch etwa drei Viertel der Männer und der Pferde vernichtet hätten. Ich fragte Mr. Vickers, ob wohl von uns erwartet wurde, dass wir alle vernichten würden, aber er wusste es auch nicht. Kurz darauf erschien der leitende Offizier, der begeistert ausrief: ‚Es hat noch nie eine Waffe gegeben, die in kurzer Zeit so viele Männer und Pferde vernichtet hat!‘ Sofort erhielten wir einen Auftrag."

Die Waffe zeichnete sich aber nicht nur durch ihre Präzision aus, sondern durch die Möglichkeit, ein kontrollierbares Schussfeld zu erzeugen. Nun war es bald möglich, durch den gemeinsamen Einsatz mehrerer Waffen überlappende Schussfelder zu erzeugen und damit große Gebiete zu beherrschen. Das wurde schnell zum Bestandteil – sogar zu einem wichtigen Element – der Infanterietaktik.

Eine britische 7,7-mm-Patrone aus dem Ersten Weltkrieg, abgefeuert auf ein 2560 m entferntes Ziel, hatte dort eine Geschwindigkeit von 140 m/sek und erreichte eine Höhe von 183 m. Beim Einschlag ging sie in einem Winkel von 21° nieder. Als diese Waffen für Steilfeuer eingesetzt wurden – d. h. die Flugbahn der Geschosse wurde genutzt, um Ziele zu treffen, die der Schütze nicht sehen konnte – erhöhte sich der Wert des MG im Gefecht ungemein.

BESCHEIDENE ANFÄNGE

Zunächst bestellten die Schweizer nur eine Waffe im Kaliber 7,5 mm. Maxim erkannte, dass das „World Standard" von 1887, ausgelegt auf das Kaliber 11,43 mm, erheblicher Nachbesserungen für die schwächere Munition bedurfte. Die Schweiz bestellte später weitere Waffen zur Verteidigung des Gotthardpasses und für die Aufstellung von MG-Truppen für alle vier Kavalleriebrigaden. Um die Jahrhundertwende wandte sie sich an den (damaligen) deutschen Vertreter von Maxim, DWM und erwarb mehrere Hundert MGs. Mit dem Beginn des Ersten Weltkriegs nahm das Arsenal Bern die Produktion des DWM Modell 1909 auf. Zwischen 1915 und 1946 entstanden über 10 000 Exemplare.

Von Thun fuhren Maxim und Vickers nach La Spezia, wo die italienische Marine MGs erprobt und sich für das Nordenfelt entschieden hatte. Diesmal wurde Maxim lediglich gebeten, die Leistung des Nordenfelt zu übertreffen, nach seinem Bericht „eine recht einfache Sache". Dann musste er die Waffe in das Meer werfen, drei Tage dort lassen, dann herausholen und ohne Reinigung abfeuern. Sie funktionierte immer noch wie fabrikneu. Maxim erhielt einen Auftrag über 26 „World Standard" im Vetterli-Kaliber 10,4 mm. In Österreich war er genau so erfolgreich und erhielt einen Auftrag über 130 Waffen im Kaliber 8 mm.

DER „MYSTERIÖSE MANN AUS EUROPA"

Im Wettbewerb gegen das Nordenfelt-MG in Italien und später in Österreich

war Maxim gegen den skrupellosesten Waffenhändler angetreten: Basil Zaharoff, Nordenfelts größter Waffenhändler. Zaharoff hatte vielleicht keinerlei Moral, aber ein gutes Gespür für Qualität. Er versuchte wiederholt, das MG von Maxim und seinen Ruf zu sabotieren. Unter anderem soll er einen Werkzeugmacher von Maxim bestochen haben, damit er das Gehäuse einer Testwaffe zerstörte und ein Reparaturblech so ungeschickt aufnietete, dass die Waffe beim Abfeuern sofort klemmen musste. Dann mischte er sich bei der Erprobung des Maxim unter die Journalisten und behauptete, dass es sich um das Nordenfelt-MG handelte. Als das nichts half, versuchte er, eine Fusion zwischen der Nordenfelt Guns and Ammunition Company, Thorsten Nordenfelts Produktionsbetrieb in England, und der Maxim Gun Company herbeizuführen.

DIE MNG&AC

Die neue Maxim Nordenfelt Guns and Ammunition Company (MNG&AC) nahm am 18. Juli 1888 ihren Betrieb auf. Geschäftsführer waren Maxim und Nordenfelt gemeinsam. Im Vorstand saßen Mitglieder der Familie Vickers und Lord Rothschild. Die Produktion übernahmen das Nordenfelt-Werk in Erith, Kent und das neue Werk von Maxim in Crayford. Endlich konnte Maxim seine revolutionären Ideen auch umsetzen. Allerdings machte die neue Gesellschaft erst 1896 Gewinne. Da war aber Geschäftsführer der deutsche Geschäftsmann Sigmund Loewe, der Bruder des Mannes, der bereits in Deutschland Maxim-MGs in Lizenz baute.

Auch Nordenfelt war inzwischen längst verdrängt worden. Er verkaufte im Januar 1890 seinen Anteil in Höhe von 200 000 Pfund zurück an die Firma. Kurz danach beging er geschäftlichen Selbstmord, als er die Rechte an einem schwedischen MG erwarb. Damit brach er eine Vereinbarung von 1888, wonach er für die nächsten 25 Jahre keine Waffen bauen durfte, außer für MNG&AC. Dieses Bergman war eine Mischung aus automatischer und handbetriebener Waffe und funktionierte nie richtig. Die MNG&AC änderte ihren Namen in Vickers Son & Maxim, woraus nach Maxims Rückzug im Jahr 1911 die Vickers Ltd wurde. Sie war zu ihrer Zeit der größte Waffenproduzent Großbritanniens und sollte es in der Zukunft auch bleiben. Sie baute Schiffe für die Marine, Flugzeuge, Panzer und natürlich auch Handwaffen.

OBEN: Das japanische Modell 93, ein schweres MG im Kaliber 13 mm, ähnelte nicht nur in seiner Art, sondern auch in der Leistung dem amerikanischen Browning M2.

UNORTHODOXE METHODEN

Loewe war ein begeisterter Verkäufer und ein begabter Manager. Er war es, und nicht Maxim, wie oft behauptet wird, der die Möglichkeiten des MG auf eine unorthodoxe Weise unter Beweis stellte – er fällte große Bäume damit. Dazu hatte er u. a. den chinesischen Botschafter in London in das Haus des berühmten Kochbuchautoren Beeton eingeladen, das er gemietet hatte. Seine Tochter erinnerte sich später daran, dass viele Chinesen tagelang durch die Gärten schlichen und ihre MGs mit mehr Begeisterung als Talent abfeuerten. Auch die offizielle Chronik von Vickers beschreibt diese

Oben: Dieser französische Infanteriezug muss sich mit dem M'07 „St. Etienne" begnügen. Diese mangelhafte Waffe wurde nur entwickelt, um die Lizenzgebühren für das Hotchkiss-MG zu sparen.

Vorfälle: „Loewe teilte die Vorliebe des chinesischen Botschafters für das Fällen von Bäumen mit Maschinengewehren, und den ganzen Sommer über traf man auf dem Rasen und auf den Lichtungen Gestalten in Seidengewändern, die diesem Sport nachgingen." Was die Nachbarn davon hielten, ist nicht überliefert.

Auch der Adel vergnügte sich mit dem MG: Maxim hatte stets blaublütige Besucher in seiner Werkstatt in Hatton Garden gehabt, alle begierig darauf, einmal selbst schießen zu dürfen. Der Prinz von Wales, der Herzog von Cambridge (damals Oberbefehlshaber des britischen Heeres) wie auch die Herzöge von Devonshire, Edinburgh, Kent und Sutherland kamen. Später drängte Kaiser Wilhelm II. (auf Anraten seines Cousins, des Prinzen von Wales) persönlich darauf, diese Waffe beim deutschen Heer einzuführen. „Diese Waffe ist es – und keine andere", sagte er, nachdem er sie persönlich abfeuern durfte und dabei fast seinen gesamten Generalstab ausgelöscht hätte. Die Waffe verfügte über eine Vorrichtung, die sie automatisch über einen voreingestellten Bestreichungswinkel führte. Diese hatte der Kaiser versehentlich ausgelöst. Maxims schnelle Reaktion konnte schlimmeres verhüten. Danach baute er diese Vorrichtung nur noch auf besonderen Wunsch ein.

DAS MAXIM IN AFRIKA

Die ersten Maxim-MGs des britischen Heeres erhielten die Bezeichnung Maschinengewehr Maxim, Mark I, und wurden schon bald in Afrika eingesetzt. Zu dieser Zeit versuchten die europäischen Staaten, so viel wie möglich von Afrika unter ihre Kontrolle zu bringen. Dabei waren die Engländer stets in vorderster Front. So waren die MGs von Gatling und Gardner bereits zu ihren Einsätzen gekommen. Sie waren aber klobig und schwer und ließen sich kaum durch das Gelände transportieren. Das Maxim hingegen wog nur 27 kg, und das gleiche Gewicht war noch einmal für Dreibein, Werkzeug und Zubehör anzusetzen. Damit war es wirklich tragbar. Viele der Soldaten und „Kolonialpolizisten", die es benutzten, schrieben an MNG&AC und lobten die Wirksamkeit der Waffe in den höchsten Tönen. Ein dankbarer Soldat schrieb:

„Die Matabele kamen nie näher als 100 yards heran. Angeführt vom Nubuzu-Regiment stürmte die Leibgarde des Königs unter lautem Geschrei nach vorn in den sicheren Tod, denn das Maxim übertraf alle Erwartungen und mähte sie buchstäblich um wie Gras. Ich habe nie etwas Vergleichbares gesehen, ja nicht einmal davon geträumt. Die Patronengurte (150 Patronen pro Gurt) wurden so schnell durchgezogen, wie ein Mann laden und feuern konnte."

Im Sudan hatten die Briten etwas zu spät eine Armee unter Kitchener entsandt, um den Mord an General Charles

„Chinese" Gordon zu rächen, der 1885 in Khartum starb. Die Derwische, wie die örtliche Bevölkerung irrtümlicherweise bezeichnet wurde, konnten nur in ungeordneter Masse angreifen. Das war natürlich ideal für das Maxim-MG. Die entscheidende Schlacht fand am 2. September 1898 bei Omdurman statt. 23 000 britische und ägyptische Soldaten kämpften gegen über 50 000 Derwische. Die Afrikaner hatten 15 000 Tote und wohl ebenso viele Verletzte zu beklagen, die Briten hingegen fünf Offiziere und 85 weitere Soldaten. Der Grund dafür war ganz einfach – die 1. britische Brigade hatte sechs Maxim-MGs, die zweite Brigade vier. Diese zehn MGs verschossen insgesamt 34 000 Schuss und sollen nach offiziellen Angaben für drei Viertel aller Verluste des Gegners verantwortlich gewesen sein.

Hiram Maxim wurde später dafür zum Ritter geschlagen und verzichtete sogar auf seine US-Staatsbürgerschaft.

DER BURENKRIEG

Fast genau auf den Tag ein Jahr später stand das britische Heer erneut in Afrika im Krieg, diesmal im südlichen Teil des Kontinents. Nun aber handelte es sich beim Gegner nicht um disziplinlose Afrikaner mit Speeren, sondern um Europäer mit Mauser-Repetiergewehren und eigenen Maxim-MGs, die darüber hinaus noch Meister in der beweglichen Kriegführung waren. Zum ersten Mal standen sich nun Heere mit MGs gegenüber. Zwar hatten auch im kurzen Krieg zwischen Spanien und Amerika 1898 beide Seiten Gatling-MGs besessen und auch die US-Truppen, die die Moro-Rebellen auf den Philippinen bekämpften, hatten Gatlings gegen Maxims eingesetzt, aber die Ergebnisse waren alles andere als überzeugend.

Im Burenkrieg hingegen war es, wie Rudyard Kipling 1903 schrieb, ein „Maskenball für den Untergang". Die Pom-Pom-Maxim der Buren im Kaliber 37 mm war besonders wirksam gegen die britische Feldartillerie und vernichtete sie

M'07T16 St. Etienne

Kaliber: 8 mm Lebel
Gewicht: 25,75 kg
Länge: 1180 mm
Lauflänge: 710 mm
Effektive Schussentfernung: 2000 m
Ausführung: luftgekühlter Gasdrucklader mit Gurtzuführung
Feuergeschwindigkeit: 400 Schuss/min
Mündungsgeschwindigkeit: 725 m/sek
Herstellerland: Frankreich

OBEN: Ein russisches Maxim Modell 1910, wahrscheinlich während des Höhepunkts der Produktion im Zweiten Weltkrieg im Arsenal Tula hergestellt. Es ist auf der Sokolow-Radlafette montiert.

oft schon, bevor sie überhaupt zum Einsatz kam.

Die britischen Infanteristen gingen mit genau so dürftiger Taktik wie die Derwische im Sudan bei Magersfontein, Colenso und Paderberg in Gefechte, deren Ausgang von vornherein klar war. Ihre bessere Disziplin führte aber zu noch höheren Verlusten, denn sie marschierten geradewegs in den Tod. Sie rückten mit ihren Bajonetten über das offene Gelände vor und wurden von MGs niedergemäht, die sie noch nicht einmal sehen konnten. Das war das Ende der Nahkampftaktik, die General James Woolf im Jahr 1746 nach Culloden entwickelt und so erfolgreich gegen die Franzosen in Kanada eingesetzt hatte. Aber wenige Generale in Europa waren sich darüber im Klaren. Es musste erst zum bis dato blutigsten, verlustreichsten Krieg kommen, ehe der letzte begriffen hatte, dass ein neues Zeitalter angebrochen war. Im Nachhinein betrachtet ist es absolut unverständlich, warum das britische Heer, das schließlich bei der Entwicklung der taktischen Grundsätze für das MG in vorderster Front stand, selbst nichts daraus gelernt hatte. Das galt nicht nur 1889, sondern auch noch 1914.

AUS VERLUSTEN NICHT VIEL GELERNT

England gewann schließlich den Krieg gegen die Buren auf Grund seiner überragenden militärischen und wirtschaftlichen Stärke, aber nicht auf Grund besserer Kampfkraft, Führung oder Bewaffnung. Die Guerillataktik der Buren – den Feind zu überraschen, anzugreifen, und sich zurückzuziehen, bevor er zurückschlagen konnte – vertrug sich überhaupt nicht mit der Ausbildung der damaligen Soldaten. Dabei war sie selbst im Krieg von 1808–1814 von ihren spanischen Verbündeten angewandt worden und hatte dort auch die Bezeichnung „Guerilla“ erhalten. Der Krieg in Südafrika war kein realistischer Vorläufer des Ersten Weltkriegs, obwohl gewisse Einsichten – wie die Tödlichkeit des MG über große und auch geringe Entfernungen – nicht hätten ignoriert werden sollen. Der Krieg zwischen Russland und Japan 1904–1905 war da eher ein Vorbote, aber die Erfahrungen daraus wurden ebenso ignoriert.

KOPIEN DES MAXIM

Während die militärischen Führer die Macht des MG noch ignorierten, dachte die Rüstungsindustrie schon weiter. Wie bereits erwähnt, erteilte Maxim in Deutschland eine Lizenz für den Bau seiner Waffen (eigentlich sogar zwei, denn vor der Einigung mit Loewe hatte Maxim bereits eine Lizenz an Krupp vergeben. Er konnte Krupp aber überreden, nur 37-mm-„Pom-Pom-Waffen“ zu bauen und die Herstellung der anderen MGs Loewe zu überlassen. Dieser war bereits eine Größe im Rüstungsgeschäft, obwohl er mit Nähmaschinen angefangen hatte. Die Firma übernahm 1886 einige Anteile an Mauser und hatte bereits Gardner-MGs in Lizenz hergestellt. Die Lizenz stammte von Pratt&Whitney, das Gardner übernommen hatte.) Aus Loewes Firma wurde später die DWM (Deutsche Waffen- und Munitionsfabrik), der wichtigste Hersteller von Handfeuerwaffen in Deutschland. Sie baute nicht nur MGs und Gewehre, sondern auch die Mauser C96 und Luger-Pistolen. Zunächst baute sie exakte Kopien des Maxim-MG, aber nach dem Ablauf der Lizenzvereinbarung im Jahr 1898 zahlte DWM nur noch Patentabgaben und führte eigene Verbesserungen ein. Auch Russland erwarb eine

Lizenz zum Bau des Maxim, und sein Nachfolger, die Sowjetunion, baute bis zum Ende des Zweiten Weltkriegs im Jahr 1945 über 600 000 Exemplare. China baute von 1935 an etwa 40 000 Stück, Colt in den USA dagegen weniger als 200 Exemplare. Sogar die britische Regierung baute in ihrer eigenen Royal Small Arms Factory (RSAF) Maxim-MGs in Lizenz. Sie verließ sich nicht auf die unregelmäßige Produktion bei MNG&AC. Die Herstellung des Maschinengewehrs Maxim, 11,4 mm (Mark I) begann im Jahr 1891 und wurde mit mehreren Modifikationen 26 Jahre lang, bis 1917, fortgesetzt. Bis dahin hatte RSAF 2568 Maxim-MGs gebaut und pro Stück eine Gebühr von 25 Pfund überwiesen. Die Herstellung in Enfield war nicht nur geregelt, sie senkte auch den Stückpreis drastisch. Der niedrigste Stückpreis wurde 1902/1903 erreicht, als die Herstellung eines MG für 7,7-mm-RC-Patronen 47,52 Pfund kostete. MNG&AC und dessen Nachfolger verlangten 250 Pfund, sodass man selbst angesichts der Lizenzgebühren enorm Geld sparen konnte.

DER HERAUSFORDERER AUS ÖSTERREICH

Der Lizenzbau von Maxim-MGs war aber auch noch nicht das Gelbe vom Ei, denn er war immer noch unnötig teuer. Bei der Vereinbarung mit Loewe zahlte MNG&AC die Hälfte der Werkzeugkosten, sämtliche Herstellungskosten, die Löhne und die Ausgaben, und die beiden Firmen teilten sich den Gewinn, zwei Drittel für Maxim und ein Drittel für Loewe. Schon bald aber suchte man nach einer automatischen Waffe, die nicht unter eines der Patente von Maxim fiel – keine leichte Aufgabe, denn der Amerikaner war sehr sorgfältig vorgegangen. Die erste Alternative kam vom großen Waffenfabrikanten Skoda aus Pilsen in Böhmen, der „Maschinenraum“ des österreichisch-ungarischen Kaiserreichs, vermutlich der größte Waffenhersteller seiner Zeit. Im Jahr 1888 erhielten der Großherzog Karl Salvator und ein Oberst namens Georg von Dormus ein Patent für ein MG, das mit dem verzögerten Masseverschluss arbeitete. Für die Verzögerung sorgte ein Drehblock in Zusammenarbeit mit einer großen Schraubenfeder, die zusammengedrückt wurde. Skoda erwarb die Rechte an dieser Konstruktion und baute das Maschinengewehr Modell 1890 im Kaliber 8 mm. Die Firma verbesserte es zum Modell 1893, das in Österreich-Ungarn bei Heer und Marine eingeführt wurde. Das M1893 war ein luftgekühltes MG; die Munitionszufuhr erfolgte über einen senkrechten Trichter und die Schussfolge wurde über einen raffinierten Kadenzregler kontrolliert, der in Form eines Pendels mit einem Schiebegewicht unter dem Gehäuse hing. Er war allerdings unnötig, denn die Feuergeschwindigkeit lag ohnehin nur bei 250 Schuss pro Minute. Es war eine dieser Waffen und nicht, wie meistens berichtet, ein österreichisches Maxim, die zusammen mit einem 7,7-mm-Nordenfelt und einem Colt M1895 im Jahr 1900 beim Boxeraufstand in Peking das Rückgrat der Verteidigung bildete.

Im Jahr 1902 erfuhr das Skoda-MG drei weitere Verbesserungen. Es erhielt einen Wassermantel zur Kühlung und ein oben liegendes 30-Schuss-Magazin anstelle des Trichters. Auch diese Lösung erwies sich als verfehlt, und so wurde das überarbeitete Modell 1909 mit einem ungewöhnlichen Gurt ausgestattet. Es war praktisch eine Neukonstruktion. Der Kadenzregler wurde schließlich aufgegeben, und die Schussfolge wurde mit brutaler Gewalt auf 450 Schuss pro Minute hochgetrieben. Das Salvator-Dormus-System wurde letztmals im Jahr 1913 als Skoda Modell 1913 eingeführt (aber nie an der Front eingesetzt). Inzwischen war es beim Heer durch die Waffe abgelöst worden, die Wilhelm Schwarzlose für die Österreichische Waffenfabrik-Gesellschaft Steyr (siehe unten) entwickelt hatte. Unterdessen gab es einen weiteren Rivalen, ein MG mit Gurtzufuhr nach dem Prinzip des langen Rücklaufs, das eine spezielle 5-mm-Patrone verfeuerte. Karl Krnka hatte es 1899 für die Waffenfabrik Roth in Wien konstruiert. Das Roth-MG konnte sowohl automatisch als auch halbautomatisch betrieben werden, blieb aber im Experimentierstadium stecken. Krnka war ein früher Pionier der heutigen Miniaturkaliber und baute auch Gewehre für die 5-mm-Patrone.

BROWNINGS ERSTE WAFFE

Inzwischen hatte die Führung der Firma Colt erkannt, dass das Gatling-MG im Prinzip überholt und die Technologie längst vorangeschritten war. So erwarb sie einen luftgekühlten Gasdrucklader des talentierten jungen Büchsenmachers John Moses Browning. Der Mormone aus Salt Lake City hatte 1891 ein Patent auf diese Waffe erhalten und sie als Modell 1895 „Gas Hammer“ auf den Markt gebracht. Browning gilt in aller Welt zu recht als einer der talentiertesten Büchsenmacher aller Zeiten, aber dieser „Potato Digger“ (Kartoffelgraber), wie das Modell 1895 genannt wurde, konnte nichts zu seinem Ruf beitragen. Anders als die Maxim-MGs (mit Ausnahme der Maxim-Patente von 1884) wurde es durch den Druck des Treibgases auf den Verschlussmechanismus betrieben. Maxim behauptete stets, dass diese Konstruktion seine Patente von 1884 verletzte, die er überall hatte verlängern lassen. Er hatte zweifellos recht, obwohl Browning diese Tatsache mit einem komplizierten Arrangement von Hebeln verschleiern wollte. Maxim blieb aber stur. Er wollte Colt zwingen zuzugeben, dass das M1895 seine Patente verletzte, sagte aber nichts gegen die im gleichen Jahr erschienenen Hotchkiss-MGs (siehe unten), auf die das Gleiche zutraf! Er kümmerte sich auch nicht darum, dass Hugo Borchardt mit seiner Automatikpistole von 1893 sein Patent auf den Kniegelenkverschluss verletzte. Borchardt hatte die Pistole für Ludwig Loewe & Cie gebaut, und später übernahm auch Georg Luger das Prinzip.

Brownings Konstruktion sah ziemlich plump aus. Der Mechanismus lag zum Teil außen – ein Schwenkhebel unter dem Lauf, dessen Vorderteil durch den Gasdruck, der auf einen kurzen Kolben wirkte, um 90° vor- und zurückbewegt wurde. Er zwang einen zweiten Hebel, das Verschlussstück zu öffnen, die verbrauchte Hülse auszuwerfen, eine neue Patrone zu laden und dabei gleichzeitig den Mechanismus zu spannen. Dieser ungewöhnliche Mechanismus sah zwar schwerfällig aus, funktionierte aber reibungslos. Die Munitionszufuhr erfolgte über einen Textilgurt mit jeweils 250 Schuss.

Das Colt Modell 1895 verschoss ursprünglich die runde 6-mm-Gewehrpatrone, die James Lee für sein Repetiergewehr mit Geradzugverschluss ausgesucht hatte, das er an die US Navy verkauft hatte. Das Modell 1895 wurde erstmals 1898 von den US Marines bei der Landung in Guantanamo, Kuba, eingesetzt. Später wurde es in verschiedenen Kali-

OBEN: Ein britischer MG-Trupp im Einsatz mit einem Vickers Class C an der Somme-Front 1916. Die Gasmasken waren völlig wirkungslos und behinderten die Soldaten nur.

bern an die US Army und sogar nach Spanien und Italien verkauft. Beliebt war es auch bei der freiwilligen berittenen Infanterie, die mit dem britischen Heer gegen die Buren kämpfte, denn es war wesentlich leichter als das Maxim.

Obwohl dieses MG lange vor dem Ersten Weltkrieg überholt war, wurde eine leichtere Variante von Marlin-Rockwell im Kaliber .30-06 (7,62 mm) als M1918 „Marlin" beim US Air Corps und in Panzern eingesetzt. Der plumpe Unterhebel war schließlich durch einen Kolben ersetzt worden, denn Maxims Patent war längst abgelaufen. Das M1918 war wiederum eine Ableitung aus dem Zwischenmodell M1914, das Marlin (allerdings in geringen Stückzahlen) an Russland, Italien und andere geliefert hatte. Es wurde schließlich von dem schwedischen Ingenieur Carl Swebilius zum M1918 modifiziert. Mehrere Tausend davon wurden sogar noch im Zweiten Weltkrieg im Rahmen des Leih- und Pachtabkommens nach Großbritannien geliefert, wo sie auf Küstenschiffen zur Flugabwehr benutzt wurden.

AMERIKANISCHE MAXIMS

Der Ausschuss der US Navy verglich 1895 das Colt-MG, ein Maxim sowie zwei Gatlings und ein Hotchkiss. Zu Maxims Entsetzen erwies sich das Colt seiner eigenen bewährten Konstruktion als überlegen. Allerdings lag dies in erster Linie an den launischen Eigenschaften der 6-mm-Patrone. Sie hatte mit ihrer schweren Ladung eine ähnliche Charakteristik wie die modernen Magnum-Geschosse. So war der Druck im Ladungsraum sehr hoch, und es war fast unmöglich, die verbrauchte Patrone so schnell auszuwerfen, dass die normale Feuergeschwindigkeit aufrecht erhalten werden konnte.

Das wichtigste Ergebnis der Erprobung war, dass das Gatling endgültig überholt war. Dabei hatte Gatling zwei Jahre zuvor sogar noch eine seiner Waffen mit einem Elektromotor ausgestattet und die Feuergeschwindigkeit auf sagenhafte 3000 Schuss pro Minute hochgetrieben. Bei der nächsten nahmen nur noch das Colt, das Hotchkiss und verschiedene Maxim-MGs teil, alle nun im besser geeigneten Kaliber 7,62 mm. Dabei war die gesamte Erprobung von vornherein nutzlos, denn niemand im Auswahlausschuss war bereit, seine Karriere durch die Festlegung auf eine bestimmte Waffe aufs Spiel zu setzen. Die ausgewählte Waffe konnte sich ja als ungeeignet erweisen. So musste die immer noch unentschlossene US Army fünf Jahre mit antiquierten Gatlings und ein paar 6-mm-Colts gegen die philippinischen Rebellen kämpfen, die bereits über Maxim-MGs verfügten. Erst Ende 1903 sah die US Army ein, dass weder das Colt noch das Hotchkiss und auch nicht das inzwischen erschienene Schouboe/Madsen den Standard des Maxim erreichen konnten. Endlich wurden bei VSM 50 Exemplare vom Modell 1901

MG, Vickers, .303in Mark 1 (Class C)

Kaliber: 7,7 mm
Gewicht: 18 kg
Länge: 1155 mm
Lauflänge: 725 mm
Effektive Schussentfernung: über 2000 m, später 3000 m
Ausführung: wassergekühlter Rückstoßlader mit Gurtzuführung
Feuergeschwindigkeit: 600 Schuss/min
Mündungsgeschwindigkeit: 600 m/sek, später 730 m/sek
Herstellerland: Großbritannien

„New Pattern" im Kaliber 7,62 mm zu einem Stückpreis von 1662,61 Dollar bestellt, einschließlich Dreibein, Werkzeugkasten und Gurtfüllmaschine. Sie entsprachen im Prinzip den Waffen aus der Erprobung. Durch das ewige Zögern war den US-Truppen ein halbes Jahrzehnt lang die beste Infanteriewaffe der Welt vorenthalten worden.

Vickers, Son & Maxim bauten etwa 90 Exemplare des Modells 1904, wie die leicht überarbeitete US-Version nun hieß, und mussten alle überarbeiten, als eine neue Version der 7,62-mm-Patrone eingeführt wurde. Die .30-03 wurde durch die etwas kürzere, aber robustere .30-06 ersetzt. Bis dahin hatte Colt bereits eine Lizenzvereinbarung für den Bau des Maxim-MG unterzeichnet und erhielt am 25. Oktober 1905 den ersten Auftrag von der US Army. Colt baute insgesamt 197 Exemplare vom Maxim Modell 1904 für das US-Militär. Eine weitere Waffe wurde aus Restbeständen und unnummerierten Teilen zusammengebaut und schließlich dem Museum für die Geschichte Connecticuts übergeben. Die Produktion endete im Jahr 1909, als das M1904 durch das wesentlich leichtere, aber auch zerbrechlichere MG Bénét-Mercié Modell 1909 abgelöst wurde.

Die schweren Maxims waren bei der US Army nie beliebt. Eine Waffe mit Dreibein wog 65 kg, über 10 kg mehr als die deutschen oder britischen Versionen, denn bei den Amerikanern musste jedes Detail perfekt sein. Diese MGs wurden schnell in die Depots geschafft, und viele kamen erst 1914 wieder an das Tageslicht, als man sie zur Ausbildung einsetzte.

ENGPÄSSE

Als die Vereinigten Staaten 1917 in den Ersten Weltkrieg eintraten, hatte die US Army gerade 1305 „moderne" MGs – 665 Hotchkiss/Bénét-Mercié Modell 1909 (siehe unten), 287 Maxim Modell 1904 und 353 leichte Lewis-MGs, die aber in erster Linie an der Grenze zu Mexiko eingesetzt wurden. Dazu kamen

Vickers-Bord-MG Typ 97 (Japan)

Kaliber: 7,7 mm
Gewicht: 18 kg
Länge: 1155 mm
Lauflänge: 725 mm
Effektive Schussentfernung: über 2000 m
Ausführung: luftgekühlter Rückstoßlader mit Gurtzuführung
Feuergeschwindigkeit: 600 Schuss/min
Mündungsgeschwindigkeit: 600 m/sek
Herstellerland: Japan/Großbritannien

ein paar Gatlings und Colt M1895. Dieser Zustand verschlimmerte sich noch, als den in Frankreich eintreffenden US-Divisionen in ausreichender Zahl nur das Fusil Mitrailleur Modèle 1915 zur Verfügung stand. Nach dem Vorsitzenden des Auswahlausschusses als „Chauchat" bezeichnet, war es wohl das schlechteste MG, das jemals offiziell ausgewählt wurde.

Es gab allerdings einen Silberstreif am Horizont: Colt hatte bereits den Auftrag erhalten, 4125 MGs vom Typ Vickers Class C (dem Nachfolger des Maxim) zu bauen; allerdings war noch kein einziges ausgeliefert. Ein ähnlich aufgebauter Rückstoßlader mit Wasserkühlung von Browning wurde bald darauf als M1917 eingeführt.

AMERIKANER IN PARIS

In Frankreich erlebte inzwischen der Betrieb von Benjamin Hotchkiss in St. Denis, einem nördlichen Vorort von Paris, einen großen Aufschwung. Vor seinem Tod im Jahr 1885 hatte Hotchkiss vergebens versucht, die Patente von Maxim zu umgehen. Als er den jungen Laurence Bénét aus den USA holte und zu seinem Chefingenieur machte, hatte dieser genau so wenig Erfolg. Die Lösung kam schließlich im Jahr 1893 durch den österreichischen Kavallerieoffizier, Baron Odkolek von Augezd, der den Prototypen eines Gasdruckladers nach St. Denis brachte. Bénét überarbeitete das Gewehr umfassend, und es wurde als Mitrailleuse Hotchkiss Modèle 1895 auf den Markt gebracht. Die 8-mm-Lebel-Patronen steckten in Metallstreifen zu 24 oder 30 Schuss, eine nicht ganz befriedigende Lösung. Bénét entschied sich für eine Verriegelung, die der schottisch-kanadische Büchsenmacher James Lee für sein Repetiergewehr mit Geradzugverschluss entwickelt hatte. Dabei wurde ein Zapfen aus dem Verschlussstück gedrückt, der in eine Vertiefung am Gehäuse einrastete. Zwei Jahre später führte das französische Heer die Waffe als M'le 97 ein. Inzwischen verfügte sie über Messingrippen am Lauf, um die Wärme abzuleiten. Der Nachfolger M'le 1900 verfügte über modifizierte Kühlrippen und ein neues Dreibein mit Seiten- und Höheneinstellung. Kurz vor dem Ausbruch des Ersten Weltkriegs erschien das M'le 1914 mit einer etwas komplizierten Sicherungseinrichtung und einem noch besseren Dreibein. Mit diesem MG

Vickers-Bord-MG Class D

Kaliber: 7,7 mm
Gewicht: 18 kg
Länge: 1155 mm
Lauflänge: 725 mm
Effektive Schussentfernung: über 2000 m
Ausführung: luftgekühlter Rückstoßlader mit Gurtzuführung
Feuergeschwindigkeit: 600 Schuss/min
Mündungsgeschwindigkeit: 600 m/sek
Herstellerland: Großbritannien

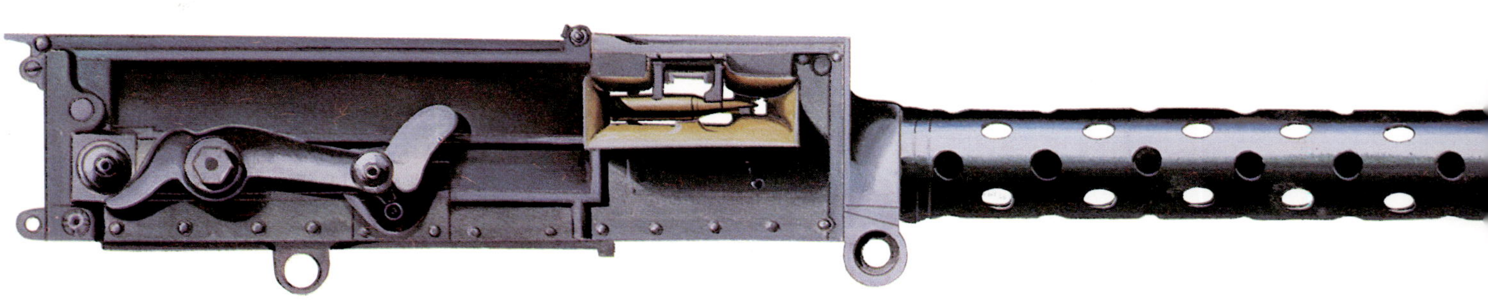

Vickers-Bord-MG Class C

Kaliber: 7,7 mm
Gewicht: 18 kg
Länge: 1155 mm
Lauflänge: 725 mm
Effektive Schussentfernung: über 2000 m
Ausführung: wassergekühlter Rückstoßlader mit Gurtzuführung
Feuergeschwindigkeit: 600 Schuss/min
Mündungsgeschwindigkeit: 600 m/sek
Herstellerland: Großbritannien

zogen die Franzosen in den Krieg. Das Modèle 1900 wurde auch bei den Japanern eingeführt, die es mit viel Erfolg 1904/1905 im Krieg gegen Russland einsetzten. Später entwickelten sie daraus das 3 Nen Shiki Kikanju und benutzten die für das Arisaka-Gewehr entwickelte 6,5-mm-Patrone. Der größte Fehler an dieser Waffe war der feste Verschlussabstand, der zu Schwierigkeiten beim Auswerfen führte. Oberst Nambu Kijiro, der oberste Waffenkonstrukteur, baute das Auswerfersystem um und benutzte einen Lewis-Mechanismus, aber auch dieser Versuch war nicht von Erfolg gekrönt. Trotzdem wurde das MG Typ 3 später nur geringfügig geändert, um die wesentlich stärkere 7,7-mm-Halbrandpatrone zu verschießen, und in dieser Form 1932 als Typ 92 ausgegeben. In einer weiteren Version wurde es 1939 als Typ 99 ausgegeben und verschoss nun randlose 7,7-mm-Patronen. Diese Waffe war das wichtigste MG der Japaner im Zweiten Weltkrieg und blieb bis in die 80er Jahre im Fernen Osten im Einsatz. Da war es aber dank zahlreicher Modifikationen unhandlich und schwer geworden.

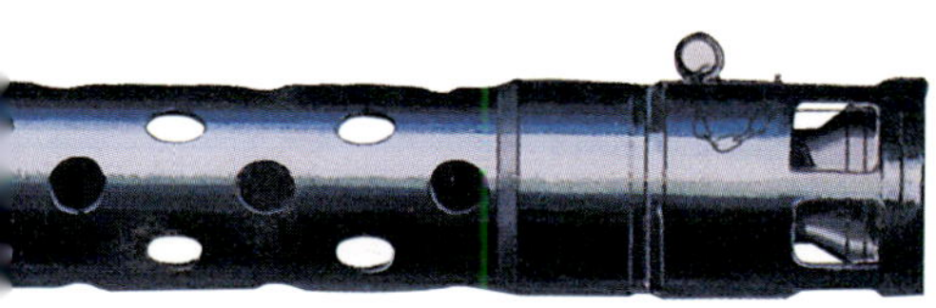

Das Grundprinzip der Hotchkiss-Konstruktion war recht einfach. Eine schwenkbare Verriegelungsklappe hielt Verschluss und Lauf zusammen, bis das Gas aus dem Lauf abgezapft wurde. Dies geschah kurz vor der Mitte des Laufs. Das Gas wirkte auf die Klappe, entriegelte den Mechanismus und sorgte dafür, dass der Restdruck in Lauf und Ladungsraum den Verschluss nach hinten drückte, um den Zyklus in Gang zu setzen. Diese Konstruktion verletzt zwar den genauen Wortlaut von Maxims Patent von 1884, aber aufgrund der Launen des Patentrechts in den verschiedenen Ländern war der Schutz wohl doch nicht so umfassend wie von Maxim angestrebt.

In der endgültigen Form als M'le 14 wurde ein nicht ganz geglückter Versuch unternommen, die größte Schwäche der Waffe zu beseitigen: den Streifen mit 30 Schuss. Die Länge wurde auf drei Schuss reduziert, aber diese Streifen konnten nun zu einem Gurt zusammengefügt werden. Damit war die Waffe besser geeignet für den Einsatz in Flugzeugen und gepanzerten Fahrzeugen. Abgesehen davon war das Hotchkiss, besonders in seiner endgültigen Form, eine zuverlässige Dauerfeuerwaffe und entsprechend beliebt bei den Soldaten. Es war sogar beim Ausbruch des Zweiten Weltkriegs noch im Einsatz. Seine Feuergeschwindigkeit von 600 Schuss war vergleichbar mit der der Maxim-MGs im Gewehrkaliber.

„VERBESSERTE" HOTCHKISS-MGs

Es wurden in Frankreich zwei erfolglose Versuche unternommen, die Konstruktion des Hotchkiss zu „verbessern". Keiner von ihnen befasste sich mit der tatsächlichen Schwäche, der Munitionszuführung. Ein Versuch war das M'le05, nach seinem Herstellungsort als „Puteaux" be-

LINKS: Ein zweisitziges österreichisches Aufklärungsflugzeug vom Typ Brandenburg mit Schwarzlose-MG, das auf Luftkühlung umgerüstet wurde.

kannt. Es blieb zwei Jahre im Dienst und kam dann in die Reserve. Das M'le07 „St. Etienne", entwickelt im staatseigenen Arsenal in dieser Stadt, basierte auf dem M'le05, war aber eine noch schlimmere Fehlkonstruktion. Die Ingenieure hatte scheinbar besonderen Spaß daran gefunden, es so lange zu modifizieren, bis die Zuverlässigkeit in höchster Gefahr war. Auch dieses Gewehr verschwand schnell in der Versenkung, diesmal in den Kolonien, und wurde nie wieder gesehen. Diese beiden Fehler waren aber nicht das schlimmste, was die Franzosen sich in dieser Zeit leisteten. Zu gegebener Zeit werden wir näher auf das leichte MG Fusil Mitrailleur Modèle 1915, das berüchtigte „Chauchat", eingehen.

Es gab auch ein schweres MG im Kaliber 11 mm, das Hotchkiss als Infanteriewaffe entwickelt hatte. Es verfeuerte Brandmunition und wurde fast ausschließlich gegen deutsche Beobachtungsballone eingesetzt, daher der Name „Modèle de Ballon". Dafür war es gut geeignet, für andere Rollen hingegen weniger. Allerdings sorgte es dafür, dass die US Army sich näher mit dem Konzept des schweren MG befasste. Diese Initiative führte schließlich zur Entwicklung der Browning-Waffen im Kaliber 12,7 mm.

VERBESSERTE MAXIMS

Sir Hiram Maxim ging zwar erst 1911 in den Ruhestand, hatte sich aber seit der Jahrhundertwende mehr oder weniger aus dem Geschäft zurückgezogen. Ab 1901 wurden neue MG-Patente nicht mehr unter seinem Namen beantragt. 1901 und 1906 erschienen neue Modelle mit Detailverbesserungen. Am wichtigsten war eine Vorrichtung, mit der der Verschlussabstand eingestellt werden konnte – das ist der Abstand zwischen Verschlussblock und Patrone beim Moment des Abfeuerns. Durch einen anderen Zuführer und die Verwendung von hochfestem Stahl und Aluminium konnte das Gewicht auf knapp über 18 kg reduziert werden. Als Vickers Class C im Kaliber 7,7 mm betrug das Gewicht sogar nur noch 14,5 kg. Chefingenieur George Buckham stellte den Verschluss auf den Kopf. Das Gelenk klappte nun nach oben in den bislang ungenutzten Raum hinter dem Zuführmechanismus. Außerdem

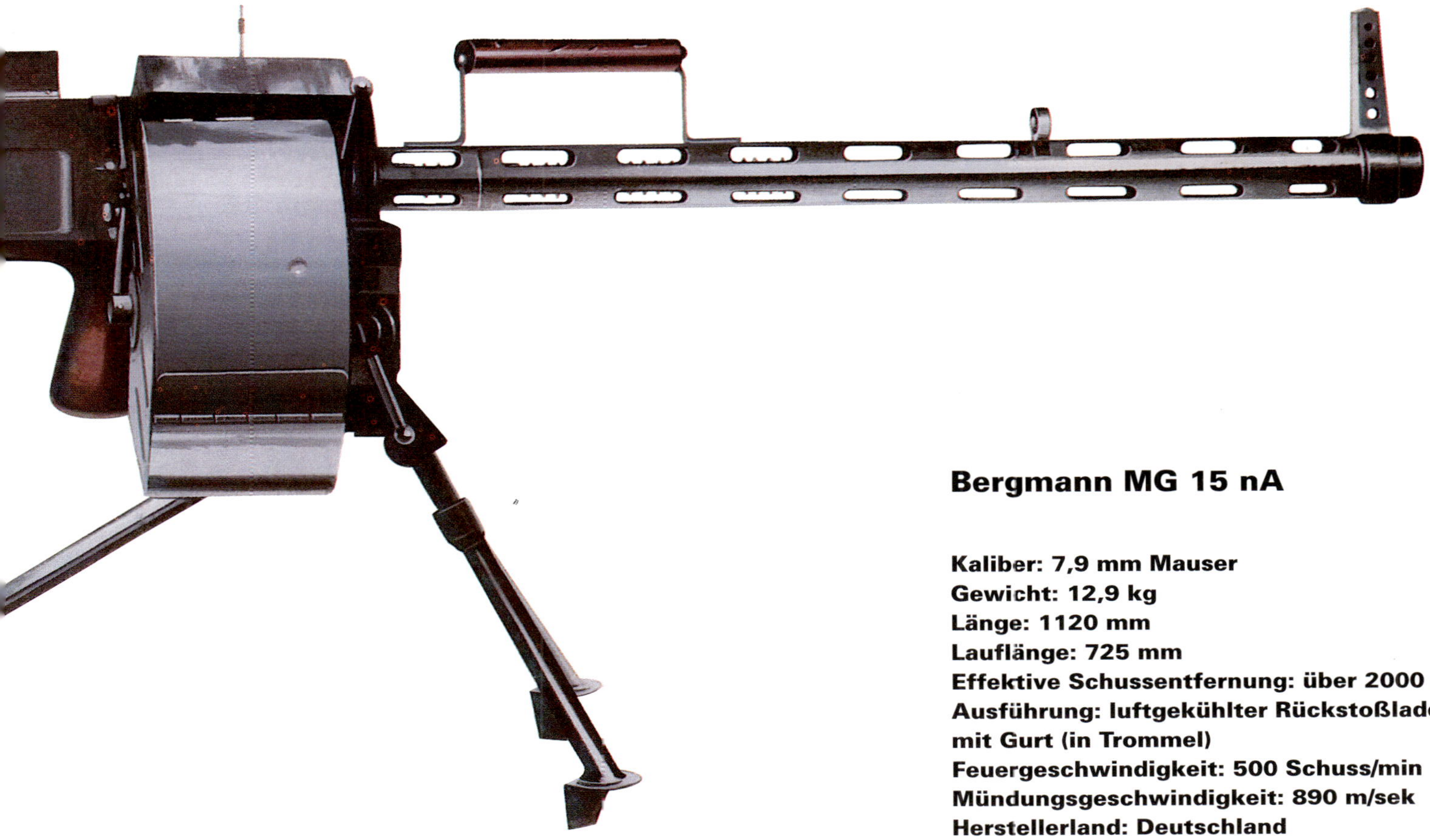

Bergmann MG 15 nA

Kaliber: 7,9 mm Mauser
Gewicht: 12,9 kg
Länge: 1120 mm
Lauflänge: 725 mm
Effektive Schussentfernung: über 2000 m
Ausführung: luftgekühlter Rückstoßlader mit Gurt (in Trommel)
Feuergeschwindigkeit: 500 Schuss/min
Mündungsgeschwindigkeit: 890 m/sek
Herstellerland: Deutschland

brachte er eine abgewinkelte Verlängerung am Kniehebel an, die auf eine Rolle in der Gehäuseseite wirkte. Sie öffnete das Kniegelenk viel besser als die ursprüngliche Nockenbahn.

Am leichtesten lässt sich ein Maxim von einem Vickers an der Höhe des Gehäuses unterscheiden. Beim ersteren war es fast 150 mm hoch, beim letzteren nur noch zwei Drittel davon, also kaum mehr als der Durchmesser des Wassermantels. Das neue MG wurde 1912 als Maschinengewehr, Vickers, .303, Mark I, übernommen und blieb bis in die frühen 60er Jahre beim britischen Heer im Einsatz. Danach wurde es durch das Allzweck-MG L7A1 abgelöst, das die NATO-Standardpatrone 7,62 mm x 51 verfeuerte. Offiziell wurde es erst 1968 für abgängig erklärt. Während dieser langen Zeit gab es kaum nennenswerte Modifikationen, allerdings wurde eine neue Patronenform mit einem so genannten „Bootsheck" eingeführt, die die Reichweite um etwa 900 m auf 4100 m erhöhte. Gleichzeitig war die Munition auch wesentlich wirksamer im Steilfeuereinsatz. Von 1916 an wurden luftgekühlte Versionen als Bord-MGs gebaut. Dabei wurde lediglich der Wassermantel entfernt und durch eine perforierte Schutzhülle ersetzt. Diese Bord-MGs von Vickers funktionierten nie so recht zufriedenstellend und mussten sich dem Browning geschlagen geben. Lediglich in Japan wurden sie bis in den Zweiten Weltkrieg in großer Zahl eingesetzt.

Vickers baute auch Versionen mit dem ursprünglichen Mechanismus von Maxim in größeren Kalibern – 12,7 mm, versuchsweise auch 25,4 mm. Es gab sogar eine 40-mm-Flugabwehrkanone, die aber etwas aus dem Rahmen dieses Werks fällt. Daneben baute Vickers zwei weitere Maschinengewehre: Das leichte MG Vickers-Berthier, das im nächsten Kapitel behandelt wird, und den Gasdrucklader Vickers „K", auch bekannt als VGO (Vickers Gas-Operated), der weiter unten beschrieben wird. Die wenigen Maxims, die noch erhalten waren, bildeten zusammen mit den Vickers-MGs die einzigen Dauerfeuerwaffen, die den Briten und den Truppen des Empire im Ersten Weltkrieg zur Verfügung standen. Bis zum Ende des Krieges hatten die Briten etwa 3000 Maxims und knapp 71 500 Vickers Class C eingesetzt.

AUSLÄNDISCHE MAXIMS

Das russische Zarenreich kaufte seine Maxims sowohl bei MNG&AC und ihren Nachfolgern als auch bei DWM in Berlin. Maxim hatte seine „World Standard" 1888 in St. Petersburg vorgeführt. Sofort danach erhielt er vom General der Artillerietruppe einen Auftrag über ein Dutzend MGs im Kaliber 10,6 mm. Die russische Marine, die sich wie alle Marinen vor den neuen Torpedoschnellbooten fürchtete, folgte dem Beispiel und bestellte MGs in größeren Zahlen. Erst 1899 erkannte auch die Infanterie den Wert der neuen Waffe und wandte sich an DWM. Sie entschied sich für das 1891 vorgestellte kommerzielle Modell 1894 im Kaliber „3 Linien" (eine Linie war etwa 2,5 mm, also betrug das Kaliber ca. 7,5 mm).

Nach der Revolution führte die neue Sowjetunion das metrische System ein, und das Kaliber hieß nun 7,62 mm x 54R. Dieses Geschoss blieb wie die im Prinzip ähnliche britische 7,7-mm-Patrone in beiden Weltkriegen im Einsatz. Sie wurde sogar über hundert Jahre nach ihrer Einführung noch im Scharfschützengewehr Dragunow verwendet, obwohl die konstruktiven Nachteile der Patronen mit Rand längst bekannt waren.

RUSSISCHE MASCHINENGEWEHRE

1905 begann die Produktion des Maxim im Arsenal Tula. Es handelte sich um direkte Kopien des deutschen Modells 1894 mit dem schweren Wassermantel aus Messing und dem typischen Zuführer. Eine Ausnahme gab es allerdings: Es wurde ein Schloss im Stil des Vickers 1901 eingebaut. Die Produktion wurde schon bald auf eine Kopie des leichten Vickers-MG von 1906 umgestellt, das immer noch über das alte, nach unten öffnende Kniegelenk und das hohe Gehäuse verfügte. Das wurde das endgültige russische Maxim. Als Pulemjot Maxima obr 1910 (Maxim-MG, Modell 1910) wurde es bis zum letzten Jahr des Zweiten Weltkriegs in großer Zahl gebaut. Bis in die 80er Jahre war es noch als Reserve bei den weniger wohlhabenden Kunden der Sowjets zu finden. Die meisten dieser MGs wurden auf die „Sokolow-Lafette" montiert – im Prinzip ein Paar kleiner Räder mit einer Drehscheibe dazwischen. Im Winter konnten die Räder gegen Kufen ausgetauscht werden. Der Wassermantel wurde mit einem großen Füllgerät ausgestattet, sodass man auch Schnee hineinstopfen konnte. Die Maxims des finnischen Heers wurden in gleicher Weise ausgerüstet.

Während der 20er Jahre versuchte die Rote Armee, das Maxim in ein leichtes MG zu verwandeln, was die Deutschen 1915 auch schon probiert hatten. Es wurden zwei Modelle gebaut, eines von Tokarew und eines von Kolesnikow. Beide waren luftgekühlt und verfügten über leichtere Gehäuse, aber in der Erprobung konnte keines von ihnen überzeugen, obwohl bereits mehrere Hundert gebaut worden waren.

SCHWEIZER MAXIMS

Auch die Schweiz kaufte zunächst ihre MGs bei Maxim und später bei DWM, bevor sie selbst in die Produktion einstieg. Dort entschied man sich für eine Kopie des deutschen handelsüblichen Modells 1909 im Kaliber 7,5 mm x 54, und das trotz der wesentlich verbesserten Version von Vickers. Die Produktion in der Waffenfabrik Bern begann im Jahr 1915 und wurde bis 1946 fortgesetzt. Es wurden über 10 000 Exemplare des so genannten MG 11 gebaut. Sie gingen an das eigene Heer und in den Export, besonders nach Persien, das gleich 2000 Stück abnahm. Angesichts des ausgezeichneten Rufs, den die Schweizer genießen, ist es kein Wunder, dass die Schweizer Maxims hinsichtlich Verarbeitung und Passform der einzelnen Teile zu den besten überhaupt gezählt werden.

CHINESISCHE KOPIEN

In den letzten Jahren des 19. Jahrhunderts und vor dem Boxeraufstand im Jahr 1900 verkaufte MNG&AC viele Waffen, meistens im Kaliber 7,7 mm, an Peking und diverse chinesische Provinzregierungen. Nach dem Aufstand war es mit dem Geschäft vorbei. Als Nationalchina 1912 gegründet wurde, gelang es DWM, eine kleine Anzahl des Modells 1909 zu verkaufen. Aber vor dem Ende des Ersten Weltkriegs war es auch damit vorbei. Erst im Jahr 1935 begann Nationalchina unter der Anleitung deutscher Ingenieure, das MG in seiner Form von 1909 als Modell 24 selbst herzustellen, immer noch im

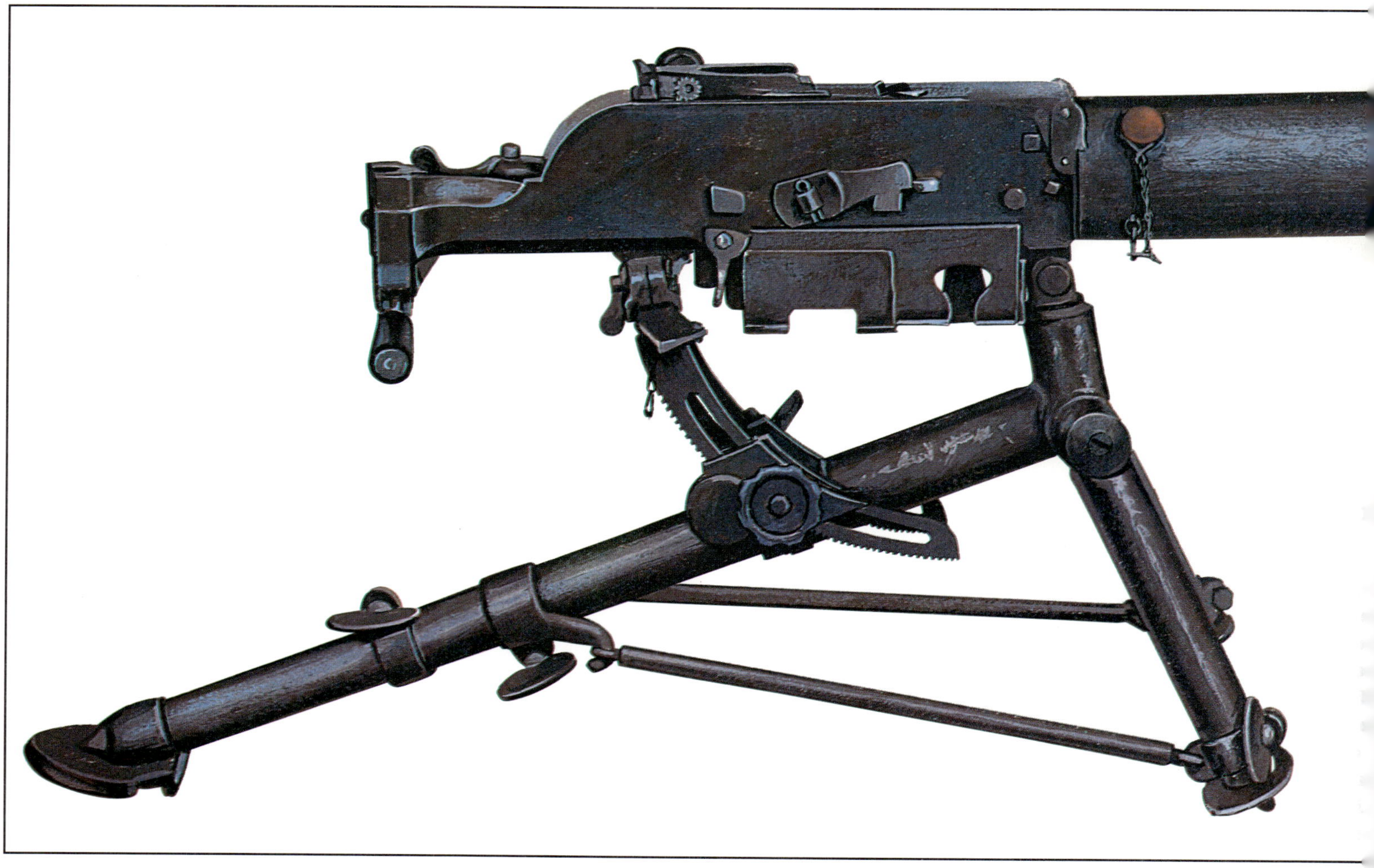

Kaliber 7,92 mm x 57. Es wurden etwa 40 000 Stück gebaut, bevor das Werk 1937 im Rahmen der Invasion von den Japanern erobert wurde. Die Qualität der Verarbeitung und auch die Passform waren gut, vielleicht nicht ganz so gut wie die Schweizer Maxims oder die Vorkriegsmodelle von DWM, aber sicherlich besser als die der russischen Waffen. Praktisch alle MGs wurden nach der Machtübernahme durch die Kommunisten auf das russische Kaliber 7,62 mm x 54R umgestellt. Das war relativ einfach. Das Gehäuse und der Zufuhrmechanismus mussten etwas bearbeitet werden, um an die größere M1891 mit Rand angepasst zu werden, und die Läufe waren auszutauschen. Die Komponenten waren so großzügig bemessen, dass etwas abgefräst werden konnte, ohne sie zu schwächen. Viele MGs vom Modell 24 kamen später noch in Korea und in Vietnam zum Einsatz.

RECHTS: „Der Pinsel des Teufels" und der „grimmige Sensenmann" wurde das deutsche Maxim, das MG08, genannt. Hier auf der vielseitigen Schlittenlafette.

chwarzlose M07/12

liber: 8 mm österreichisch
wicht: 20 kg
nge: 1070 mm
uflänge: 525 mm
fektive Schussentfernung: über 1000 m
sführung: wassergekühlter verzögerter
ckstoßlader mit Gurtzuführung
uergeschwindigkeit: 425 Schuss/min
indungsgeschwindigkeit: 618 m/sek
rstellerland: Österreich

DEUTSCHE MAXIMS

Bis zur Jahrhundertwende hatte DWM längst seinen eigenen Weg eingeschlagen. Die Vereinbarung zwischen MNG&AC und Loewe & Cie war nämlich 1898 abgelaufen. Das Modell 1901, vom deutschen Heer als MG01 eingeführt, verfügte bereits über zahlreiche Modifikationen von DWM. Die deutsche Marine hatte die Waffe in ihrer vorherigen Form als Modell 1894 im Jahr ihrer Vorstellung eingeführt; das Heer hingegen wartete bis 1899 und beschaffte auch dann nur eine geringe Zahl des so genannten MG99.

Erst zwei Jahre später rang man sich zu einer konsequenten Politik zum MG durch. Richtig überzeugt vom Wert der „neuen" Waffe war das Heer aber erst nach dem Krieg zwischen Japan und Russland. In den deutschen Kolonien übte man aber keine Zurückhaltung. Wie die meisten „weißen" Armeen hatten auch die Deutschen den Wert des MGs gegen die „eingeborenen Horden" erkannt, wie ein Journalist berichtete. Bis zum Ersten Weltkrieg beschaffte das Heer größere Mengen des etwas leichteren MG08. Am 3. August waren es knapp über 4900 Stück; das kleinere britische Heer hatte wesentlich weniger. Erst danach wurden MGs in großer Zahl beschafft.

Das MG08 blieb bis zum Ende des Krieges aktuell. Danach wurde es den Deutschen 1919 im Rahmen des Vertrags von Versailles verboten, automatische Waffen herzustellen. Bis zu diesem Zeitpunkt hatten DWM und das staatliche Arsenal in Spandau etwa 72 000 Stück gebaut. DWM machte keine Anstalten, das 1901 eingeführte Vickers mit dem verstellbaren Verschluss nachzubauen und führte diese Änderung erst im handelsüblichen Modell 1909 ein, das aber vom Heer ignoriert wurde. Der umgedrehte Verschluss, den Vickers 1908 einführte, wurde nie kopiert. So ist es relativ einfach, ein deutsches Maxim aus dem Ersten Weltkrieg von einem britischen an der Höhe des Gehäuses zu unterscheiden. Es gibt natürlich noch weitere Erkennungsmerkmale, zum Beispiel den Namen des Herstellers auf der Federabdeckung. Auch die Montierung der Waffen war völlig unterschiedlich. Die Briten hatten ein Dreibein; die Deutschen hingegen eine Schlittenlafette. Nicht ganz einfach ist es, ein deutsches Maxim von einer russischen, Schweizer oder chinesischen Waffe zu unterscheiden. Alle deutschen Maxims verschossen Patronen des

Kalibers 7,92 mm, die in den 1880er Jahren als Gewehrpatrone beim deutschen Heer eingeführt wurde. Allerdings gibt es hier etwas Verwirrung, denn die Maxims der Marine wurden als 8-mm-Waffen bezeichnet. Das lag daran, dass die Marine die Bezeichnung vom Nenndurchmesser des Geschosses und nicht vom Lauf ableitete, und das waren eben 8 mm und nicht 7,92 mm. Die ursprüngliche Patrone wurde in der Folge umfassend überarbeitet und hieß dann Patrone 98 7,92 mm x 57. Das war die übliche Gewehr- und MG-Patrone des deutschen Heers in beiden Weltkriegen.

DAS MG08/15

Eine leichtere Version, das MG08/15, wurde 1915 unter der Leitung von Oberst Friedrich von Merkatz, Mitglied der Gewehr-Prüfungskommission des deutschen Heeres, im Arsenal Spandau entwickelt. Das MG08/15 war von Anfang 1917 an die am meisten verbreitete Automatikwaffe im deutschen Heer. In sieben Werken wurden insgesamt mehr als 130 000 Exemplare gebaut. Die größte Zahl – über 50 000 – kam aus Spandau selbst, sodass die Briten die Waffe heute noch „Spandau“ nennen. Das MG08/15 sollte die Rolle eines leichten MG ausfüllen. Es sollte von einem Mann getragen und abgefeuert werden, vielleicht noch unterstützt von einem Helfer. Angeblich sollte man sogar während des Marsches aus der Hüfte schießen können. Dafür gab es einen kürzeren Gurt mit 100 Schuss und einer einfachen Trommel, die wiederum an das Gehäuse angeklammert wurde. Dies war kein echtes Trommelmagazin, sondern lediglich ein Behälter für den Gurt. Tatsächlich aber war das „leichte“ MG kaum leichter als das Original. Mit Zweibein und gefülltem Wassermantel wog es ungeladen 21 kg; das MG08 brachte 26 kg auf die Waage. Immerhin hatte das MG08/15 einen Gewehrkolben, einen Pistolengriff und einen konventionellen Abzug anstelle der zwei Handgriffe und des daumenbetätigten Abzugs. So konnte ein starker Mann die Waffe durchaus allein bedienen.

Allerdings war das MG08/15 niemals so wirksam wie das wesentlich leichtere luftgekühlte Lewis mit seinem Tellermagazin. Das Lewis wurde von den deutschen Soldaten hoch geachtet, und sie waren begeistert, wenn sie eines erbeuteten. In der Regel kam es dann gegen seine ehemaligen Besitzer zum Einsatz. Es gab sogar ein deutsches Handbuch für diese Waffe. Das MG08/15 war die wichtigste Waffe einer neuen Art von Infanterieeinheiten, den so genannten Stoßtruppen. Sie boten beweglichen Feuerschutz für Trupps schwerbewaffneter Infanteriesoldaten, die mit Hilfe von Feuer, Bewegung und Taktik die feindlichen Stellungen stürmten. Diese Taktik stand in krassem Gegensatz zu dem gleichmäßigen, offenen Vorrücken, das in der Anfangsphase des Ersten Weltkriegs so viele Soldaten das Leben gekostet hatte.

DEUTSCHE LUFTGEKÜHLTE MAXIMS

Kurz vor Kriegsende kam auch eine luftgekühlte Version, bei der der Wassermantel durch einen perforierten Laufschutz mit Tragegriff ersetzt wurde. Sie stammte aus dem Arsenal Erfurt. Das MG08/18, wie es bezeichnet wurde, war um 4 kg leichter als ein feuerbereites MG08/15. Es wird allerdings gemunkelt, dass nicht die Gewichtsersparnis der Grund für diese Entwicklung war, sondern das Problem mit frierendem Kühlwasser, das den Mechanismus der Waffe blockieren konnte. Es konnte auch das Gegenteil auftreten, wenn nämlich kein Wasser oder eine andere geeignete Flüssigkeit vorhanden war. In solchen Notfällen griff man oft genug auf Urin als Kühlmittel zurück. Der Lauf musste sich nämlich frei im Wassermantel bewegen können, damit der Mechanismus funktionieren konnte. Der Mantel wurde mit Hilfe eines einfachen Flansches am Lauf versiegelt. Die Briten lösten ihre Probleme im Burenkrieg, indem sie Glyzerin in das Kühlwasser gaben, die Rückstoßfeder verstärkten und einen Rückstoßverstärker

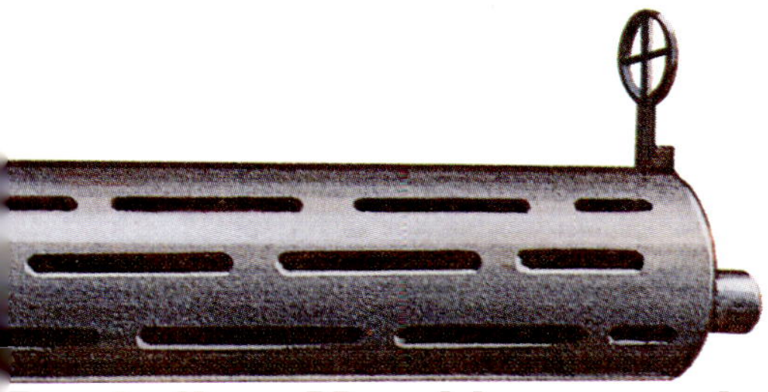

arabellum-Maschinengewehr Modell 14

Kaliber: 7,92 mm Mauser
Gewicht: 9,8 kg
Länge: 1225 mm
uflänge: 705 mm
Effektive Schussentfernung: über 2000 m
Ausführung: luftgekühlter Rückstoß-lader mit Gurtzuführung
Feuergeschwindigkeit: 650–750 Schuss/min
Mündungsgeschwindigkeit: 890 m/sek
Herstellerland: Deutschland

RECHTS: Trotz ihrer eigenwilligen Konstruktion blieben die österreichischen Schwarzlose-MGs lange im Dienst, hier in den Händen bulgarischer Truppen im Zweiten Weltkrieg.

einbauten. Trotzdem musste etwa ein Dutzend Schuss von Hand geladen und abgefeuert werden, bevor die Waffe so heiß war, dass sie den Mechanismus von allein in Gang hielt. Wenn bei einer Waffe ohne Rückstoßverstärker reines Wasser als Kühlmittel benutzt wurde, mussten bis zu 240 Schuss abgefeuert werden, bevor die Waffe von allein weiterlief. Das MG08/18 wurde nur in geringer Zahl an Gebirgsjäger, Kavallerie und Radfahrtruppen ausgegeben. Es gibt aber Aufzeichnungen, wonach die Produktion im Winter 1918 kräftig gesteigert werden sollte. So wäre das MG08/18 wohl auch an die reguläre Infanterietruppe gegangen, wenn der Krieg nicht zu Ende gegangen wäre. Der größte Schwachpunkt der Waffe waren die Schwierigkeiten beim Laufwechsel. Dieser ist aber unbedingt erforderlich, wenn man mit einer luftgekühlten Waffe Dauerfeuer schießen möchte.

Es gab auch eine luftgekühlte Version des MG08 für den Einsatz in Flugzeugen. Hier stand natürlich auch der Gedanke im Vordergrund, das Einfrieren des Kühlwassers und mögliche Klemmer zu verhindern. Dieses Problem war bei Flugzeugen viel stärker ausgeprägt, denn der kühle Luftstrom trug auch seinen Teil dazu bei. Diese Waffe wurde aber schnell durch eine ähnliche Version des MG08/15 abgelöst, von dem dann tatsächlich ungefähr 23 000 Stück gebaut wurden, diesmal alle in Spandau. Sie war aber in keiner Rolle richtig erfolgreich – ob nun als beweglich montierte Waffe für den Beobachter oder aber als Bordwaffe mit einer frühen Version der von Anton Fokker entwickelten mechanischen Synchronisierung. Theoretisch konnte man mit dieser Einrichtung zwischen den Propellerblättern hindurch feuern.

DAS „UNIVERSAL-MAXIM"

Eine weitere Entwicklung aus dem Maxim-Prinzip wurde 1916 im Arsenal Erfurt vorgenommen. Man versuchte sozusagen, ein Universal-MG zu schaffen, das leicht sein, aber auch Dauerfeuer schießen sollte. Dieses Einheitsmaschinengewehr wurde als MG16 bekannt, aber nur in geringer Stückzahl zur Erprobung gebaut. Soweit bekannt, wurde es nie im Kampf eingesetzt. In seinem Grundprinzip – aber nicht in seiner Funktionsweise – war es der Vorläufer des MG34 und des MG42 und somit eines der ersten modernen Allzweck-MGs.

FIAT-Revelli Modello 1914

Kaliber: 6,5 mm M95
Gewicht: 17 kg
Länge: 1180 mm
Lauflänge: 655 mm
Effektive Schussentfernung: 1500 m
Ausführung: wassergekühlter verzögerter Rückstoßlader mit Magazinzuführung
Feuergeschwindigkeit: 400 Schuss/min
Mündungsgeschwindigkeit: 640 m/sek
Herstellerland: Italien

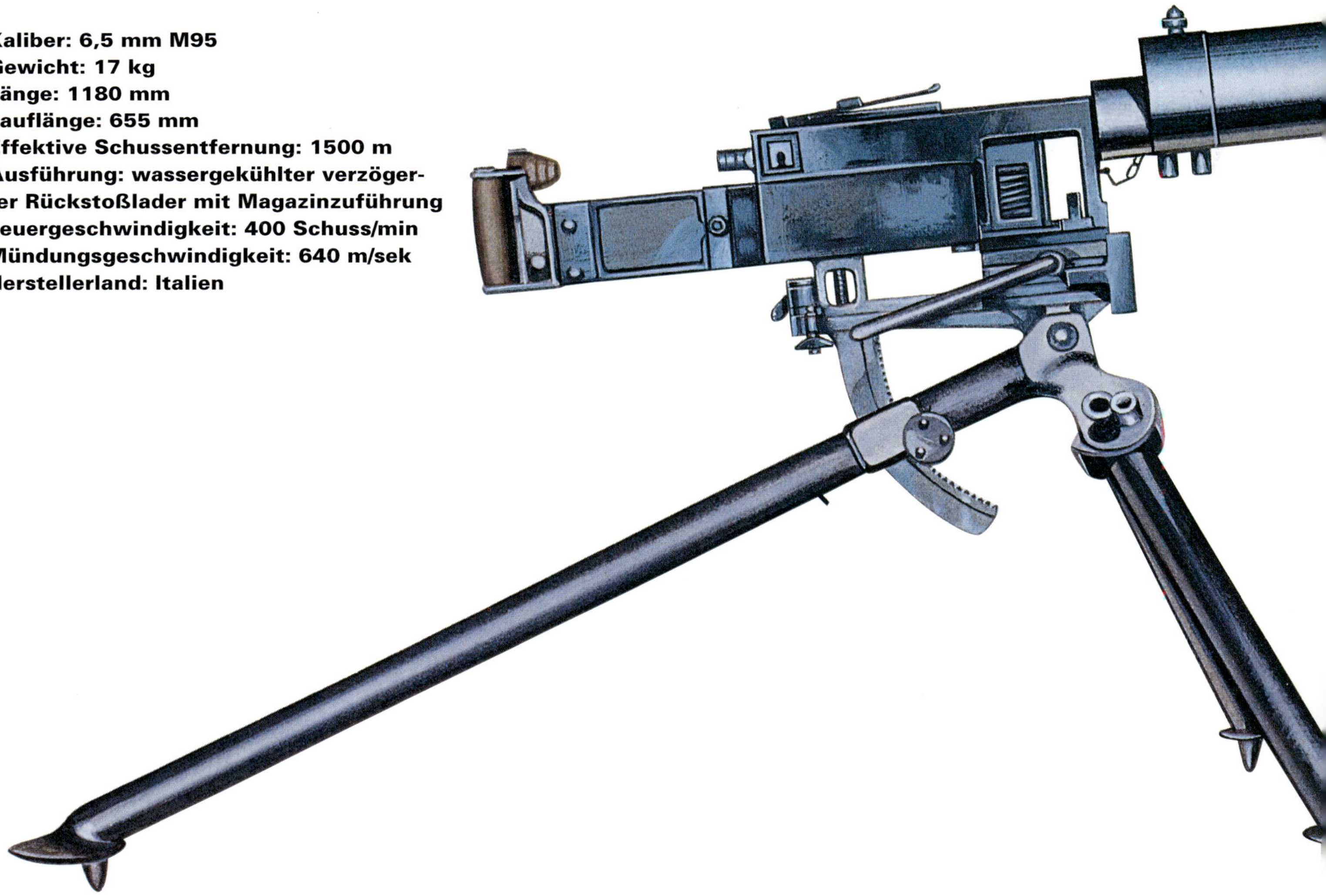

Dabei kam eine Kopie des wesentlich besseren Vickers-Verschlusses von 1901 zum Einsatz, sodass das MG16 rein technisch eine bessere Waffe war als das MG08. Trotzdem hatte es keine Chance, das MG08 abzulösen. Ein Wechsel mitten im Krieg wäre einfach nicht möglich gewesen, denn er hätte zu erheblichen Produktionsausfällen geführt.

ANDERE DEUTSCHE MGS

Neben dem Maxim-MG baute DWM unter dem Namen „Parabellum" (Latein „für den Krieg" und gleichzeitig die telegrafische Adresse der Firma in Berlin) auch eigene MGs. Der Name stand auch für die von Georg Luger entwickelte automatische 9-mm-Pistole und ist heute noch die Bezeichnung der für diese Waffe entwickelten Munition. Diese 9-mm-Patrone ist wohl die am weitesten verbreitete Munition überhaupt. Natürlich gab es auch Ausführungen für die Patrone 98. Die erste Version war das MG14, von Karl Heinemann für den Einsatz in Luftschiffen und Flugzeugen entwickelt. Hier kam eine Kopie des weiterentwickelten Vickers-Verschlusses von 1908 zum Einsatz, die ein wesentlich flacheres Gehäuse ermöglichte. Es gab wassergekühlte und luftgekühlte Versionen. Die ersteren sollten an Bord von Zeppelinen als Abwehrwaffen dienen, während die letzteren für Flugzeuge vorgesehen waren, wo der Luftstrom für zusätzliche Kühlung sorgte. Das sorgfältige Achten auf Größe und Gewicht der beweglichen Teile sorgte für eine hohe Feuergeschwindigkeit – ungefähr 700 Schuss pro Minute – ohne dass ein Rückstoßverstärker nötig gewesen wäre. Einige wenige MG14 gingen auch an die Bodentruppen. Es gab auch das MG14/17, eine Ausführung mit enger perforiertem Laufschutz. Es wäre sicherlich kein Fehler gewesen, diese Waffe anstelle des schweren, plumpen MG08/15 als leichtes MG für die Infanterie weiterzuentwickeln, denn sie wog ungeladen unter 10 kg. Die Bedenken waren aber vermutlich die gleichen wie beim MG16.

Daneben setzte die Reichswehr im Ersten Weltkrieg in geringerem Umfang auch zwei andere MGs ein. Eines wurde von Bergmann entwickelt, das andere als Dreyse von Rheinmetall, während Gast und Becker Waffen für die Luftwaffe konstruierten. Eine schwere Waffe, das Tank- und Flieger-MG (TuF) im Kaliber 13 mm x 92, war eine gemeinschaftliche Entwicklung, denn es sollte sowohl in Panzern als auch in Flugzeugen eingesetzt werden. Durchsetzen konnten sich allenfalls das Bergmann und das Dreyse, aber auch sie standen völlig im Schatten der von DWM gebauten Maxim-MGs.

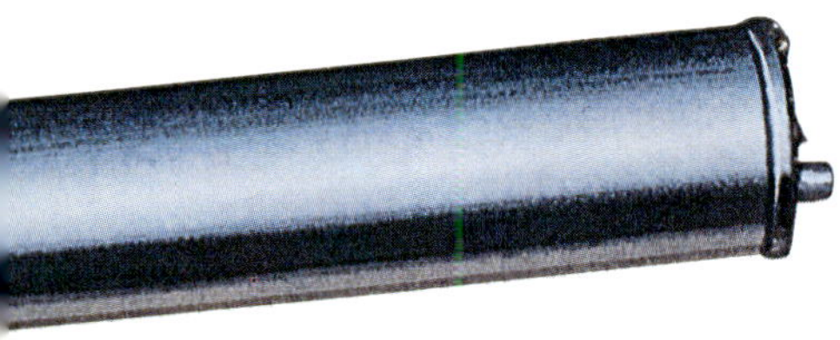

Diese hatten bereits so viel Verbreitung gefunden, dass für die Konkurrenz nicht mehr viel Platz blieb. Da war es völlig egal, wie gut oder schlecht diese Alternativen waren. Wäre das MG08 nicht bereits verfügbar gewesen, hätte man eventuelle Schwächen sicherlich recht schnell ausgemerzt.

BERGMANN UND SCHMEISSER

Vor dem Krieg war die Theodor Bergmann Waffenbau AG ein etablierter Waffenproduzent in Deutschland. Zu ihrer Entwicklungsabteilung gehörte nicht nur Bergmann persönlich, sondern auch Louis Schmeisser. Dieser hatte zuvor eine Automatikpistole der ersten Generation entwickelt, die die Firma in beträchtlicher Zahl bauen und absetzen konnte. Bergmann baute 1902 sein erstes Maschinengewehr, allerdings wurde ihm das Patent für den Verschluss schon zwei Jahre zuvor erteilt. Wie die bereits etablierten Maxim-MGs arbeitete es nach dem Prinzip des kurzen Rücklaufs, aber die Verriegelung erfolgte in diesem Fall mit Hilfe eines beweglichen Blocks unter dem Verschlussblock. Der Rückstoß schob den Lauf mit dem Verschlussblock um nur 13 mm nach hinten, bevor dieser Verriegelungsblock oder -keil durch einen Nocken herunter gedrückt wurde und den Verschlussblock entriegelte. Dieser glitt dann weiter nach hinten gegen eine Feder, die ihn wieder in Feuerstellung brachte. Dabei wurden Lauf und Verschlussblock wieder verriegelt, indem der Verriegelungsblock wieder in seine Stellung gebracht wurde. Bei den ersten Modellen wurde die Munition mit Hilfe der Schwerkraft zugeführt, zunächst in Metallstreifen und später in einem flexiblen Gurt. Später wurde diese Vorrich-

Perino M1913

Kaliber: 6,5 mm M95
Gewicht: 13,65 kg
Länge: 1180 mm
Lauflänge: 655 mm
Effektive Schussentfernung: 1500 m
Ausführung: wassergekühlter kombinierter Rückstoßlader/Gasdrucklader mit Magazinzuführung
Feuergeschwindigkeit: 500 Schuss/min
Mündungsgeschwindigkeit: 640 m/sek
Herstellerland: Italien

tung durch ein konventionelles System (d. h. wie beim Maxim) ersetzt, wobei der Gurt von der rechten Seite zugeführt wurde.

Diese Waffe wurde schließlich als wassergekühltes MG10 in Serie gebaut und umfassend im Vergleich mit dem MG08 erprobt. Obwohl es etwas einfacher aufgebaut und leichter war – und dazu noch durch und durch deutsch – wurde es mit wenig Begeisterung aufgenommen, wohl aufgrund der Schwächen bei der Munitionszuführung. Es wurde erst nach dem Ausbruch des Ersten Weltkriegs eingeführt, weil nun Maschinenwaffen aller Art benötigt wurden. Selbst dann wurde es als MG15 nur in geringer Stückzahl gebaut. Später erschien ein leichtes MG, das luftgekühlte MG15nA (neuer Art). Der Lauf entsprach dem des MG08/18, dazu gab es einen Gewehrkolben (in der Tat nicht viel mehr als ein Rückstoßpuffer am hinteren Ende des Gehäuses), einen Pistolengriff und einen konventionellen Abzug. Der Gurt konnte in einer Trommel mitgeführt werden, ähnlich wie beim MG08/15, und das MG wurde normalerweise beweglich auf einem leichten Dreibein montiert, das ungefähr unter dem Schwerpunkt der Waffe saß. Anscheinend wurden insgesamt nur etwa 5000 MG15nA gebaut.

SCHMEISSER MACHT WEITER

Kurz nach der Entwicklung des Bergmann-MG verließ Louis Schmeisser die Firma und ging zur Rheinischen Metallwaren und Maschinenfabrik (RMM), wo er zuständig für die Konstruktion des Dreyse MG10/MG15 war. Aus RMM wurde die Rheinmetall AG und später Rheinmetall-Borsig. Wichtig für Bergmann war, dass Hugo Schmeisser seinem Vater nicht folgte. Als Assistenten hatte er einen Mann, der auf dem Gebiet der Automatikwaffen in Deutschland ebenso wichtig werden sollte: Louis Stange. Dreyse hatte ja mit Pauli zusammengearbeitet und das preußische Zündnadelgewehr entwickelt, mit dem die Preußen Frankreich 1870/71 so vernichtend geschlagen hatten. Als Schmeisser 1907 das neue MG entwickelte, war Dreyse längst gestorben. Rheinmetall hatte mit den Resten der von ihm gegründeten Firma auch die Rechte an seinem Namen erworben und benutzte ihn für einige Produkte, so auch für die MGs, die im Ersten Weltkrieg und kurz danach erschienen. Viele Teile der neuen Waffe waren ähnlich wie beim Bergmann-MG. Allerdings wurde nicht der Verriegelungsblock, sondern der Verschlussblock selbst nach oben gedrückt. Dies erfolgte während des ersten Rücklaufs durch einen angelenkten Hebel, der an einer Verlängerung des Laufs saß. Er wurde hinten angehoben, sodass das Vorderteil herabfiel und sich vom Lauf löste. Schmeisser benutzte sowohl einen Rückstoßverstärker als auch einen Puffer und erzielte damit eine hohe Feuergeschwindigkeit.

Die Dreyse-MGs waren wassergekühlt und hatten ein Dreibein. Zum Ende des Krieges wurde noch die Entwicklung einer luftgekühlten Version eingeleitet,

LINKS: Das M1917A1, ein mittleres Browning-MG der zweiten Generation. Es ähnelt dem Maxim, hat aber die Zuführung links. Der Schütze ist Francis Pershing, Sohn von General Pershing.

die gelegentlich als Dreyse-Muskete bezeichnet wurde (damit wurde zu jener Zeit in Deutschland eine leichte automatische Waffe bezeichnet). Es wird vermutet, dass einige MG15, wie die endgültige Version der wassergekühlten Waffe hieß, später auf Luftkühlung umgestellt und zum Rheinmetall MG13 wurden. Allerdings waren die beiden Waffen im Detail doch recht unterschiedlich, sodass die Wahrscheinlichkeit nicht sehr hoch ist. Zweifellos aber waren die Dreyse-MGs die Grundlage für das MG13. Das beste Merkmal des MG13 war wohl die Bauweise des Gehäuses. Es hatte oben eine vorn angelenkte Abdeckung, hinter der die Schlagfeder saß, und die den Zuführmechanismus zur Reinigung freilegte. Die Handhabe und der hintere Teil des Bodens, die die gesamte Abfeuerungseinrichtung enthielten, waren ebenfalls vorn angeschlagen und konnten zum Zerlegen abgeklappt werden. Der größte Nachteil der Waffe war der komplizierte, nicht sehr präzise Mechanismus, der den Gurt vortrieb und die Munition in den Verschluss führte. Eine federbelastete Klaue zog während des Rücklaufs die neue

OBEN: Das 12,7-mm-Browning wurde aus dem leichteren MG entwickelt, um der Infanterie eine Waffe gegen Aufklärungsballons zu geben. Dann kam es aber auch gegen Flugzeuge zum Einsatz.

Patrone aus dem Gurt und schob sie dann nach unten zwischen zwei Zuführlippen in der Laufverlängerung, unterstützt von zwei federbelasteten Führungsarmen. Der zurücklaufende Verschluss schob dann die Patrone in den Ladungsraum. Gleichzeitig schob der Verschluss über einen Hebel in seiner oberen Abdeckung den

Gurt weiter. Der Lauf konnte im Feld ausgetauscht werden, allerdings unter Schwierigkeiten. Zunächst mussten die Handhabe herabgeklappt und das Schloss entfernt werden, und dann wurde der Lauf durch das Gehäuse herausgezogen bzw. eingeschoben. Es war nicht ratsam, diesen Vorgang durchzuführen, wenn die Waffe gerade abgefeuert wurde und der Lauf noch heiß war.

DAS GAST MIT DOPPELLAUF

Das Gast-MG mit Doppellauf wurde von 1916 an entwickelt, aber erst 1918 bei Vorwerk & Cie gebaut. Es zählt zweifellos zu den Kuriositäten. Als Rückstoßlader im Gewehrkaliber (für die Patrone 98) feuerte das Gast-MG abwechselnd aus jedem Lauf. Ein drehbarer Verbindungshebel setzte die Rückwärtsbewegung des Rückstoßes des einen Mechanismus in die Vorwärtsbewegung des anderen um. So brauchte es die Rückstoßfeder nur als Puffer. Die Munitionszufuhr erfolgte über federbelastete senkrechte Trommelmagazine mit jeweils 180 Schuss. Die Feuergeschwindigkeit war extrem hoch – etwa 1200 Schuss pro Minute. Ursprünglich hatte man beabsichtigt, eine Waffe für eine bewegliche Flugzeughalterung zu bauen. In den letzten Kriegsmonaten zählte aber jede Waffe, und so wurde das Gast-MG auch dem Heer angeboten. Dieses lehnte es jedoch vernünftigerweise ab – denn die Feuergeschwindigkeit war für Bodengefechte viel zu hoch. Mit fast 20 kg ohne Munition galt es auch als zu schwer für die Infanterie (dabei war es erheblich leichter als das MG08). Im Flugzeug spielte das Gewicht hingegen keine Rolle. Insgesamt wurden etwa 1500 Gast-MGs gebaut (von denen 1340 nach dem Krieg von der Alliierten Kommission zerstört wurden). Anfang 1918 ging das MG in die Erprobung, wurde aber nie offiziell eingeführt. Merkwürdigerweise ahnten die Alliierten bis zum Frühjahr 1919 nichts von der Existenz dieser Waffe und benötigten einige Monate, um alle verbliebenen Exemplare ausfindig zu machen. Die meisten wurden zerstört, nur einige wurden zu Testzwecken mitgenommen. Alle Berichte äußerten sich lobend über die Waffe, aber sie wurde nicht weiterentwickelt. Man vermutet, dass unmittelbar

Browning M1917A1

Kaliber: .30-06 (7,62 mm)
Gewicht: 15 kg
Länge: 980 mm
Lauflänge: 610 mm
Effektive Schussentfernung: 2000 m
Ausführung: wassergekühlter Rückstoßlader mit Gurtzuführung
Feuergeschwindigkeit: 450–600 Schuss/min
Mündungsgeschwindigkeit: 850 m/sek
Herstellerland: Vereinigte Staaten

LINKS: Das luftgekühlte Browning wurde die wichtigste Unterstützungswaffe der US Army und des Marine Corps im Zweiten Weltkrieg und im Koreakrieg.

vor dem Ende des Krieges eine Version im 13-mm-TuF-Kaliber entwickelt wurde, aber es gibt keine Belege, dass je ein Exemplar fertig gestellt wurde.

DIE BECKER-MASCHINENKANONE

Die Waffe der Stahlwerke Becker ist wohl eher eine Maschinenkanone als ein Maschinengewehr. Das Kaliber betrug 2 cm, und der Einsatz erfolgte in Flugzeugen und bei der Flugabwehr. Eingesetzt wurde die Kanone von 1917 an bei Flugabwehreinheiten, im schweren Bomber Gotha und in einigen großen Luftschiffen. Es handelte sich um einen Rückstoßlader mit einem Magazin für zehn oder 15 Schuss. Die Feuergeschwindigkeit lag bei etwa 300 Schuss in der Minute. Jeder der Handgriffe hatte seinen eigenen Abzug – der rechte für Einzelfeuer und der linke für Dauerfeuer. Nach dem Krieg wurde die Konstruktion von der Schweizer Firma Seebach Maschinenbau übernommen, die sie wiederum an Oerlikon weiterverkaufte. Dort wurde sie zur Perfektion entwickelt und war im Zweiten Weltkrieg eine der wichtigsten Waffen ihrer Klasse. Sowohl Deutschland als auch Japan benutzten sie als Bordwaffe für Flugzeuge, während die britische und die amerikanische Marine sie als leichtes Fla-MG auf Schiffen einsetzten (die ersteren zusammen mit der 40-mm-Vickers-Pom-Pom, der ursprünglichen 1-Pfund-Kanone in anderem Kaliber).

EIN ÖSTERREICHISCHER NEULING

Wir haben bereits berichtet, dass das österreichisch-ungarische Kaiserreich, Deutschlands wichtigster Alliierter im

Browning M2HB

Kaliber: .30-06 (7,62 mm)
Gewicht: 15 kg
Länge: 980 mm
Lauflänge: 610 mm
Effektive Schussentfernung: 2000 m
Ausführung: wassergekühlter Rückstoßlader mit Gurtzuführung
Feuergeschwindigkeit: 450–550 Schuss/min
Mündungsgeschwindigkeit: 895 m/sek
Herstellerland: Vereinigte Staaten

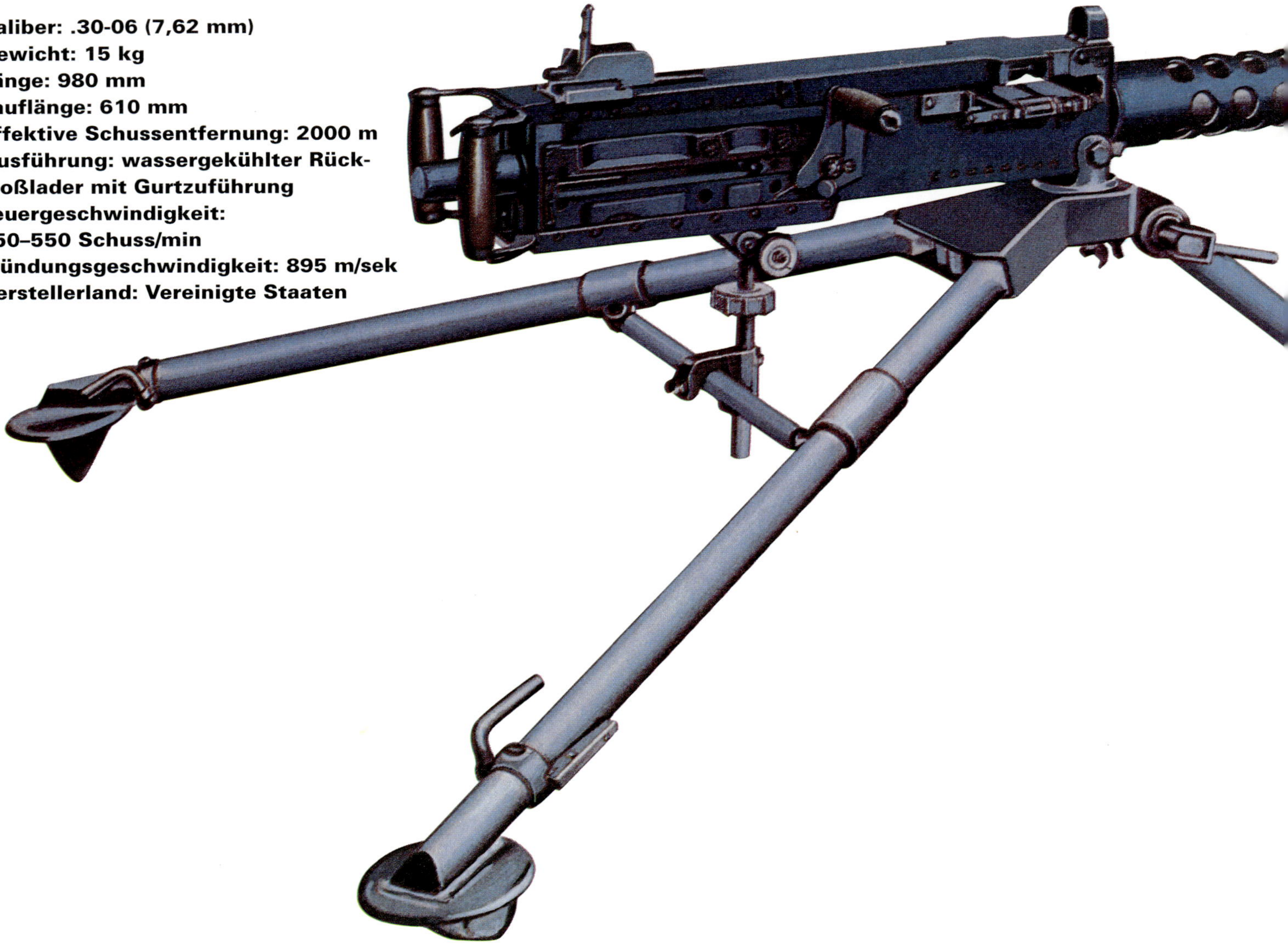

Ersten Weltkrieg, zunächst Skoda-MGs einführte und später ein Konkurrenzprodukt der Österreichischen Waffenfabrik-Gesellschaft Steyr aus dem Jahr 1905 einsetzte. Diese Waffe wurde von Andreas Schwarzlose konstruiert, der bereits mit halbautomatischen Pistolen recht erfolgreich gewesen war. Das MG war wohl erfolgreicher als das Skoda-MG, war aber ungewöhnlich konstruiert. Es hatte einen einfachen verzögerten Masseverschluss, der als zuschießender Verschluss arbeitete, einzigartig bei einer Waffe, die auf Dauerfeuer ausgelegt war. Der Mechanismus arbeitete mit der Masse des Verschlussblocks, unterstützt von einer schweren Feder und einem Kniegelenkhebel, der anfangs mit einer beträchtlichen mechanischen Verzögerung arbeitete, um die beweglichen Teile mit dem Lauf zusammenzuhalten, bis das Verschlussstück gefahrlos geöffnet werden konnte. So musste der Lauf sehr kurz sein, damit das Geschoss auf jeden Fall den Lauf verlassen hatte, bevor die Teile entriegelt wurden. Daraus wiederum resultierten eine niedrige Mündungsgeschwindigkeit und eine relativ kurze Schussweite. So waren denn auch die Ladung der Patrone, die Länge des Laufs und die Masse der beweglichen Teile exakt aufeinander abgestimmt. Wenn nur eines davon geändert wurde, setzte sich der Mechanismus nicht mehr in Gang, oder aber der Abzug war sehr schwergängig oder ließ sich gar nicht mehr auslösen. Dies war ein ernsthaftes Problem, besonders im Krieg, wo die Patronen nicht besonders sorgfältig hergestellt wurden. Trotzdem war das Modell 07/12, das beste der Schwarzlose-MGs, bei den Truppen sehr beliebt. Sie schätzten seine Robustheit und den einfachen Aufbau. Das MG war in Osteuropa in den verschiedensten Gewehrkalibern weit verbreitet. Am häufigsten fand man es im deutschen Kaliber 7,92 mm und im niederländischen 6,5 mm. Die Waffe wurde erstmals im Balkankrieg 1912–1913 eingesetzt. Sie litt zwar öfter unter Ladehemmungen wegen der schlechten Munition, was ihrer Beliebtheit aber keinen Abbruch tat. Hinter der Front war sie sogar noch im Zweiten Weltkrieg im Einsatz. Angeblich soll das M07/12 bei Guerillakämpfern, besonders in Afrika, sogar bis in die 70er Jahre benutzt worden sein.

OBEN: Das Browning „Fifty", zunächst für Flugzeuge entwickelt, kam auch bald in die Infanterie. Der schwere Lauf kam später und ermöglichte noch längeres Dauerfeuer.

Da es von bester Fertigungsqualität war und Munition verschoss, die sich ohne Schwierigkeiten auftreiben ließ, ist diese Vermutung gar nicht so unwahrscheinlich.

DIE ERSTEN ITALIENISCHEN MGs

Italien hatte als erstes Land das Maxim-MG offiziell eingeführt. Nach den Erprobungen von 1887 in La Spezia wurden Hunderte MGs gekauft, hauptsächlich vom „New Pattern" 1901 nach US-Spezifikation. Ab 1911 kamen dazu auch die Vickers Class C. Daneben gab es aber auch ein kleines einheimisches MG-Entwicklungsprogramm, sodass die italienischen Streitkräfte schließlich MGs aus eigener Entwicklung und Herstellung einführen konnten.

Die erste und wohl beste Konstruktion war das MG, das sich Giuseppe Perino 1900 patentieren ließ. Es war wie alle italienischen MGs nach der Jahrhundertwende eine Mischung aus Rückstoß- und Gasdrucklader und verschoss die etwas zu schwach geratene 6,5-mm-Gewehrpatrone (die Italien 1895 zusammen mit dem Carcano-Karabiner eingeführt hat-

LINKS: Das Browning M2HB wurde oft paarweise als Bord-MG eingesetzt, wobei der Zuführmechanismus der rechten Waffe auf die andere Seite verlegt wurde.

te). Die Munition saß zunächst in einem Metallstreifen, der sich wiederum in einem Trommelmagazin befand; später gab es eine wesentlich ungewöhnlichere Anordnung: ein Stapel mit fünf Trägern zu jeweils zwölf Schuss. Eines der interessantesten Merkmale des Perino-MG war eine Art von Zwangskühlung: Der Lauf saß in einem starren Zylinder und verfügte über Versiegelungsringe, wie man sie sonst an den Kolben von Verbrennungsmotoren findet. Die Bewegung des Laufs im Zylinder drückte kühlere Luft über abgewinkelte Kanäle durch das Verschlussstück und in den Ladungsraum. Bei späteren Ausführungen waren Zylinder und Lauf noch von einem Wassermantel umgeben, und das Wasser wurde um den Lauf gepumpt. Perino versuchte vergebens, nicht nur das italienische, sondern auch das britische Kriegsministerium für seine Waffe zu gewinnen. Dass er keinen Erfolg hatte, lag wohl daran, dass die Waffe zu robust und zu gut verarbeitet, dabei aber zu schwer war. Ohne Wasser und Dreibein wog sie knapp 23 kg. Bis 1913 gelang es Perino, das Gewicht um 9 kg zu reduzieren, aber da war es ohnehin zu spät.

DAS FIAT-REVELLI

Im gleichen Jahr erwarb Ansaldo, Armstrong & Co – ein Rüstungs- und Schiffsbaukonzern mit engen Verbindungen zu Armstrong in England – die Patente, die Giovanni Agnelli auf einen verzögerten Masseverschluss erhalten hatte, und versuchte, dem italienischen Heer ein leichtes MG zu verkaufen, allerdings ohne Erfolg. FIAT war es aber schließlich gelungen, das Monopol zu brechen, das Maxim und später Vickers mit einem anderen verzögerten Masseverschluss von Bethel Revelli de facto erlangt hatten. Dieses System war noch komplizierter als das von Agnelli. Wie bei allen verzögerten Masseverschlüssen war das Ausziehen der verbrauchten Hülse eine recht unsichere Angelegenheit, da es keine Möglichkeit gab, die Hülse in einem ersten Schritt zunächst aus dem Ladungsraum zu heben. Um die Bewegung zu erleichtern, wurde jede neue Patrone mit Hilfe eines Behälters an dem Gehäuse leicht eingeölt. Das zog nicht nur Staub und Dreck magisch an und sorgte ständig für Ladehemmungen. Viel schlimmer war es bei Kälte, wo das zu Fett erstarrte Öl ganz allein für Probleme sorgte. Schließlich hat die italienische Nordgrenze die höchsten Berge von ganz Europa und entsprechende Temperaturen.

Bei späteren Rückstoßladern im Gewehrkaliber kamen immer noch eingeölte Patronen zum Einsatz. Das galt allerdings nicht für Maschinenpistolen, die es natürlich mit wesentlich leichteren Treibladungen und einfacheren Patronenhülsen zu tun hatten. Beim MG handelte es sich um eine technisch unbefriedigende Lösung einer grundsätzlichen Schwäche. Es gab aber eine bessere Lösung und FIAT hatte sie praktisch im Haus: Man konnte den Ladungsraum von innen riffeln, um den Druck innerhalb und außerhalb der verbrauchten Patrone aneinander anzugleichen. Diese Methode war bereits beim Agnelli-MG mit Erfolg benutzt wurden, und es ist doch sehr überraschend, dass FIAT sich dieses Merkmal nicht patentieren ließ, um es bei den eigenen Waffen anzuwenden. Allerdings waren beim MG von FIAT-Revelli die Ladehemmungen wohl durchaus willkommen, denn hinter dem Ölbehälter saß eine offene Pufferstange, die mit dem Schloss in Verbindung stand und sich mit jedem Schuss, d. h. bis zu 400 mal in der Minute, nach hinten bewegte. Sie stieß wenige Zentimeter vor den Handgriffen gegen einen Begrenzer. Für den Schützen war das wohl mehr als irritierend! Wie das Perino hatte auch das Revelli-MG eine unnötig komplizierte Munitionszuführung: Ein Magazin (von Eingeweihten als „Eichhörnchenkäfig" bezeichnet) mit zehn senkrechten Kammern zu jeweils fünf Schuss. Wenn ein Stapel leer war, griff eine Klaue in einen Hebel, der wiederum das Magazin um einen Schritt nach rechts schob und so den nächsten Stapel in Stellung brachte.

Erstaunlicherweise (oder vielleicht auch nicht, denn das Revelli-MG hatte seinen Konkurrenten gegenüber einen unschätzbaren Vorteil: es wurde in Italien entwickelt und gebaut) wurde das FIAT-Revelli Modello 14 zum Ausbruch des Ersten Weltkriegs beim italienischen Heer eingeführt. Als die Italiener im Zweiten Weltkrieg 1943 kapitulierten, war es immer noch im Fronteinsatz. Allerdings war der ursprüngliche Wassermantel im Rahmen eines größeren Modernisierungsprogramms 1935 durch eine Luftkühlung ersetzt worden. Dafür wurden die Patronen nun nicht mehr eingeölt. Man benutzte jetzt den geriffelten Ladungsraum, allerdings war die Konstruktion alles andere als perfekt und deshalb auch nicht recht erfolgreich.

ANDERE EUROPÄISCHE MGs

Auch im restlichen Europa saßen Heeresoffiziere, Büchsenmacher und wagemutige Erfinder an der Arbeit und versuchten, die vorhandenen Konstruktionen zu verbessern oder wenigstens soweit zu verändern, dass sie eigene Patente beanspruchen konnten. Wenige gelangten wirklich zu Ruhm; ein wichtiges Element aus einer schwedischen Konstruktion sollte allerdings seinen Weg machen und war später auch bei sehr erfolgreichen Waffen aus anderen Ländern zu finden.

EINE NEUHEIT AUS SCHWEDEN

Das Kulspruta Kjellman erschien im Jahr 1907 und wurde nach einer Konstruktion von Rudolf Kjellman gebaut. Das Besondere an der Waffe war die Verriegelung – zwei drehbare Zapfen oder Klappen am Verschlusskörper, die in Vertiefungen in der Gehäusewand gedrückt wurden, wenn der Schlagbolzen nach vorn geschoben wurde. Damit war sichergestellt, dass die Patrone nicht detonieren konnte, bevor der Verschluss vollständig verriegelt war. Der größte Vorteil dieses recht einfachen Systems war die Reduzierung der beweglichen Teile. So konnte der Zyklus beschleunigt werden, was in einer sehr hohen Feuergeschwindigkeit resultierte. Die Idee stammte ursprünglich von einem schwedischen Heeresoffizier namens Friberg, der bereits in den 1880er Jahren damit experimentiert hatte, aber zu keinem Ende gekommen war. Kjellman kam auch nicht viel weiter. Er erhielt keinen Auftrag vom schwedischen Heer, und so verstaubte die Idee zusammen mit den paar Waffen, die sie verkörperten. Es wurden sogar zwei Modelle gebaut – ein luftgekühltes leichtes MG mit Kastenmagazin und eine schwerere Version mit Wasserkühlung, Munitionsgurt und Dreibein. Gegen Ende der 20er Jahre wurde in der Sowjetunion ein ähnliches System gebaut. Der Konstrukteur V.V. Degtjarew war zusammen mit M. Kalaschnikow in der Sowjetunion über Jahrzehnte die treibende Kraft im Bau

RECHTS: Die MGs im Kaliber 12,7 mm sind die kleinsten Flugabwehrwaffen. Hier tschechische M53 auf einer gezogenen Vierlingslafette.

von Automatikwaffen. Sein leichtes MG Rutschnoi Degtjarewa Pachotnij (DP) wie auch das zusammen mit G. S. Schpagin entwickelte schwere DShK (Degtjarewa, Schpagina Krupkokalibernij) benutzten das System von Kjellman, allerdings beträchtlich überarbeitet und mit Rollen anstelle der Klappen. Das gleiche Merkmal findet sich im hervorragenden deutschen Allzweck-MG der zweiten Generation, dem MG 42. 1943 konstruierte Degtjarew das RPD für die neue Patrone 7,62 mm x 39, mit einer Abart des gleichen Systems. Diese Waffe wird im Folgenden näher beschrieben. Es ist auch heute noch nicht ganz klar, ob Degtjarew oder die Erbauer des Verriegelungssystems des MG42 (deren Identität selbst nicht ganz klar ist, siehe unten) die Arbeit von Friberg und Kjellman gekannt haben. Die deutschen Ingenieure kannten mit Sicherheit die Waffe von Degtjarew, denn sie hatten genügend Zeit, die Exemplare eingehend zu untersuchen, die im spanischen Bürgerkrieg 1936–1939 erbeutet werden konnten.

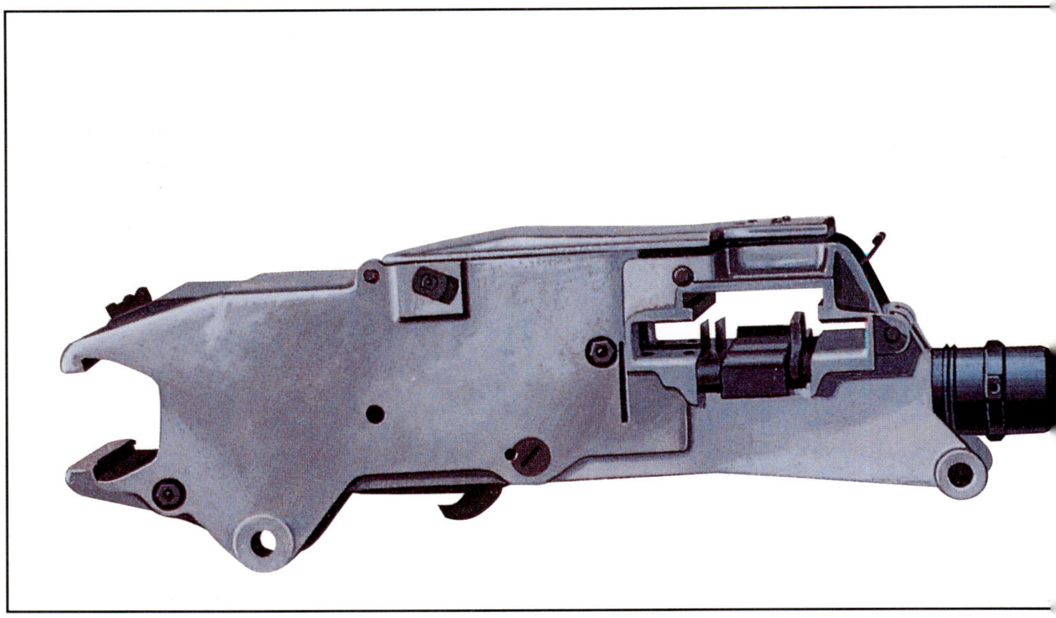

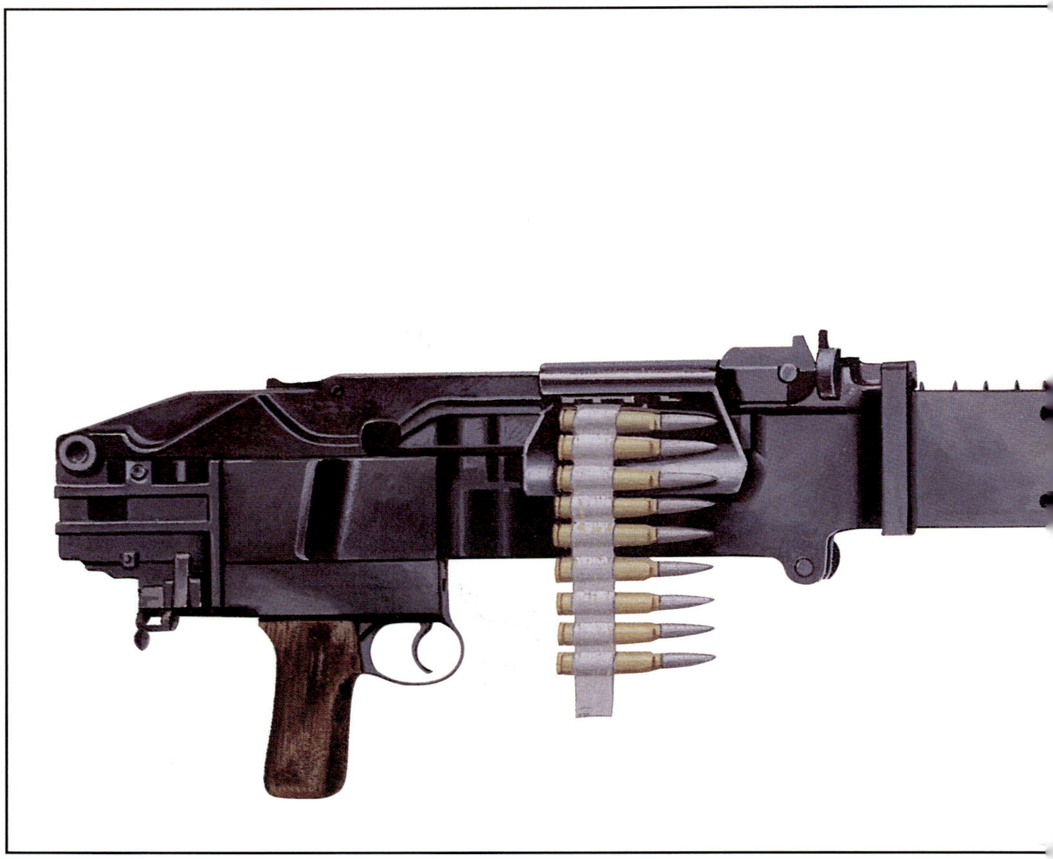

BROWNINGS BESTES

Wie man sieht, waren fast alle MGs, die im Ersten Weltkrieg zum Einsatz kamen, auf die eine oder andere Art auf Maxims Konstruktion zurückzuführen. Die einzigen nennenswerten Ausnahmen waren das einzigartige Schwarzlose aus Österreich, das Hotchkiss des französischen Heeres und das italienische Revelli. Daneben gab es in diesem Krieg nur noch ein einziges anderes MG, das wirklich als großartig zu bezeichnen wäre. Diese Waffe wurde schließlich über die Jahrzehnte das wohl wichtigste MG überhaupt. Passend zu dem Einfluss, den die USA inzwischen gewonnen hatten, war auch dieses MG durch und durch amerikanisch.

John Moses Browning ist uns ja bereits als Konstrukteur (oder wie Maxim sagte, als Plagiator) des merkwürdigen und nicht besonders erfolgreichen Colt M1895 „Gas Hammer“ aufgefallen. Inzwischen hatte Browning mit der M1911 eine der besten automatischen Pistolen gebaut. Die Konstruktion stammte aus dem Jahr 1900 und wurde 1905 perfektioniert. Unmittelbar danach wandte sich Browning – wenn auch nicht ausschließlich – wieder dem MG zu. Hatte er sein erstes MG noch als Gasdrucklader gebaut, gab er dieses System nun auf und entschied sich statt dessen für das Prinzip des kurzen Rücklaufs. Seine Methode war aber wesentlich einfacher als Maxims Kniegelenk – ein senkrechter Schieber, der über Nockenbahnen innerhalb des Gehäuses entriegelt wurde. Er baute außerdem einen Beschleuniger ein, einen gebogenen Hebel, der außerhalb der Mitte angelenkt war und die Rückwärtsbewegung des Verschlusses beschleunigte, sobald dieser sich vom Lauf gelöst hatte. Diese Rückwärtsbewegung rückte auch den Gurt weiter, der von links zugeführt wurde. In diesem Punkt unterschied sich das MG am deutlichsten vom Maxim und seinen Nachfolgern, bei denen die Zufuhr stets von rechts erfolgte (auf Wunsch allerdings auch von links; diese Option kam bei paarweise eingesetzten Waffen an Bord von Schiffen oder Flugzeugen zum Einsatz). Ein weiteres wichtiges Erkennungsmerkmal ist

Schwerer MG-Prototyp von Rolls-Royce

Kaliber: .5 in M2 (12,7 mm)
Gewicht: 22,25 kg
Länge: 1270 mm
Lauflänge: 1020 mm
Effektive Schussentfernung: 3000 m
Ausführung: luftgekühlter Rückstoßlader mit Gurtzuführung
Feuergeschwindigkeit: 1000 Schuss/min
Mündungsgeschwindigkeit: 715 m/sek
Herstellerland: Großbritannien

BESA

Kaliber: 7,92 mm Mauser
Gewicht: 21,5 kg
Länge: 1105 mm
Lauflänge: 753 mm
Effektive Schussentfernung: über 2000 m
Ausführung: luftgekühlter Gasdrucklader mit Gurtzuführung
Feuergeschwindigkeit: 750–850 Schuss/min
Mündungsgeschwindigkeit: 825 m/sek
Herstellerland: Tschechoslowakei/ Großbritannien

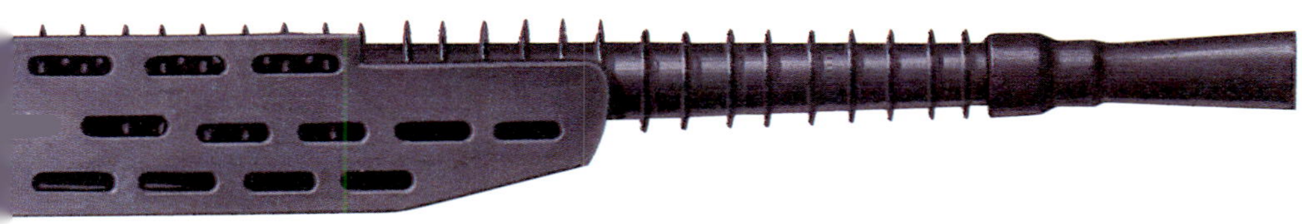

der Pistolengriff mit dem Fingerabzug an der Handhabe. Spätere Waffen, unter anderem die von seinem europäischen Partner Fabrique Nationale aus Belgien, erhielten wiederum Spatengriffe und einen Daumenabzug.

DAS M1917

Die grundlegende Konstruktion wurde erstmals mit dem Maschinengewehr, Kaliber .30in (7,62 mm), M1917, eingeführt. Das MG war wassergekühlt, hatte ein Dreibein, und war in Leistung und Charakter ähnlich den britischen, deutschen und russischen Maxims. Bis zum Ende des Ersten Weltkriegs wurden etwa 56 000 Stück gebaut. Wenige davon kamen tatsächlich zum Einsatz; die ersten US-Truppen, die in Europa eintrafen, erhielten französische Chauchats, und die nächsten erhielten das Vickers Class C im Kaliber .30-06. Nach dem Krieg wurde das M1917 die wichtigste statische Automatikwaffe der US Army. Es wurde 1936 überarbeitet und als M1917A1 ausgegeben, obwohl die Änderungen eher unwesentlich waren. Allerdings konnte das M1917 sich dort durchsetzen, wo die Maxims und die davon abgeleiteten Vickers gescheitert waren – bei der Umstellung von Wasserkühlung auf Luftkühlung. Das M1919, wie das luftgekühlte MG hieß, erschien zu spät, um noch im Ersten Weltkrieg eingesetzt zu werden. Es hatte aber noch eine lange Karriere vor sich, nicht nur im Zweiten Weltkrieg, sondern auch danach. Es wurde als Infanteriewaffe, bewegliche und feste Bordwaffe für Panzer und in modifizierter Form als M2 gelegentlich auch als Bordwaffe in Flugzeugen eingesetzt. Die endgültige Version war das M1919A4, das sowohl in starren als auch in beweglichen Halterungen an Panzer- und Infanterieeinheiten ausgegeben wurde. Die letzteren erhielten allerdings auch von April 1943 an das M1919A6 mit Schulterstütze und leichterem Lauf, das auf einem Zweibein saß.

DAS „FIFTY CAL" BROWNING

Die Verwendung der Bezeichnung M2 für die luftgestützte Version des MG im Kaliber .30-06 sorgte für ein gehöriges Maß an Verwirrung, denn die gleiche Bezeichnung wurde später für ein schwereres MG im Kaliber 12,7 mm benutzt, das auf Geheiß der US Army als Konkurrenz zum 11-mm-Ballon-MG von Hotchkiss entwickelt wurde. (Der Wechsel von den Bezeichnungen, die sich auf das Einführungsjahr beziehen, zu einer Nummer, die die Reihenfolge im Entwicklungsprogramm widerspiegelte, kam Mitte der 30er Jahre. Von nun an hießen alle US-Waffen „M1", „M2" usw. nach der Reihenfolge ihrer Einführung.) Das ursprüngliche schwere MG von Browning war nicht viel mehr als eine aufgeblasene Version des M1917. Es wurde 1921 unter der Bezeichnung Maschinengewehr, Kaliber .5in (12,7 mm), M1921, eingeführt. Im Lauf der Zeit wurde es ebenfalls modifiziert und als M1921A eingeführt. Später kam ebenfalls die Version M2. So wie das M1917 auf Luftkühlung umgestellt worden war, wurde auch das M2 umgestellt. Die Bezeichnung wurde allerdings erst zu M2HB geändert, nachdem ein schwererer Lauf für längeres Dauerfeuer eingeführt worden war. Die ursprüngliche Version konnte nur 75 Schuss abfeuern und musste danach erst einmal auskühlen. Dieses schwere MG wurde wie sein leichterer Verwandter von den amerikanischen Truppen und ihren Alliierten an Land, auf See und in der Luft eingesetzt. Ihm sollte ein langes Leben beschieden sein: Es geht jetzt in das siebte Jahrzehnt seiner aktiven Dienstzeit und wird immer noch gebaut. Über 50 Jahre lang haben viele Leute versucht, es zu verbessern, ohne wirklich viel Neues zu bringen. Vom Zweiten Weltkrieg an hatte das M1921 seinen Platz als bestes schweres MG der westlichen Welt sicher, ob nun bei der Infanterie auf der Dreibeinlafette, auf einer beweglichen Halterung an Bord von Schiffen und Flugzeugen oder starr montiert in Flugzeugen und Panzern. Mit einer Feuergeschwindigkeit, die den MGs im Gewehrkaliber entspricht, aber einem wesentlich durchschlagkräftigeren Geschoss, hatte es eine beträchtliche Zerstörungskraft. Man geht im Allgemeinen davon aus, dass das schwere Browning-MG jedes „Weichziel" zerstören kann, das es erreicht, und mit „Weichzielen" sind auch ganze Gebäude gemeint. Das Browning M2HB wurde zu einem echten Prüfstein, an dem andere schwere MGs gemessen wurden.

ANDERE SCHWERE MGS

Das Browning „Fifty", wie es im Allgemeinen genannt wurde, war zwar das wichtigste schwere MG im Zweiten Weltkrieg, aber bei weitem nicht das einzige. Im Jahr 1938 führte die Rote Armee ein schweres MG in einem ähnlichen Kaliber ein (12,7 mm x 108, das Kaliber des Browning betrug 12,7 mm x 99). Das bereits oben erwähnte DShK (Degtjarewa, Schpagina Krupkokalibernij) benutzte das Verriegelungssystem von Friberg/Kjellman. Der Beitrag von Schpagin war ein etwas zu komplizierter Zuführmechanismus mit Umlaufmagazin. Degtjarew kümmerte sich darum, die Konstruktionsmerkmale einer schweren Waffe zu perfektionieren, die 1934 in geringer Stückzahl als DK gebaut worden war. Das DShK erschien 1938 und wurde von der Roten Armee im Zweiten Weltkrieg eingesetzt.

Im Jahr 1946 wurde das Umlaufmagazin zu Gunsten einer einfacheren, konventionellen Zuführeinrichtung aufgegeben, die Degtjarew für die im gleichen Jahr erschienene Version des RP entwickelt hatte. Dabei nutzte er die Gelegenheit, den fest montierten Lauf gegen einen auswechselbaren zu tauschen. Das DShK Modell 38-46 war die erste Wahl für die Truppen des Warschauer Pakts und wurde auch an weitere Satellitenstaaten ausgegeben. Die Volksrepublik China baute eine eigene Version als Typ 54. Die auffallendsten Merkmale der Waffe waren der stark verrippte Lauf und die große Mündungsbremse. Die Leistung entsprach natürlich in etwa der des Browning Fifty – eine Schussweite von 2000 m im Flachfeuer und eine Mündungsgeschwindigkeit von 860 m/sek. Das Geschoss war mit knapp über 44 g etwas leichter als sein amerikanisches Gegenstück, was aber an der Zerstörungskraft nichts änderte. Die theoretische Feuergeschwindigkeit lag zwar bei 575 Schuss in der Minute, in der Praxis waren aber um die 100 Schuss pro Minute weitaus realistischer. Das galt natürlich gleichermaßen für das Browning.

Das DShK wurde bei der Truppe 1955 abgelöst, oder vielmehr ergänzt, und zwar durch das Wladimirow (Krupkokalibernij Pulemjot Wladimirowa oder KPW) in einem noch größeren Kaliber. Dieser Rückstoßlader war als leichte Flugabwehrwaffe konzipiert worden und wurde als Einfach-, Zwillings- und Vierlingsgeschütz auf unterschiedlichsten Fahrzeugen montiert. Verschossen wurde eine Patrone, die im Jahr 1941 für eine Panzerbüchse entwickelt wurde. Bei einem Kaliber von 14,5 mm x 114 wog sie 64 g. Sie erreichte eine Mündungsgeschwindigkeit von knapp 1000 m pro Sekunde.

SCHWERE MGs AUS ENGLAND

Am Anfang der 30er Jahre fing auch Vickers an, ein MG im Kaliber 12,7 mm zu bauen. Es war in erster Linie für den Einsatz auf Schiffen und in Panzern gedacht. Im Prinzip handelte es sich um eine aufgeblähte Version des Class C mit ein paar unbedeutenden Modifikationen – so war die Rückstoßfeder nun auf Druck und nicht mehr auf Zug beansprucht. Daneben wurde eine großkalibrige Version des BESA-Panzer-MG im Kaliber 15 mm x 104 im britischen Panzerfahrzeug Humber eingesetzt, aber insgesamt wurden nicht mehr als 3000 Stück gebaut. Rolls-Royce entwickelte während des Zweiten Weltkriegs ebenfalls einen Prototypen im Kaliber 12,7 mm auf der Grundlage der Verriegelung von Friberg/Kjellman. Die Waffe ging allerdings nie in Serie, weil andere Projekte wichtiger waren.

RECHTS: Der Vickers-Gasdrucklader Class K war als Flugzeug-MG konzipiert, aber im Zweiten Weltkrieg wurde er auch auf Fahrzeuge montiert, zum Beispiel bei den Wüstentruppen und beim SAS.

NEUE MGs IM GEWEHRKALIBER

Heute wirkt das „Pazifizierungsprogramm", das sich 1918 nach dem Ende des Ersten Weltkriegs in England, Frankreich und in gewissem Maß auch in den USA durchsetzte, hoffnungslos naiv. In diesen Ländern kam die Entwicklung aller Art von Waffen zu einem völligen Stillstand. Sogar in den 30er Jahren, als sich bereits abzeichnete, dass Deutschland wieder zu einer Gefahr wurde und nachdem die Nationalsozialisten 1933 die Macht übernommen hatten, geschah nichts. Es war zwar bekannt, dass Deutschland wieder aufrüstete, aber niemand dachte an die Entwicklung modernerer Waffen. In anderen Teilen der Welt, besonders in der Sowjetunion, wo die Kommunisten inzwischen fest im Sattel saßen, galten solche Einschränkungen nicht, und die Entwicklung konnte Schritt halten. Das bedeutete für die Alliierten, die den Ersten Weltkrieg gemeinsam gewonnen hatten, dass sie 1939, als sie erneut auf das erstarkte Deutschland trafen, mit den gleichen Handfeuerwaffen antreten mussten, die sie schon im letzten Krieg benutzt hatten. Es spricht natürlich für diese Waffen, dass sie ihren Aufgaben im Großen und Ganzen gewachsen waren.

ZWEI AUS DER TSCHECHOSLOWAKEI

So kam es dazu, dass die wichtigsten neuen MGs der britischen Streitkräfte Importe waren. Beide stammten, was man zunächst kaum für möglich gehalten hätte, aus der Tschechoslowakei. Diese war erst nach dem Zusammenbruch des österreichisch-ungarischen Kaiserreichs 1918 ein eigener Staat geworden. Die wichtigste dieser Waffen war das leichte MG Bren. Es gab daneben auch noch das Besa, das als Nebenbewaffnung für die britischen Panzer eingeführt wurde, obwohl es zunächst auch auserkoren war,

das Vickers Class C bei der Infanterie abzulösen. Aus Zeitmangel kam das Besa schließlich gar nicht zur Truppe. Der Krieg war bereits in vollem Gang, bevor die Briten damit rechneten, und so musste das gute alte Vickers noch einmal ins Gefecht ziehen.

Das Besa, in seinem Ursprungsland als vz 37 und im Handel als ZB 53 bezeichnet, ähnelte im Prinzip dem leichten MG Bren, außer dass der Verschlussblock nicht nur mit der Laufverlängerung, sondern auch mit der Oberseite des Gehäuses verriegelt wurde. Beide hatten aber den gleichen Kipp-/Schiebemechanismus. Die schwere Waffe hatte aber eine etwas andere Funktionsweise. Es handelt sich um eine Kombination aus Rückstoßlader- und Gasdrucklader, oft auch als differenziertes Rücklaufprinzip oder „gleitendes Abfeuern" bzw. „weicher Rückstoß" bezeichnet. Bei diesem System wurde der Verschluss samt Lauf durch den Rückstoß aus der Feuerstellung geschoben, und zwar um den Bruchteil einer Sekunde, bevor das abgezapfte Treibgas in den Zylinder schoss, auf die Kolbenfläche wirkte und diesen ebenfalls nach hinten drückte. Mit diesem kurzen Rücklauf wurden aber nicht Verschlussblock und Lauf voneinander getrennt – das tat der gasbetätigte Kolben auf die übliche Weise. Diese Konstruktion sollte lediglich dazu dienen, die Erschütterungen zu reduzieren, die auf die Lafette wirkten, denn gut die Hälfte des Rückstoßes ließ sich auf diese Weise abfangen. Die Geschosse wurden bereits abgefeuert, während Verschlussblock und Lauf noch auf dem Weg nach vorn waren, ganz kurz vor dem Abschluss des Zyklus Auswurf/Spannen/Laden. Browning benutzte bei seinen rückstoßbetätigten MGs ein ähnliches System und soll angeblich dafür den Begriff des „gleitenden Abfeuerns" geprägt haben.

Wie man das System auch nannte, es sorgte auf jeden Fall für ein reibungsloses Feuern. Das Besa verfügte aber noch über eine weitere Innovation – der Gaszylinder wurde so weit gekürzt, dass am Ende der Rückwärtsbewegung der Kolben völlig austrat. So konnten die Abgase und andere schädliche Stoffe, die darin

enthalten waren, an die Luft gelangen. Dadurch kam es kaum noch zu Ablagerungen in den Zylindern. Das Ergebnis dieser Bemühungen war eine ausgezeichnete Waffe, zuverlässig, langlebig und berühmt für ihre Präzision. Anders als das Bren, das vor der Einführung bei den britischen Streitkräften modifiziert – d. h. auf 7,7-mm-Patronen mit Rand umgestellt – wurde, wurde das Besa im ursprünglichen Kaliber 7,92 mm x 57 übernommen. Es gibt Gerüchte, dass diese Munition aus Zeitmangel beibehalten wurde, aber es ist ebenso wahrscheinlich, dass die Schwierigkeiten, die sich aus der Verwendung von Patronen mit Rand in einem Gurt ergeben, einfach nicht lösbar waren. Der Verschluss des Besa ließ sich auch nicht so modifizieren, dass er die Patronen nach hinten aus dem Gurt zog, bevor er sie in den Ladungsraum führte. So war es letztendlich einfacher, die Patronen 7,92 mm x 57 in England herzustellen. Da die Waffe nur in Panzern eingesetzt wurde, gab es auch kaum logistische Probleme mit dem Munitionsnachschub.

OBEN: Das alte FIAT-Revelli aus dem Ersten Weltkrieg wurde 1935 wieder hervorgekramt und mit Luftkühlung versehen. Nun verschoss es die 8-mm-Patrone M35.

Der Konstrukteur, Vaclav Holek, gab sich alle erdenkliche Mühe, die Waffe ergonomisch zu optimieren. Beim Besa musste der Schütze nicht die Hand vom Abzug nehmen, um einen seitlich montierten Spannhebel zu erreichen; er musste nur eine Sperre lösen und die gesamte Gruppe Abzug/Pistolengriff nach vorn ziehen, bis der Abzugsstollen in eine Vertiefung am unteren Ende des Kolbens einrastete. Wenn er sie dann zurückzog, brachte er den Mechanismus nach hinten, wo er blieb, bis der Abzug erneut gedrückt wurde.

DER GASDRUCKLADER VON VICKERS

Die ersten MGs, die auf Luftkühlung statt auf Wasserkühlung setzten, waren ja zunächst in Flugzeugen eingesetzt worden. Dort mussten sie selten Dauerfeuer schießen, und der kalte Luftstrom unterstützte die Kühlung optimal. Das Browning M2 war das bekannteste Bord-MG im Gewehrkaliber, aber auch Vickers baute in den 30er Jahren einen ernsthaften Konkurrenten. Dieses MG erschien Anfang der 30er Jahre als Class K oder VGO (Vickers Gas Operated). Es handelte sich im Prinzip um die Weiterentwicklung einer Konstruktion des Franzosen Adolphe Berthier, die er sich zehn Jahre zuvor hatte patentieren lassen. Es wurde von Vickers als leichtes MG Vickers-Berthier gebaut und wäre beinahe vom britischen Heer als Gruppen-MG eingeführt worden. Das VGO war wie sein Vorgänger eine einfache Konstruktion mit einem Verschluss, der wie beim Bren verriegelt wurde, indem er in eine Vertiefung in der Oberseite des Gehäuses gedrückt oder gekippt wurde. Der wichtigste Unterschied zwischen dem VGO und dem VB war das Magazin – das letztere hatte ein so genanntes „Bananenmagazin". Die extreme Krümmung ergab sich aus der Form der 7,7-mm-Patrone mit Rand. Das VGO hatte hingegen ein festes „Tellermagazin" mit 96 Schuss – ein auf die Seite gelegtes Trommelmagazin, ähnlich in der Form, aber nicht in der Funktionsweise wie das Magazin des Lewis-MG. Das Magazin des Lewis drehte sich nämlich, das des Vickers nicht. Das VGO wurde letztendlich nur in geringer Stückzahl bei der Royal Air Force eingesetzt, war aber äußerst beliebt bei

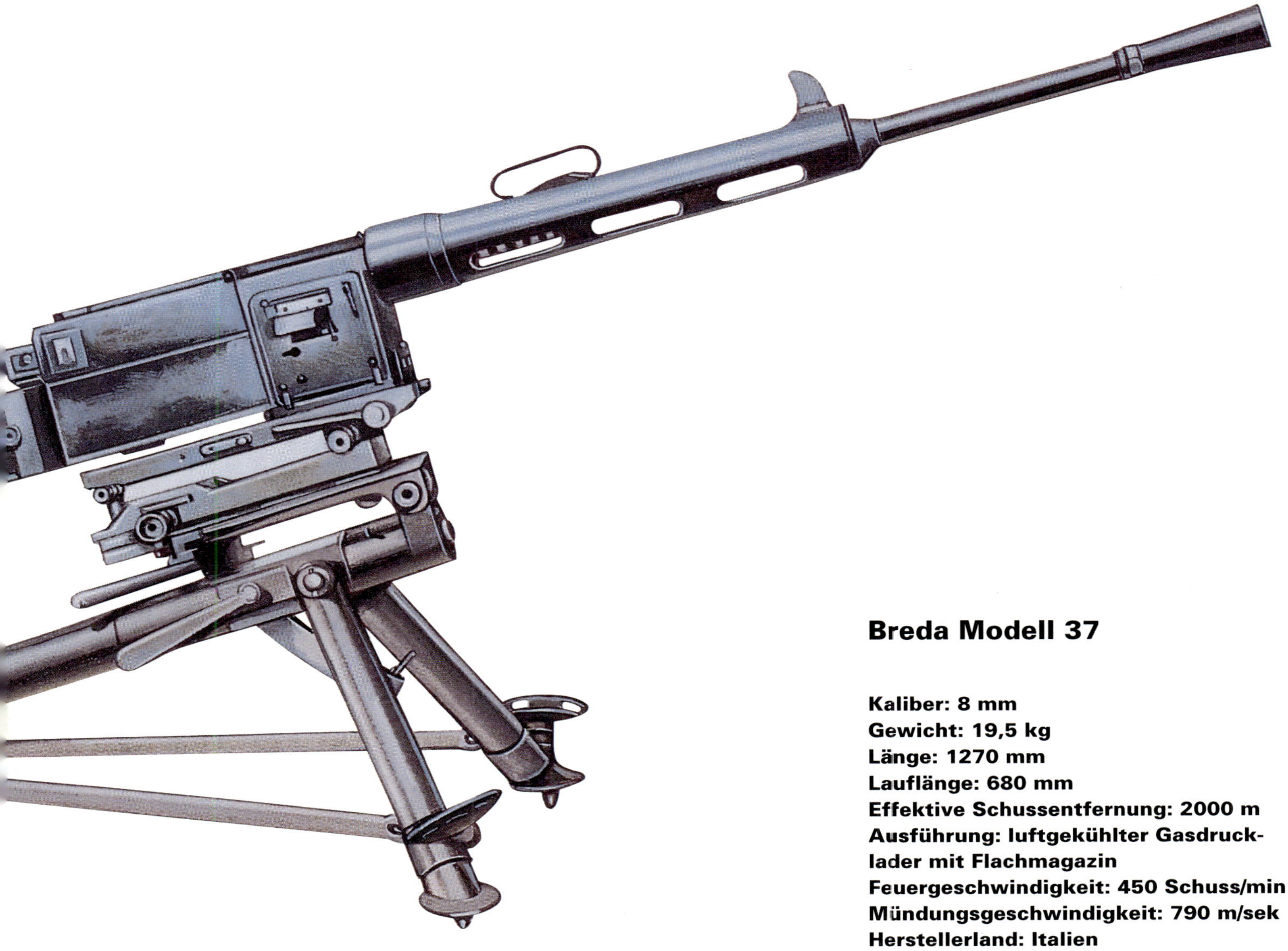

Breda Modell 37

Kaliber: 8 mm
Gewicht: 19,5 kg
Länge: 1270 mm
Lauflänge: 680 mm
Effektive Schussentfernung: 2000 m
Ausführung: luftgekühlter Gasdrucklader mit Flachmagazin
Feuergeschwindigkeit: 450 Schuss/min
Mündungsgeschwindigkeit: 790 m/sek
Herstellerland: Italien

den beweglichen Infanterieeinheiten, die in der Wüste eingesetzt wurden, wie auch beim Special Air Service (SAS). Sie benutzten es als Einzel- oder Zwillingsgeschütz auf Jeeps oder leichten LKW im Einsatz gegen Bodenziele. Die hohe theoretische Feuergeschwindigkeit (bis zu 1000 Schuss pro Minute) wurde erreicht, indem das Gewicht der beweglichen Teile auf ein Minimum reduziert wurde und die Teile besonders sorgfältig bearbeitet wurden.

Mit diesem MG konnte man in kürzestmöglicher Zeit besonders viel Schaden anrichten.

DAS BREDA M1937

Im Nachhinein betrachtet ist es einfach, sich zu fragen, warum bei einer Erfindung das eine oder andere weniger gelungene Merkmal von einer Generation in die nächste übernommen wird, ohne dass es verbessert oder ganz entfernt wird. Ein gutes Beispiel ist das mittlere MG von Ernesto Breda, ein Gasdrucklader. Breda war inzwischen ein großer Industriekonzern geworden, der von Flugzeugen über Lokomotiven bis zum Anhänger alles Mögliche baute. Dieses MG wurde 1937 als Mitragliatrice Breda Modello 1937 im Kaliber 8 mm eingeführt. Diese 8-mm-Patrone war erst zwei Jahre zuvor eingeführt worden.

Das MG hatte keine Vorrichtung, die die verbrauchten Hülsen zunächst aus dem Ladungsraum hob. Statt dessen ver-

LINKS: Das Breda Modello 37 war eigenartig, aber erwies sich im Zweiten Weltkrieg als zuverlässig. Erbeutete Exemplare wurden von den Alliierten gern eingesetzt.

ließ man sich wie bei seinem Vorgänger, dem FIAT-Revelli, darauf, die Patronen leicht einzuölen. Warum die Konstrukteure so stur an diesem überholten Merkmal festgehalten haben, ist nicht ganz ersichtlich. Die Wirkung war jedenfalls wie gehabt – das Öl verdickte bei Kälte und nahm allen möglichen Staub und Dreck mit. Damit waren die Eigentümlichkeiten des MG aber noch nicht erschöpft. Wie die früheren italienischen MGs hatte es eine höchst ungewöhnliche Form der Munitionszufuhr. In diesem Fall war es ein streifenförmiges Magazin, das von links in die Waffe geführt wurde. Was die Besonderheit ausmachte, war die Tatsache, dass die verbrauchten Hülsen nicht einfach ausgeworfen, sondern sorgfältig in das Magazin zurückgeschoben wurden, das langsam auf der anderen Seite wieder austrat. Oft ist von Soldaten berichtet worden, die beim Schießen mit dem M1937 erst das Magazin von den leeren Hülsen befreien mussten, bevor sie es mit neuen Patronen bestücken konnten. So scheint das System aber nicht geplant gewesen zu sein. Die 8-mm-Patronen wurde in keiner weiteren Dienstwaffe benutzt (außer beim modernisierten M1914, wo sie aber in Gurten steckten), und es war geplant, die Magazine mit den Hülsen an das Werk zurückzugeben, wo sie erneut befüllt werden sollten. Durch dieses System waren sie ja noch in einem brauchbaren Zustand.

Einen Vorteil hatte die Angelegenheit sicherlich: Es flog kein heißes Messing durch die Gegend, das jemanden verletzen konnte. Dieser Punkt ist besonders wichtig in gepanzerten Fahrzeugen, für die das M1937 wohl ursprünglich geplant war, bei der Infanterie hingegen spielt er kaum eine Rolle. Trotzdem blieb das Breda M1937 während des gesamten Zweiten Weltkriegs bei den italienischen Truppen im Einsatz. Es galt sogar als recht zuverlässig; die Alliierten erbeuteten größere Mengen in Nordafrika und setzten diese Waffen regelmäßig ein, weil die etwas schwerere Patrone mehr Durchschlagskraft hatte.

DIE SOWJETUNION

Wie bereits erwähnt, war Wassili Alexejewitsch Degtjarew der wichtigste Entwickler von Automatikwaffen in der Sowjetunion der Zwischenkriegszeit. Seine erste wichtige Konstruktion war das leichte MG Rutschnoi Degtjarewa Pachotnij (DP), eine recht simple Waffe, die eine modifizierte Form der vom Schweden Kjellman erfundenen Verriegelungsklappen benutzte. Während des Zweiten Weltkriegs war man der Meinung, dass man eine Unterstützungswaffe auf Kompanieebene benötigte, die mehr Feuerkraft bot als das DP mit seinem Trommelmagazin oder die „modernisierte" Version DPM. Im Erscheinungsjahr des DPM, 1944, erhielten die Entwickler des DPM (Dibinin, Poljakow und Schilin) den Auftrag, so schnell wie möglich eine derartige Waffe zu bauen. Da die Zeit drängte, nahmen sie das DPM als Grundlage, allerdings mit einem simplen Gurtzuführmechanismus, bei dem es sich eigentlich nur um einen diagonalen Schlitz handelte. Dabei wurde die Vor- und Rückbewegung des Verschlusses über einen Zapfen in eine Seitwärtsbewegung umgesetzt. Anstelle des Mechanismus für das Trommelmagazin entschied man sich klugerweise, einen auswechselbaren Deckel mit dem Zuführmechanismus zu benutzen, der gegen eine Trommelhalterung getauscht werden konnte. So konnte das RP-46 (Rutschnoi Pulemjot obr 1946) mit dem Trommelmagazin auch als Sturmgewehr eingesetzt werden, denn der zweite Mann zum Halten des Gurts wurde in diesem Fall nicht benötigt. Die Schwierigkeiten bei der Entwicklung lagen wiederum in dem Problem, die Patronen mit Rand nach hinten aus den engen Gurtschlaufen zu ziehen, bevor sie dann nach vorn in den Verschluss geschoben werden konnten. Hier wurde das Problem auf recht einfache Weise gelöst, nämlich durch ein Klauenpaar auf dem Zuführschieber, das die neue Patrone am Rand ergriff und gegen einen federbelasteten Hebel drückte, der die Patrone herunterdrückte und gleichzeitig nach vorn in die Zuführung schob, wo der Verschluss sie dann in den Ladungsraum brachte. Das neue MG wurde, wie der Name schon sagt, erst 1946 fertig, und kam damit zu spät für den Zweiten Weltkrieg. Es wurde später in der Volksrepublik China als Typ 58 sowie in Nordkorea als Typ 64 eingeführt.

Das RP-46 war bei der Roten Armee nie besonders beliebt, obwohl es zumindest auf dem Papier eine wesentlich bessere Waffe war als sein Vorläufer, das DP/DPM. Schon während der Entwicklungsphase arbeitete Degtjarew an einer Alternative. Diese Waffe sollte die randlose „mittlere" Patrone 7,62 mm x 39 verschießen, die als M1943 bezeichnet wurde. (Warum diese Bezeichnung gewählt wurde, ist nicht ganz klar, sie wurde 1943 nicht eingeführt und war anscheinend noch nicht einmal fertig entwickelt. Die M1943 hatte gegenüber der M1891 natürlich einen entscheidenden Vorteil – sie war randlos und konnte so problemlos direkt aus dem Gurt in den Ladungsraum geschoben werden. Einen Nachteil gab es aber auch: Sie hatte entschieden zuwenig Kraft, um den Mechanismus zu betreiben und gleichzeitig den Gurt zum Nachführen einer neuen Patrone anzuheben. Das sollte Degtjarew noch viel Kopfzerbrechen bereiten und führte zu einer Reihe von Modifikationen, ehe das System zur vollen Zufriedenheit arbeitete.

Die Waffe war zwar als leichtes MG eingestuft (RPD stand für Rutschnoi Pulemjot Degtjarowa – leichtes MG Degtjarew), saß aber irgendwie zwischen zwei Stühlen – sie verfügte zwar über einen Munitionsgurt, aber der schnell austauschbare Lauf der späteren DP/DPM und des RP-46 (dessen Mechanismus einfacher und trotzdem wirksamer war) wurde weggelassen. Statt dessen wurden die Schützen gedrillt, ihre Feuergeschwindigkeit auf unter 100 Schuss pro Minute zu reduzieren. Man braucht nicht viel Fantasie, um sich vorzustellen, was von dieser Ausbildung im Gefecht noch umgesetzt wurde. Das RPD wurde bald wieder durch das RPK abgelöst, ein echtes leichtes MG mit dem Drehkammerverschluss, den Michail Kalaschnikow für die Sturmgewehre der AK-Reihe entwickelt hatte. Zu dieser Waffe stieß bald ein echtes Allzweck-MG mit dem gleichen Mechanismus. Das PK war eine sorgfältig durchdachte Automatikwaffe, die wir in Kapitel Fünf zusammen mit ihren Rivalen, dem Allzweck-MG FN MAG und dem M60, unter die Lupe nehmen wollen.

Trotz der vielen Vorteile dieser neuen Waffen waren sie alle leichte MGs, egal zu welchem Zweck sie auch eingesetzt wurden. Ihr Dauerfeuer musste die Rote Armee immer noch mit dem PM 1910 von Maxim schießen. In der Mitte des Zweiten Weltkriegs musste man einsehen, dass diese Waffe nicht mehr ausreichte und einen modernen Nachfolger benötigte. Man entschied sich für die Arbeit von Pjotr Maximowitsch Gorjunow, und seine Waffe war viel weniger mit Maxim verwandt als der Konstrukteur selbst! Es handelte sich um einen luftgekühlten Gasdrucklader mit leicht auswechselbaren Läufen, eine simple, robuste Konstruktion aus vielen erprobten und bewährten Komponenten. Die Rote Armee entschied sich gern für solche Waffen, mit denen auch der einfache Soldat gut umgehen konnte.

EIN NEUES MITTLERES SOWJETISCHES MG

Das Pulemjot Stankowij Gorjunowa obr 1943 (schweres Gorjunow-MG, Modell 1943, oder kurz SG bzw. SG43) verschoss die alte Patrone M1891 mit Rand im Kaliber 7,62 mm x 54. Daher ist es eigentlich kein „schweres" MG. Es kam der übliche Maxim-Gurt zum Einsatz. Das Problem mit der Zuführung der Patrone aus dem Gurt (erst nach hinten und dann wieder nach vorn) löste Gorjunow wie beim RP-46, sodass nicht ganz sicher ist, für welche Waffe das System eigentlich entwickelt wurde. Auch der Vorschub des Gurts erfolgte wie beim RP-46. Die Verriegelung erfolgte über einen Kippblock, ähnlich wie bei den tschechischen Bren und Besa, aber hier kippte der Block zur Seite und rastete in eine Vertiefung rechts im Gehäuse ein. Die Verzögerung, die erforderlich war, um den Druck im Ladungsraum auf ein ungefährliches Maß absinken zu lassen, wurde ähnlich erreicht wie bei den tschechischen Waffen – eine Stange am hinteren Ende des Kolbens wirkte auf einen Schlitz im Verschlussstück, und die Zeit, die die Stange benötigte, um durch den Schlitz zu gehen, bewirkte die Verzögerung. Beim ersten Kontakt wurde der Block aus seiner Vertiefung geholt und konnte dann zunächst nach hinten und danach nach vorn gleiten, um den Zyklus zu vollenden. Um Verunreinigungen des Kolbens auszugleichen, wurde ein simpler Gasregler mit drei Stellungen eingebaut. Die Tiefe der einzelnen Rasten wurde durch die Veränderung der Weite erreicht.

Es handelte sich um eine Waffe mit zuschießendem Verschluss. Der Verschlussblock wurde hinten gehalten, während die neue Patrone in der Zuführung saß. Durch den Abzug wurde der gesamte Mechanismus ausgelöst. Zunächst wurde die Patrone in den Ladungsraum geschoben und dann abgefeuert. Bei anderen Waffen wurde die Patrone geladen, der Block mit dem Lauf verriegelt, und nur der Schlagbolzen wurde durch den Abzugsstollen gegen seine Feder gehalten. Das System des SG43 hatte den Vorteil, dass kühlende Luft in den Ladungsraum gelangen konnte, wenn die Waffe nicht im Einsatz war. Außerdem war man sicher, dass keine Patrone über längere Zeit im Verschluss blieb, solange die Waffe noch heiß war. Dauerfeuerwaffen mit aufschießendem Verschluss, bei denen eine Patrone im Ladungsraum saß, neigten bei einem Hitzestau zu einer vorzeitigen Zündung oder Selbstentzündung. Deshalb sind nur noch wenige Waffen der zweiten Generation so gebaut worden.

Auch hier war der Zweite Weltkrieg fast vorüber, ehe das SG43 einsatzbereit war, sodass die Rote Armee doch mit dem PM1910 vorlieb nehmen musste. Danach erfolgte die Ablösung aber recht schnell, und das SG43 wurde die Standard-Dauerfeuerwaffe der Roten Armee wie auch aller anderen Streitkräfte des Warschauer Pakts. Sie fand auch Verbreitung in den Satellitenstaaten im Nahen Osten und anderswo. Später erschien das SGM (das M steht für modernisiert) mit kleineren Modifikationen. Der Spannhebel rückte von seiner Stellung zwischen den hinteren Spatengriffen an die rechte Seite des Gehäuses. Die Zufuhr- und Auswurföffnungen erhielten Staubschutzdeckel und der Lauf längliche Kühlrippen. Bei einer vorher erfolgten Änderung wurde der simple Verschlusskeil des Laufs durch eine Mikrometerschraube ersetzt, die eine Regulierung des Verschlussabstands ermöglichte. Das SMGT wurde für den Einsatz auf und in Fahrzeugen entwickelt und hatte einen Abfeuermagneten anstelle des üblichen mechanischen Abzugs. China baute es als Typ 53/Typ 57; außerdem gab es Versionen aus der Tschechoslowakei, Ungarn und Polen. Es wurde unterschiedliche Munition verschossen, unter anderem panzerbrechende Geschosse, panzerbrechende Sprenggeschosse und Brandmunition sowie Leuchtspurmunition und normale Kugeln in zwei Gewichten, 9,6 g und 11,8 g. Die Mündungsgeschwindigkeit betrug 800 m/sek, und die Schussweite war ähnlich wie bei gleichartigen Waffen: ca. 1000 m bei Flachfeuer und das Vierfache bei Steilfeuer. Die Feuergeschwindigkeit lag ebenfalls im Durchschnitt – theoretisch 650 Schuss pro Minute und in der Praxis etwa die Hälfte davon. Die Waffe hatte einen recht großen Visierradius von 850 mm und war deshalb ziemlich präzise.

DER WEG ZUM ALLZWECK-MG

Eines war inzwischen klar geworden: Die Tage des wassergekühlten mittleren und schweren MG waren gezählt. Die Wassermäntel waren einfach zu schwerfällig und wassergekühlte Waffen zu schwer. Sie waren allenfalls in statischen Verteidigungsstellungen zu gebrauchen. Wasser war auch kein besonderes Kühlmittel: es fror im Winter und fing nach ein paar Hundert Schuss an zu kochen. Das letzte erfolgreiche wassergekühlte MG war das Browning M1917, und selbst dieses MG legte irgendwann den Wassermantel ab. Erst mit der Luftkühlung konnte es seine Erfolge erzielen. Alle erfolgreichen Konstruktionen, die nach dem Ersten Weltkrieg erschienen, waren ohne Ausnahme luftgekühlt, und die meisten verfügten aus diesem Grund über leicht austauschbare Läufe. Das Verfahren, den Lauf nach ein paar Hundert Schuss zu wechseln, wurde so lange gedrillt, bis es in Fleisch und Blut überging. Auch die meisten Konstrukteure dachten daran (obwohl es hier auch Ausnahmen gab – das ursprüngliche mühselige Verfahren für den Laufwechsel beim Allzweck-MG M60 ist ein Beispiel). Gleichzeitig verdrängte der Gasdrucklader den Rückstoßlader. Leichte MGs waren fast immer Gasdrucklader, und die Vorteile des Systems, besonders die bessere Kontrollierbarkeit, waren schnell offensichtlich. Als das MG daran ging, sein 40-jähriges Jubiläum zu begehen, war der ursprüngliche wassergekühlte Rückstoßlader bereits vom Vorläufer des modernen Allzweck-MG verdrängt worden. Es sollte zwar noch einige Zeit dauern, bis das Konzept zur vollen Reife entwickelt war, aber der Weg war eindeutig vorgegeben.

UNTEN: Am Ende des Zweiten Weltkriegs entwickelte die Sowjetunion einen Ersatz für das PM1910 Maxim. Die Volksrepublik China baute es, wie hier gezeigt, als Typ 57.

Kapitel 3

EINE TAKTISCHE FORDERUNG – DAS LEICHTE MG

Die Einführung des Maschinengewehrs änderte die Kriegführung auf einen Schlag. Seine Fähigkeit, große Gebiete über weite Entfernungen von geschützten Stellungen aus zu kontrollieren, fügte den althergebrachten Angriffsformationen schwere Verluste zu. Um das MG zu bekämpfen, musste man sich einen neuen Plan für den Infanterieangriff ausdenken, in dem ein überarbeiteter Angriffsplan mit der Feuerkraft der automatischen Waffen kombiniert wurde.

Der Plan war recht einfach aufzustellen und in die Praxis umzusetzen. Die Infanterie rückte nicht mehr in gerader Linie über das bereits von der Artillerie verwüstete Gefechtsfeld vor. Nun gab es Trupps von bis zu zwölf Soldaten unter der Führung eines Unteroffiziers, die den benachbarten Trupps Feuerschutz gaben. Da man statt der vorgeplanten Sperrriegel nun auf das Element der Überraschung setzte, konnten die angreifenden Truppen Hecken, Mauern, Gräben und gedeckte Räume sowie den Schutz der Dunkelheit nutzen, um aus der Sichtlinie und der Feuerlinie des Feindes zu bleiben, bis seine Stellungen angegriffen oder abgeschnitten und vernichtet werden konnten. Taktisch war das nicht weiter schwierig; der Schlüssel zum Erfolg war aber die Feuerkraft.

Einige der eingesetzten MGs waren schon vor dem Ersten Weltkrieg im Dienst gewesen, wie das amerikanische Lewis, das dänische Schouboe/Madsen und das franko-amerikanische Bénét Modèle 09. Daneben gab es weitere MGs, die aber keine große Verbreitung fanden. Sogar noch 1916 hielten viele hohe Offiziere das MG für ein etwas kleineres Artilleriegeschütz. Daher wandten sie für das MG die gleichen Bekämpfungs- und Einsatzvorschriften an wie für Feldgeschütze.

Der taktische Durchbruch erfolgte in Riga an der Ostfront, wo der deutsche Offizier von Hutier ein Schema in die Praxis umsetzte, das der deutsche Generalstab ersonnen hatte. Er benutzte leichte Madsen-MGs als Grundlage für die bewegliche Feuerkraft. Der Erfolg bei Riga führte zur Aufstellung spezieller Stoßtruppen an der Somme-Front und bei Verdun. Sie erhielten zunächst Madsen-MGs, die bei der russischen Kavallerie erbeutet und auf die deutsche Standard-Gewehrpatrone umgerüstet wurden. Schon bald erhielten sie aber das neue, leichtere MG08/15. Der Erfolg dieser neuen Stoßtruppen sorgte weltweit für eine drastische Umorientierung bei allen Heeren.

DAS DÄNISCHE MADSEN

Das Dansk Industri Syndikat fing um die Jahrhundertwende an, das leichte Madsen-MG zu bauen (benannt nach dem damaligen dänischen Verteidigungsminister). Die Waffe wurde von Schouboe konstruiert und zunächst bei der Rexer Arms Co gebaut. 1903 erprobte die US

Links: Die modernisierte Kalaschnikow im Kaliber 5,45 mm als leichtes MG RPK, hier mit Bildverstärker.

Madsen Let Maschingevaer

Kaliber: 8 mm M89
Gewicht: 9 kg
Länge: 1145 mm
Lauflänge: 585 mm
Effektive Schussentfernung: 1000 m
Ausführung: luftgekühlter Rückstoßlader mit Magazinzuführung
Feuergeschwindigkeit: 450 Schuss/min
Mündungsgeschwindigkeit: 715 m/sek
Herstellerland: Dänemark

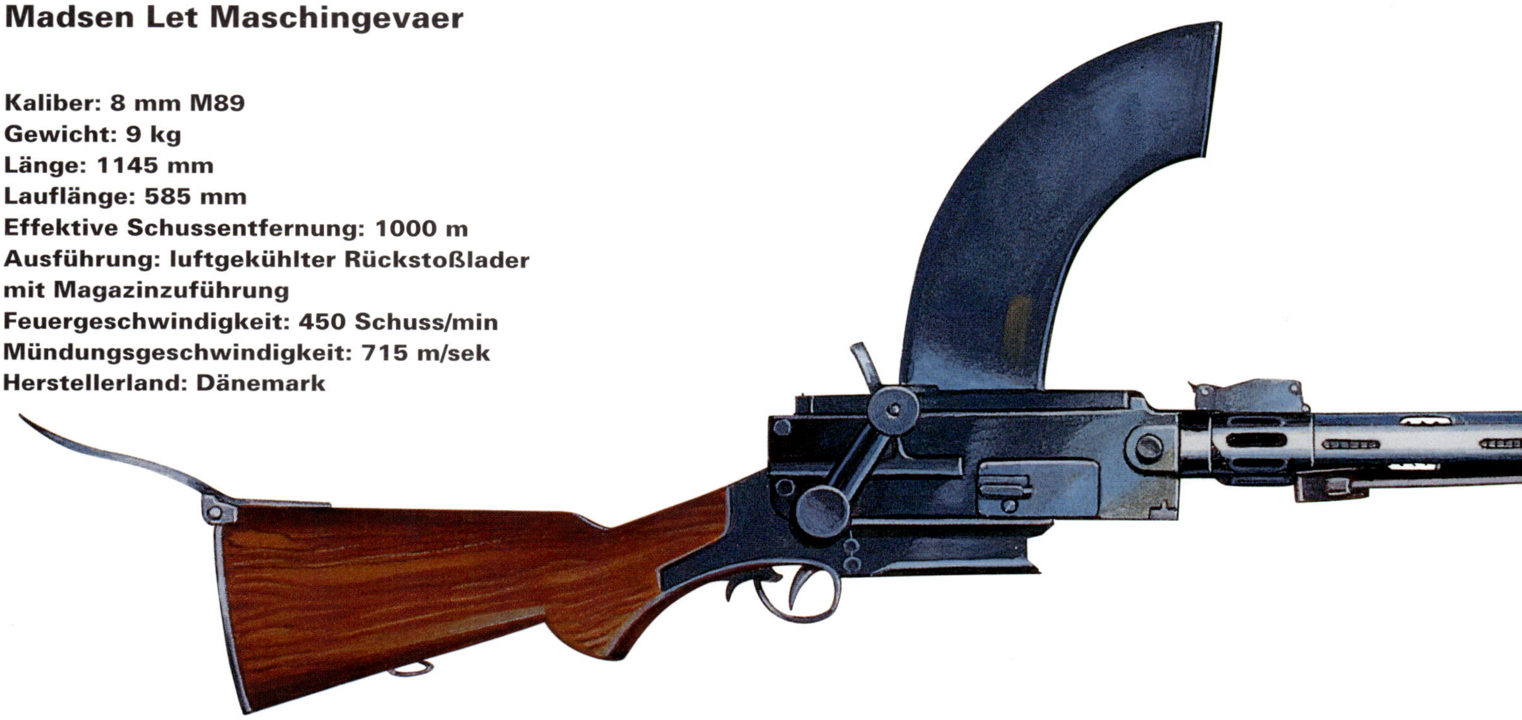

Army das Madsen im Vergleich mit dem Colt Modell 1895 und dem Maxim Modell 1901 „New Pattern". Die Firma baute das MG mehr als 50 Jahre lang, obwohl es nie bei einer größeren Streitkraft zur ersten Wahl zählte. Vor dem Ersten Weltkrieg wurde es an mehr als 30 Länder verkauft, gelegentlich sogar in größeren Stückzahlen. Das russische und das deutsche Heer erwarben genügend Exemplare für umfangreiche Erprobungen. Bemerkenswert war der Mechanismus, der auf dem Martini-Gewehr basierte. Beim Martini musste jeder einzelne Schuss nachgeladen werden. So war das Madsen theoretisch den Konstruktionen mit dem wesentlich simpleren Zylinderverschluss unterlegen. Da es keinen derartigen Verschluss hatte, verfügte es über einen separaten Ladehebel, der an einem drehbaren Hebel saß und die neue Patrone aus dem senkrecht angeordneten Federmagazin holte (dieses sollte sich bald als Standard durchsetzen) und in den Ladungsraum schob. Ein separater Auszieher/Auswerfer entsorgte die verbrauchten Patronen. Der gesamte Mechanismus war rückstoßbetätigt, aber weder nach dem Prinzip des kurzen noch nach dem des langen Rücklaufs. Der Verschlussblock mit Lauf bewegte sich nur um 12,7 mm nach hinten und glitt dann auf eine waagerechte, nichtrücklaufende Gleitvorrichtung. Danach hob der Auszieher/Auswerfer die leere Hülse aus dem Ladungsraum unter dem Verschlussblock und warf sie durch den Boden des Gehäuses aus. Eine Warze auf dem Block, der immer noch nach hinten lief, spannte dann den Hahn gegen die Schraubenfeder. Nun wurde der Block nach unten gedrückt, und der bewegliche Ladehebel schob eine neue Patrone in den offenen Ladungsraum. Danach glitt der Verschlussblock wieder nach vorn. Er folgte der Spur in der Gleitvorrichtung, wurde wieder verriegelt, ließ den Hahn gespannt und bereit, auf den Schlagbolzen zu schlagen. Diese Methode erscheint unnötig kompliziert (ein namhafter Experte wunderte sich sogar, dass die Waffe überhaupt funktionierte), aber im Vergleich zu manch anderem Verriegelungsmechanismus ist sie eigentlich doch einfach. Mit randloser Munition war die Waffe auch ziemlich zuverlässig. Das britische Heer erprobte eine Version für 7,7-mm-Patronen mit Rand und war eher enttäuscht. Die theoretische Feuergeschwindigkeit lag bei etwa 450 Schuss in der Minute; in der Praxis waren es aber allenfalls 120 Schuss pro Minute. Die ballistischen Eigenschaften hingen von der verschossenen Munition ab. Ungeladen wog das Madsen-MG etwa 9 kg, ungefähr 3 kg weniger als das Lewis-MG und 1 kg weniger als das später erschienene Bren. Das MG wurde in unterschiedlichen Versionen gebaut, mit Zweibein und Kolben für die Infanterie sowie mit drehbarer Halterung und Spaten- und Pistolengriffen für den Einsatz in Flugzeugen. Als die deutschen Truppen 1940 Dänemark überfielen, erbeuteten sie einige Let Maskingevaer Madsen (leichte Madsen-MGs) und rüsteten sie im Rahmen eines Modifizierungsprogramms der Luftwaffe auf Gurtzufuhr um.

McCLEAN UND LEWIS

Etwa zur gleichen Zeit ging ein Arzt im US-Staat Iowa daran, seine Praxis zu Gunsten des lukrativeren Waffenbaus aufzugeben. Samuel McClean zog Mitte der 1890er Jahre nach Cleveland, Ohio, erhielt 1898 sein erstes Patent auf eine „Verbesserung" an einem existierenden MG und hatte bis 1900 die McClean Arms and Ordnance Co. aufgebaut. Um etwa 1903 baute er den Prototypen eines leichten luftgekühlten MG. Es wog unter 9 kg und soll nach den Aussagen seines Erbauers einfacher aufgebaut gewesen sein als das Hotchkiss M'le00. In den folgenden Jahren soll er über 500 000 Dollar, aufgebracht von ihm selbst und von anderen Investoren, ausgegeben haben, um die Konstruktion zu perfektionieren und an die US-Streitkräfte zu ver-

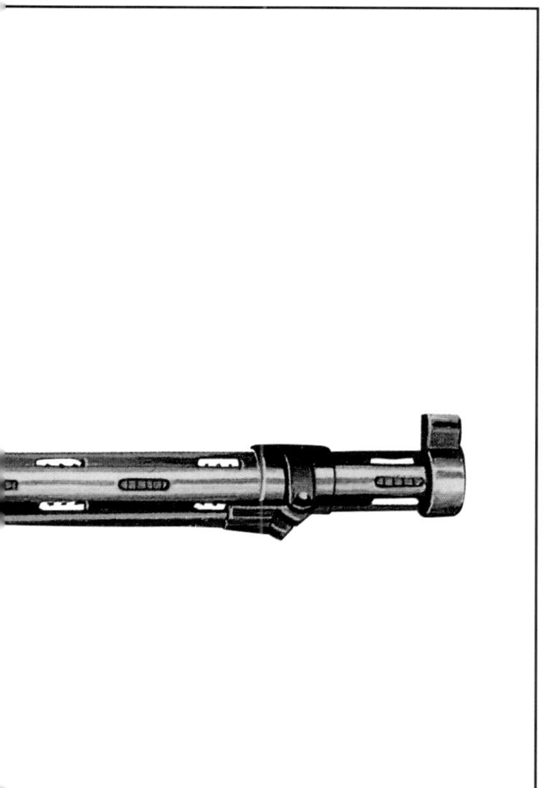

kaufen. Nach Meinung des Autors ist dieser Betrag wohl übertrieben; aber die Vermutung ist an sich richtig, denn im Jahr 1906 war McClean bankrott und musste sein Werk abgeben.

Gleichzeitig machte Isaac Newton Lewis, ein Offizier der US Army, mit zwei Dingen von sich reden: Zum einen hatte er einen erfolgreichen Entfernungsmesser für die Artillerie gebaut, und zum anderen leistete er sich einen heftigen öffentlichen Disput mit General William Crozier. Danach wurde er „abgeschoben", zunächst nach San Francisco, später nach Puget Sound. Im Jahr 1904 war der junge Captain rehabilitiert und ging nach Fort Monroe, Virginia, wo er zum Schluss Leiter der Küstenartillerieschule war. Dort erkannte Lewis anscheinend „seinen wahren Wert für die Welt der Wissenschaft", wie es ein nicht sehr kritischer Biograf ausdrückte. Im Jahr 1908 bat er den Heeresminister, als bezahlter Berater der McClean Arms and Ordnance Co. fungieren zu dürfen. Er stürzte sich sofort in das Geschäft und war maßgeblich an der Vertreibung von McClean und der Ausnutzung seiner Erfindungen beteiligt. Innerhalb von drei Jahren brachte Lewis ein eigenes leichtes luftgekühltes MG mit dem Mechanismus von McClean auf den Markt. Unterstützt wurde er von O. A. Huberty, vorher Assistent und Maschinenbauer von McClean. In einem Gerichtsverfahren, das 1920 begann und erst 1924 endete, behauptete McClean, dass Lewis lediglich Änderungen an der Kühlung vorgenommen (siehe unten) und ein neues drehbares Tellermagazin entwickelt hätte. McClean verlor den Prozess, als Lewis beweisen konnte, dass die wichtigsten Elemente der Konstruktion ungeschütztes Gemeingut waren und daher kein Patent verletzten (wenn das zutrifft, dann fragt man sich, wie Lewis seine Konstruktion vor Nachahmern schützen konnte). Danach verschwand McClean endgültig in der Versenkung.

LEWIS WIRD ABGELEHNT

Bis 1911 hatte Lewis eine funktionierende Waffe (genau gesagt, fünf Stück, die er teuer von Hand fertigen ließ) und stellte sie dem Waffen- und Munitionsausschuss der US-Streitkräfte vor, der unter dem Vorsitz von William Crozier stand. Sicher waren die Waffen noch nicht perfekt, aber die letzten Fehler hätte man bei der Serienproduktion beheben können. Trotzdem lehnte der Ausschuss das MG ab. Lewis, durch die Retourkutsche seines alten Feindes tödlich beleidigt

UNTEN: Die deutschen Soldaten, die ihre Verbündeten an der italienisch-österreichischen Grenze unterstützten, hatten Mauser-Gewehre und leichte Madsen-MGs.

Lewis-MG Mark I

Kaliber: 7,7 mm
Gewicht: 11,8 kg
Länge: 965 mm
Lauflänge: 665 mm
Effektive Schussentfernung: über 1000 m
Ausführung: luftgekühlter Gasdrucklader mit Magazinzuführung
Feuergeschwindigkeit: 550 Schuss/min
Mündungsgeschwindigkeit: 600 m/sek
Herstellerland: Vereinigte Staaten

LINKS: Die Lewis-MGs waren bei den Deutschen so beliebt wie bei den Briten. Erbeutete Exemplare galten auf beiden Seiten als wertvolle Trophäen.

(„abgelehnt von Ignoranten und Tagelöhnern", wie er sich ausdrückte), nahm Sack und Pack und zog nach Europa. Zunächst richtete er sich in Belgien ein, später dann in England. Dort erhielt er von der Regierung Lizenzgebühren für die 1915 eingeführte Waffe. Als Ergebnis der Entscheidung des Ausschusses musste die US Army mit dem unmöglichen und völlig ungeeigneten französischen Chauchat gegen Deutschland in den Krieg ziehen, und die französische Regierung war froh, diese unverkäuflichen Waffen so loszuwerden.

Das waren die Leistungen von Isaac Newton Lewis. Selbst wenn er nicht mehr gewesen sein soll als ein Plagiator, so war er nicht der einzige auf dem Gebiet des Maschinengewehrs. Interessanter und wichtiger ist der Wert der Waffe, die er schließlich baute. Trotz beträchtlicher Mängel wurde sie eine der wichtigsten Handfeuerwaffen im Ersten Weltkrieg und danach.

DAS LEWIS-MG

Der Mechanismus des Lewis-MG war völlig anders als bei allen anderen MGs, denn er basierte auf einem Drehkammerverschluss. Das Gas wurde aus dem Lauf über einen simplen Zweistufenregler in einen darunter liegenden Zylinder abgezapft, wo es auf einen Kolbenboden traf und den Kolben zurückschob. Gleichzeitig griff darunter eine Zahnstange in ein Ritzel und zog eine spiralförmige Rückstoßfeder auf. Eine unten am Kolben befestigte Stange lief permanent in einem Schlitz im hohlen Verschluss. Eine Steuerkurve, die in den Verschluss gefräst war und einen festen Zapfen hatte, drehte den Verschluss, während er von der Stange zurückgeschoben wurde. Dadurch wurde er entriegelt, änderte seine Laufrichtung, zog die verbrauchte Hülse aus, schob das Magazin weiter und kam zurück, um eine neue Patrone zu entnehmen. Der Schlagbolzen war fest montiert und bildete einen Teil der Kolbenstange. Er wurde vom Abzugsstollen gegen eine Kegelfeder gedrückt. Es handelte sich um eine zuschießende Waffe. Das Genie von Lewis zeigte sich allenfalls in der von ihm entwickelten Kühlung. Ein Stahlrohr umschloss den Lauf vom Gehäuse bis zur Mündung. Für den nötigen Abstand sorgten längliche Rippen aus Aluminium. Lewis behauptete, dass diese Vorrichtung die kalte Luft am ganzen Lauf entlang führte. Sie wurde am Gehäuse angesaugt und trat an der Mündung wieder aus. Die

RECHTS: Lewis-MGs als Zwillings-Fla-MGs an Bord der HMS Valiant. Diese hatte 381-mm-Kanonen. Hier sieht man auf einem Bild die größten und die kleinsten Waffen der Royal Navy.

Lewis-Zwillings-MG (Bord-MG)

Kaliber: 7,7 mm
Gewicht: 11,8 kg
Länge: 965 mm
Lauflänge: 665 mm
Effektive Schussentfernung: über 1000 m
Ausführung: luftgekühlter Gasdrucklader mit Magazinzuführung
Feuergeschwindigkeit: 550 Schuss/min
Mündungsgeschwindigkeit: 600 m/sek
Herstellerland: Vereinigte Staaten

Oben: US-Infanteriesoldaten mit dem Gewehr Garand M1 (links) und dem Browning BAR, das zwischen 1917 und 1953 das leichte MG der US Army war.

von Savage gebauten Bord-MGs für Flugzeuge verfügten nicht über diese Vorrichtung und waren etwa 1,6 kg leichter. Als diese MGs im Verlauf des Zweiten Weltkriegs auch von Bodentruppen (insbesondere vom britischen Heimatschutz) eingesetzt wurden, merkten diese, dass sie ebenso gut gekühlt waren wie die MGs mit dem zusätzlichen Laufmantel. Also mussten die Infanteriesoldaten im Ersten Weltkrieg unnötiges Gewicht mit sich herumschleppen, nur weil Lewis beweisen wollte, dass „seine" Konstruktion sich radikal von der von McClean unterschied. Arme Infanterie!

In der häufigsten Form, dem Maschinengewehr, Lewis, .303 (7 mm) Mk 1, wog das Lewis sogar mehr als das McClean, nämlich fast 12 kg. Mit einem Trommelmagazin für 47 oder 97 7-mm-Patronen vom Typ Mk 7 hatte es eine theoretische Feuergeschwindigkeit von 550 Schuss pro Minute; in der Praxis etwa ein Fünftel davon. Eine Vorrichtung für Einzelfeuer gab es nicht. Das MG wurde in riesigen Mengen hergestellt – allein BSA in Birmingham baute über 145 000 Stück, und auch Savage und Rockwell-Marlin in den USA bauten es etwas später im Auftrag der britischen Regierung. Die US Army führte das Lewis offiziell nie ein, außer für den Einsatz als Bord-MG in Flugzeugen. Darne baute einige Exemplare in Lizenz für das französische Heer. Allgemein galt das Lewis als besonders geeignet für den Einsatz in Flugzeugen sowie auf Schiffen und Booten. Dort musste es nicht unter eindringendem Staub und Schmutz leiden. Die Infanterie hatte damit ständig ihre Probleme. Der größte Nachteil des Lewis-MG war sein komplizierter Aufbau, der nach Aussage eines fachkundigen Beobachters für eine erstaunliche Vielzahl von Funktionsstörungen und Hemmungen sorgte. Auch der Mechanismus für die Munitionszufuhr war schlecht konstruiert und sorgte ständig für Probleme.

Für ein echtes leichtes MG war es eigentlich zu schwer, dafür ließ es sich aber wesentlich schneller herstellen als das Vickers Class C. Auf der anderen Seite war es auf Grund der Lizenzgebühren teurer. Im Jahr 1915 kostete ein bei BSA gebautes Lewis-MG die britische Regierung ca. 150 Pfund, wovon etwa die Hälfte an Lewis ging. Das Vickers Class C kostete dagegen 100 Pfund. Bis 1917 waren die Kosten auf eine realistischere Höhe gesunken. Am Ende des Ersten Weltkriegs gab es beim britischen Heer etwa dreimal so viele Lewis wie Vickers Class C. Zwischen der Einführung am 15. Oktober 1915 und der Ausmusterung am 26. August 1946 gab es – zumindest offiziell – acht Versionen des Lewis-MG. In Wahrheit wurde nur eine Version des leichten Infanterie-/Marine-MGs gebaut (mit dem Laufmantel und den Kühlrippen), und die Versionen für die Luftwaffe (mit Laufmantel, aber ohne Kühlrippen) waren im Prinzip alle gleich. Alle Versionen konnten wahlweise je nach Verwendungszweck mit einem Gewehrkolben oder einem Spatengriff ausgestattet werden. Es gab auch Pläne, eine Version ohne Laufmantel, aber mit hölzernem Handschutz, als leichtes Infanterie-MG zu bauen, aber sie wurden wieder aufgegeben.

BROWNINGS AUTOMATIC RIFLE

Während Lewis in Belgien war, hatte sich dort auch der amerikanische Büchsenmacher John Browning nach einem Streit mit Winchester über eine automatische Schrotflinte niedergelassen. Browning nahm Kontakt zur Fabrique Nationale in Herstal-Lez-Liège auf, einst von mehreren belgischen Büchsenmachern zum Bau von Mauser-Gewehren für das belgische Heer gegründet. Seine Kontakte zu Colt in den USA hielt er aber aufrecht. Zu dieser Zeit, 1913, war sein Rückstoßlader-MG, das spätere M1917, schon weit fortgeschritten, und Browning entwickelte eine Waffe, die sowohl Einzel- als auch Dauerfeuer schießen konnte, nun aber mit Magazin und so leicht, dass wir sie heute als Sturmgewehr bezeichnen würden. Dies war sein drittes MG und wie sein erstes ein Gasdrucklader. Diese überaus populäre Waffe verfügte über ein simples Verriegelungssystem – einen Zapfen, der nach oben aus dem Verschlussblock ragte und in eine Vertiefung am Gehäuse griff. Entriegelt wurde er durch die Bewegung eines Gelenkhebels, der gleichzeitig als Auszieher diente und die Patrone aus dem Ladungsraum hob, bevor der Verschluss nach hinten geschoben wurde, um den Mechanismus in Gang zu setzen. Die ursprüngliche Abzugsvorrichtung mit der Wahl für Einzelfeuer, Dauerfeuer oder Sicherung war etwas komplizierter aufgebaut. Wegen des simplen, aber wirksamen Verriegelungssystems wurde die Waffe kopiert (allerdings andersherum) und wurde in dieser Form zu einem der besten Allzweck-MGs, dem FN MAG, das die Dauerfeuerwaffe erster Wahl bei vielen Heeren in aller Welt war.

Die Waffe wurde unter der Abkürzung BAR (Browning Automatic Rifle) bekannt. Sie stellte ihren Konstrukteur aber nicht ganz zufrieden, den sie passte so recht in keine Kategorie. Mit über 8 kg einschließlich geladenem Magazin war sie für ein Gewehr zu schwer und konnte nicht im Stehen von der Schulter abgefeuert werden. Als zuschießende Waffe war sie selbst bei Einzelfeuer nicht besonders präzise, denn die beweglichen Teile wurden hinten gehalten, wenn die Waffe gespannt wurde und schossen nach vorn, wenn der Abzug gedrückt wurde. Natürlich geriet die Waffe dabei aus dem Ziel. Für eine automatische Waffe war sie zu leicht, und das 20-Schuss-Magazin bedeutete häufiges Nachladen. Es gab aber auch das M1918A2, eine Version, die kein Einzelfeuer schießen konnte, dafür aber Dauerfeuer in zwei vorwählbaren Geschwindigkeiten – 300 und 600 Schuss. Wenn Browning mit seiner Schöpfung auch nicht zufrieden war, erfüllte sie die militärischen Forderungen dennoch gut. Gefragt war nämlich eine Waffe, mit der ein Infanteriesoldat aus der Hüfte Dauerfeuer schießen konnte, während er sich im Schritttempo auf die feindlichen Stellungen zu bewegte. Die im Jahr 1941 eingeführten Versionen M1918A1 und A2 erhielten ein Zweibein, das die Leistung erheblich steigerte. Alle BAR verschossen zunächst die 7,62-mm-Patrone M1906.

Das BAR wurden in vielen Ländern in aller Welt eingeführt und blieb bei der US Army und dem Marine Corps von 1917 (der erste Kampfeinsatz erfolgte am 13. September 1918) bis zum Ende des Koreakriegs im Jahr 1953 im Dienst. Danach wurde es zusammen mit dem Standardgewehr M1 Garand von dem Gewehr M14 abgelöst, das in begrenztem Umfang auch Dauerfeuer schießen konnte. Die letzten BAR der US Army wurden erst 1957 mit der Einführung des Allzweck-MG M60 abgelöst. Sie wurden in den Vereinigten Staaten von Colt, Marlin-Rockwell und Winchester gebaut (in kleinerer Zahl auch bei anderen Firmen wie IBM) sowie bei FN in Belgien, der staatlichen Carl-Gustav-Fabrik in Schweden und in Polen. Es gab unterschiedliche Kaliber und auch Schnellwechselläufe. Wenn auch das Thompson die Waffe der „stürmischen 20er Jahre“ war, so benutzten doch einige Gangster und Polizeistellen das zuverlässigere BAR, das im Handel von Colt als R75 und später als Monitor vertrieben wurde anstelle der kurzläufigen MPi. Zu den berühmtesten Opfern des BAR zählen Bonnie und Clyde.

LEICHTE HOTCHKISS-MGs

Das britische Heer benötigte im Ersten Weltkrieg so dringend MGs, dass nicht

UNTEN: Das Browning BAR wurde 1941 durch die Einführung eines Zweibeins für die Standardausführung wesentlich verbessert.

Hotchkiss M1922 (Griechisches M/1926)

Kaliber: 6,5 mm Mannlicher
Gewicht: 9,5 kg
Länge: 1215 mm
Lauflänge: 575 mm
Effektive Schussentfernung: 1000 m

Ausführung: luftgekühlter Gasdrucklader mit Streifenmagazin
Feuergeschwindigkeit: 450 Schuss/min
Mündungsgeschwindigkeit: 680 m/sek
Herstellerland: Frankreich

nur das Lewis-MG beschafft wurde, sondern man sich auch an Frankreich wandte. Dort erhielt man die Lizenz zum Bau des Hotchkiss Fusil Mitrailleur Modèle 09, das 1916 als Maschinengewehr, Hotchkiss, .303in (7,7 mm), Mark I, eingeführt wurde. Die US Army führte die gleiche Waffe als Maschinengewehr Bénét-Mercié, Kaliber .30 (7,62 mm) M1909 ein. Zum Bau dieses leichten MG (bei 12,3 kg ungeladen ist der Begriff leicht relativ, obwohl es nur etwas mehr als die Hälfte der Dreibein-MGs M'le00 oder M'le14 wog) konstruierte Bénét einen neuen Verriegelungsmechanismus. Er tauschte die Klappen gegen einen Verriegelungsring, in den sowohl der Verschlussblock als auch der Lauf geschraubt wurden (um weniger als eine halbe Drehung). Sie wurden durch den Gasdruck entriegelt. Dieser wirkte auf einen kurzen Kolben unter dem Lauf, der eine Steuerkurve hatte und die Rückwärtsbewegung in eine Drehbewegung umsetzte. Briten und Amerikaner benutzten dieses MG, und die ersteren ersetzten bald die Munitionsstreifen durch den Pseudo-Gurt – im Prinzip Dreierstreifen, die zu einer Kette zusammengefügt werden konnten – den Bénét entwickelt hatte, um die Dauerfeuerleistung der schweren Hotchkiss-MGs zu verbessern. Die derart ausgerüsteten MGs wurden als Mark I* Nr. 1 und 2 bezeichnet und waren sogar 1939 noch bei der Heimatschutztruppe und der Reserve zu finden. Erst 1946 wurden sie endgültig ausgesondert. Das leichte MG Hotchkiss Mark I* stellte auch die Nebenbewaffnung der ersten Generation der britischen Panzer.

LINKS: Das Chauchat gilt als eine der schlechtesten automatischen Waffen aller Zeiten. Trotzdem ging die US Army damit 1917 in den Krieg.

DAS ERBÄRMLICHE CHAUCHAT

Da das französische Heer mit dem Hotchkiss M'le09 ein völlig ausreichendes leichtes MG hatte, ist es verwunderlich, dass es sich schließlich einer Waffe zuwandte, die auch heute noch als schlechteste automatische Waffe aller Zeiten gilt. Das Fusil Mitrailleur Modèle 1915 basierte auf dem Prinzip des langen Rücklaufs. Bezeichnet wurde es als Chauchat, nach dem Vorsitzenden des vierköpfigen Auswahlausschusses, der die Waffe kurz vor dem Krieg akzeptierte – die anderen Mitglieder waren Suterre, Ribeyrole und Gladiator. Nach ihren Initialen wurde das MG manchmal auch als CSRG bezeichnet; in Griechenland hieß es Gladiator. Lauf und Verschlussblock blieben während des gesamten Rücklaufs miteinander verriegelt. Dann trennten sie sich, der Lauf ging in Feuerstellung und holte dabei die verbrauchte Hülse aus dem Ladungsraum. Dann wurde der Verschlussblock entriegelt, nahm eine neue Patrone aus dem Magazin und schob sie in den Ladungsraum. Für eine leichte Waffe wie das Chauchat – sein Gewicht von nur 9 kg war wohl sein einziger Vorzug – war das sicher nicht die beste Lösung. Verschlimmert wurde die Sache noch durch die schlampige Massenproduktion mit großen Fertigungstoleranzen und die miserable Qualität der damals verfügbaren Rohmaterialien. Die durch die schlechte Passform der Teile erzeugten Hemmungen und Klemmer wurden durch die Wahl der falschen Patrone noch vermehrt. Die 8-mm-Lebel war die Standardpatrone des französischen Heeres. Sie war stark kegelförmig und bedingte deshalb ein fast halbkreisförmiges Magazin.

Da William Crozier sich geweigert hatte, das Lewis-MG für die US Army zu

Fusil Mitrailleur M'15 (Chauchat)

Kaliber: 8 mm Lebel
Gewicht: 9 kg
Länge: 1145 mm
Lauflänge: 470 mm
Effektive Schussentfernung: 1000 m
Ausführung: luftgekühlter Rückstoßlader mit Magazinzuführung
Feuergeschwindigkeit: 250 Schuss/min
Mündungsgeschwindigkeit: 700 m/sek
Herstellerland: Frankreich

beschaffen, mussten die ersten zwölf US-Divisionen, die 1917 in Frankreich eintrafen, tatsächlich ganz ohne MG auskommen. Die französische Regierung stellte 16 000 Chauchat im originalen Kaliber 8 mm Lebel bereit, um diesen Mangel auszugleichen. Das sorgte aber für logistische Probleme bei der Munitionsversorgung. Die nächsten 19 000 Stück, die man den Amerikanern auch noch verkaufen konnte, verschossen daher die randlose US-Patrone .30in (7,62 mm) M1906. Die so modifizierten Waffen trugen die Bezeichnung US-Maschinengewehr, Chauchat, Kaliber .30in M1918. Theoretisch war diese Umrüstung zwar eine Verbesserung, denn das halbkreisförmige Magazin konnte durch ein Kastenmagazin abgelöst werden. In der Praxis wurde alles aber nur noch schlimmer, denn die neue Patrone war viel stärker als die alte französische M1886 (dies war die erste rauchlose Patrone überhaupt, nur war die Technik inzwischen viel weiter) und belastete die Bauteile oft über jedes Maß.

DAS DARNE-MG

Kaum zu glauben, aber das Geld, das Frankreich für die Chauchats erhielt, wurde zum größten Teil in Lewis-MGs investiert. Diese wurden inzwischen in St. Etienne bei der alteingesessenen Firma R&P Darne gebaut, die im 19. Jahrhundert einen ausgezeichneten Ruf als Hersteller hochwertiger Sportgewehre erworben hatte. In der Führung hatte man aber die Zeichen der Zeit erkannt und im Jahr 1917 das Konzept für einen leichten Gasdrucklader mit Gurtzuführung vorgelegt. Dieser war einfach und billig – eine radikale Abkehr von der Zeit, als nur perfekte Waffen das Haus verließen. Zum Leidwesen der Soldaten sollte sich diese Praxis aber allgemein durchsetzen. Das Mitrailleuse Darne, Modèle 1918, wurde rasch eingeführt und jenseits der Grenze in der baskischen Hauptstadt Guernica gebaut. Dort konnte es noch billiger als in Frankreich hergestellt werden. Das Darne wurde zwar zu niedrigen Kosten und für niedrigste Anforderungen gebaut, war aber dank seiner hohen Feuergeschwindigkeit trotzdem sehr wirksam, besonders in der Luft. Es blieb bis 1930 bei der französischen Luftwaffe. Kurz vor dem Zweiten Weltkrieg wurde sogar eine verbesserte Version mit höherer Fertigungsqualität ins Auge gefasst. Das britische Heer zog sie in die engere Auswahl, entschied sich aber schließlich für das luftgekühlte Browning M2 als Standard-MG im Gewehrkaliber.

So erfolgreich das Darne-MG in der Luft war, so wenig war es für die Infanterie geeignet. Auch die französischen Generale wussten, dass ein modernes Heer ein wirksames leichtes MG brauchte. Die erste Alternative kam von Hotchkiss, im Prinzip eine abgespeckte Version des M'le14 mit den ursprünglichen Verriegelungsklappen anstelle des Verriegelungsrings des M'le09. Sein größter Nachteil war die 8-mm-Lebel-Patrone. Angeboten wurde das MG mit den inzwischen üblichen Hotchkiss-Munitionsstreifen oder mit einem oben liegenden „Bananenmagazin", das an das Madsen-MG erinnerte. Es hatte ein Zweibein (mit merkwürdigen Kufen) und einen scharf abgeschnittenen Rückstoßausgleicher, der auch als Mündungsbremse diente und die Waffe gegen die Aufwärtsbewegung des Laufs herunterdrücken sollte. Das funktionierte nie so recht, und das MG blieb erfolglos. Lediglich das griechische Heer ersetzte damit (aber als M1926 im wesentlich besseren Kaliber 6,5 mm x 54 Mannlicher) seine alten Gladiator-MGs.

DAS CHATELLERAULT 7,5 MM

Das französische Heer führte das Hotchkiss nicht ein, und die Firma gab danach den Bau von Automatikwaffen im Gewehrkaliber auf. Von nun an wurden die Handfeuerwaffen in staatseigenen Arse-

Fusil Mitrailleur M'24/29 (Châtellerault)

Kaliber: 7,5 mm M29
Gewicht: 9,25 kg
Länge: 1080 mm
Lauflänge: 500 mm
Effektive Schussentfernung: 1000 m
Ausführung: luftgekühlter Gasdrucklader mit Magazinzuführung
Feuergeschwindigkeit: 500 Schuss/min
Mündungsgeschwindigkeit: 825 m/sek
Herstellerland: Frankreich

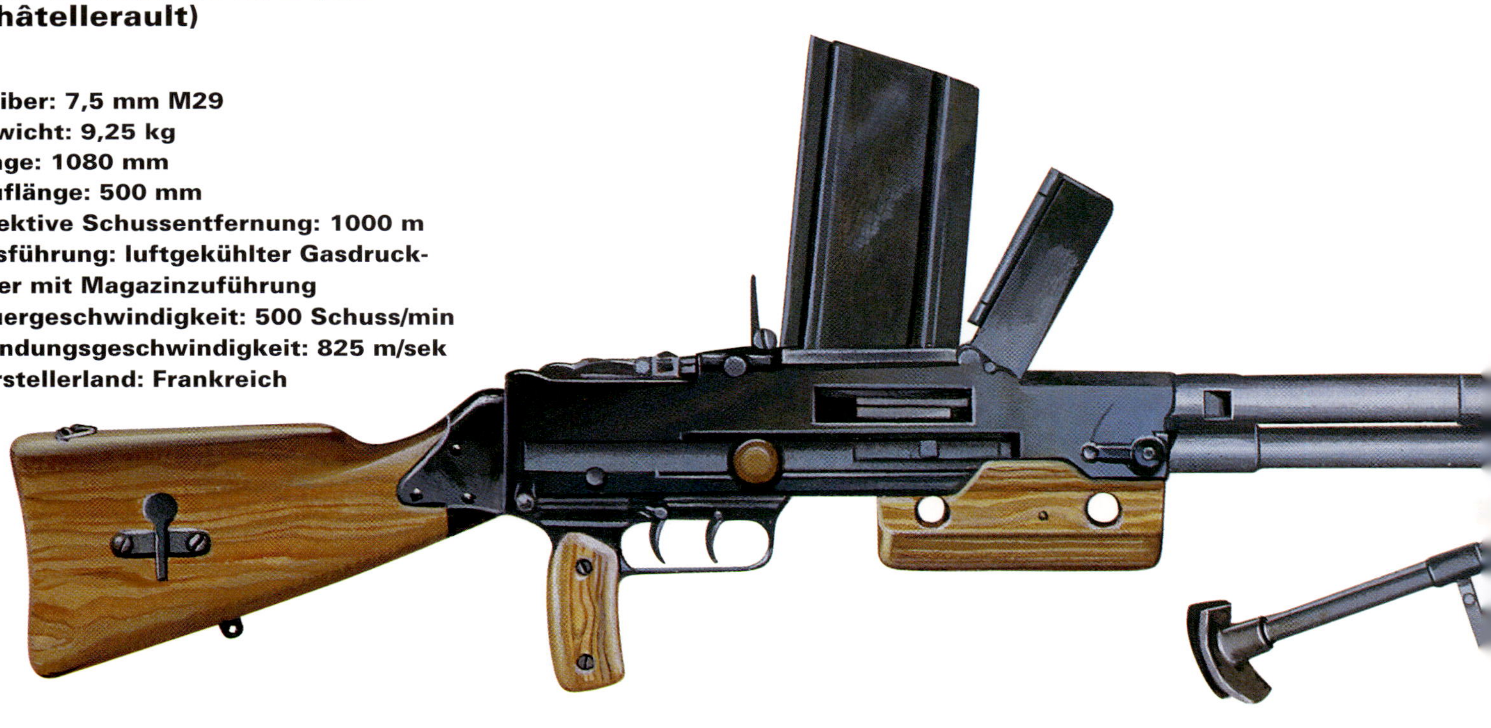

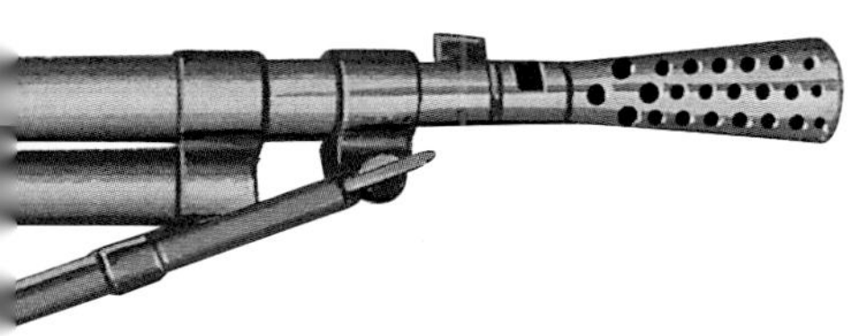

OBEN: Französische Truppen Anfang der 50er Jahre in Indochina mit dem Châtellerault. Das Gewehr MAS36 war kein schlechter Notbehelf zur Unterstützung.

nalen entwickelt. Dieser Zustand wurde erst mit der Privatisierung der Rüstungsindustrie im Jahr 1990 beendet. Statt des Hotchkiss entschied man sich dafür, von der überholten 8-mm-Lebel-Patrone mit Rand abzugehen. Man suchte eine Patrone mit höherer Leistung und günstigerer Form. Das Ergebnis ähnelte grob der randlosen 7,92-mm-Patrone, die das deutsche Heer 1888 eingeführt hatte, allerdings im Kaliber 7,5 mm. Diese Patrone wurde 1924 eingeführt, erwies sich aber als unzulänglich und wurde bereits fünf Jahre später durch eine Version mit kürzerer Hülse und einer 9-g-Ladung ersetzt. Die Mündungsgeschwindigkeit lag bei etwa 825 m/sek.

Die Entscheidung, ob nun zunächst ein Gewehr oder ein MG gebaut werden sollte, fiel etwas willkürlich, aber das vorhandene Dienstgewehr, das Berthier bereits 1882 konstruiert hatte und das später modifiziert wurde, funktionierte wenigstens, was man vom Chauchat nicht behaupten konnte. So fiel die Wahl auf das leichte MG. Nun war man in Frankreich selten bereit, auf eine vorhan-

Typ 96

Kaliber: 6,5 mm Arisaka
Gewicht: 9 kg
Länge: 1055 mm
Lauflänge: 555 mm
Effektive Schussentfernung: 1000 m
Ausführung: luftgekühlter Gasdrucklader mit Magazinzuführung
Feuergeschwindigkeit: 550 Schuss/min
Mündungsgeschwindigkeit: 730 m/sek
Herstellerland: Japan

OBEN: Das Taisho 11 Nen Shiki Kikanju (11. Jahr) war das erste leichte MG aus Japan. Man hatte ein Hotchkiss von Streifenmagazinen auf Trichter umgestellt. Das MG kam auch im chinesischen Bürgerkrieg zum Einsatz.

dene Lösung zurückzugreifen, wenn man auch eine neue entwickeln konnte, und ganz besonders, wenn diese Lösung aus dem Ausland kam. So entschied man sich, den Mechanismus des BAR zu nehmen, das kurz vor Kriegsende bereits in geringer Stückzahl beschafft worden war. Der wichtigste Unterschied zum BAR war die Lage des Magazins – nicht mehr unter, sondern auf dem Gehäuse. So konnte man im Gegensatz zum BAR, das mit dürftigen 20 Schuss auskommen musste, auch größere Magazine verwenden. Außerdem wurde das Gas näher bei der Mündung abgezapft, und der Kolben verfügte über einen Rückstoßdämpfer. Damit hatte die Waffe einen wesentlich sanfteren Mechanismus als ihr Vorbild.

Das neue MG erschien im Jahr 1924. Nach langwierigen Erprobungen entschied man sich, die Patrone M1924 zu ändern. Auch das MG wurde eingeführt und als Fusil Mitrailleur Modèle 1924/29 ausgegeben. Nach dem Arsenal, wo es entwickelt wurde, hieß es auch Châtellerault. Wie das BAR, dem es so ähnlich sah, blieb das Châtellerault bis in die 50er Jahre im Dienst. 1931 erschien eine Variante ohne den Gewehrkolben und mit einem 150-Schuss-Trommelmagazin, das links am Gehäuse saß. Es wurde speziell für die Verteidigung der befestigten Maginot-Linie gebaut, die sich von der Schweiz bis zur belgischen Grenze erstreckte. Leider konnte sie die Deutschen nicht abschrecken, die sie 1940 einfach umgingen. Das M'le31 wurde auch auf französischen Panzern eingesetzt. Als statische Verteidigungswaffe war es eine merkwürdige Wahl, denn ein MG wie das Châtellerault war doch nur begrenzt für Dauerfeuer geeignet.

DAS LEICHTE MG IN JAPAN

Nachdem die Japaner das Hotchkiss als leichtes MG der ersten Generation eingeführt, es später umfangreich modifiziert und auch noch produziert hatten, als es technisch längst überholt war, verwundert es nicht, dass sie bei der Wahl des Nachfolgers erneut auf Hotchkiss zurückgriffen. Sie wählten das M'le09 und führten es 1922 als 11 Nen Shiki Kikanju ein. Die wichtigste Modifikation betraf den Zuführmechanismus. Allerdings wurden die Streifen nicht verbessert, sondern man griff statt dessen auf eine merkwürdige und rückschrittliche Lösung zurück. Links am Gehäuse befand sich eine Trichterzuführung, in die bis zu sechs Laderahmen mit je fünf 6,5-mm-Patronen aus dem Arisaka-Gewehr geschoben werden konnten. Dort wurden sie durch einen schweren gefederten Hebel gehalten. Ein simpler Ratschenmechanismus, ausgelöst durch die Rückwärtsbewegung des Verschlussblocks, schob den untersten Laderahmen in den Zuführmechanismus, der eine Patrone nach der anderen entnahm und die verbrauchten Hülsen auswarf. Die Patronen wurden eingeölt, denn es gab keine Vorrichtung, die sie zunächst aus dem Ladungsraum hob. Das Verfahren war höchst problematisch, bot aber einen einleuchtenden Vorteil: Jeder Schütze konnte das leichte MG mit Munition laden, ohne Magazine oder Gurte füllen zu müssen. Leider wurde

dieser Vorteil durch die Schwächen des Systems zunichte gemacht. Trotz dieser Mängel blieb die Waffe bis 1945 im Dienst. Eine ähnliche Waffe, aber mit einem größeren Trichter für zehn Laderahmen, wurde als Typ 91 eingeführt und in die erste Generation der japanischen Panzer eingebaut.

Im Jahr 1936 tauschte Nambu – inzwischen als Nambu Rifle Manufacturing Co. im Geschäft – den Trichter gegen ein „Bananenmagazin". Benutzt wurde immer noch die 6,5-mm-Gewehrpatrone Meiji 30, obwohl vier Jahre zuvor bereits eine viel stärkere randlose Patrone im Kaliber 7,7 mm eingeführt worden war. Ansonsten änderte Nambu den Mechanismus nicht; jedoch wurden die Patronen jetzt beim Befüllen des Magazins eingeölt, wodurch die Waffe etwas leichter und einfacher wurde. Allerdings sorgte Nambu für schnell austauschbare Läufe, und die Waffe sah der tschechischen ZB vz26 und seinen Nachfolgern (einschließlich Kühlrippen) wie auch dem Vickers-Berthier (siehe unten) sehr ähnlich. Als schließlich 1939 in aller Eile eine Version für die 7,7-mm-Patrone (und zwar für die ebenfalls 1939 eingeführte verbesserte randlose Ausführung) herausgebracht wurde, waren einige der Mängel immerhin beseitigt. Mit dem Ausziehen gab es keine Probleme mehr, und die Hülsen mussten nicht mehr eingeölt werden. Das Haltesystem für den Lauf wurde ebenfalls überarbeitet und ähnelte jetzt viel mehr dem der tschechischen leichten MGs. Der Haltering verfügte über ein unterbrochenes Gewinde und wurde über eine simple Sperre gedreht. Die Waffe war insgesamt wesentlich besser, kam aber etwas zu spät. So wurden vom neuen leichten MG Typ 99 wesentlich weniger Exemplare gebaut als vom Typ 96.

Im Jahr 1937 wurde das 6,5-mm-Panzer-MG vom Typ 91 mit seiner unpraktischen Trichterzuführung durch eine detailgetreue Kopie des tschechischen ZB vz 26 ersetzt, ausgelegt auf die 7,7-mm-Halbrandpatrone. Allerdings gab es im Panzer kaum eine Möglichkeit, den Lauf zu wechseln. So lernten die übereifrigen Schützen recht schnell, wie leicht es ist, einen Lauf kaputtzuschießen. Auch die häufigen Unterbrechungen zum Wechsel der 30-Schuss-Magazine genügten nicht, um den Lauf zu kühlen.

DEUTSCHLAND NACH 1918

Wie bereits gesagt, wurde der Erste Weltkrieg offiziell mit dem Vertrag von Versailles beendet. Deutschland durfte nun keine neuen automatischen Waffen mehr entwickeln, und das stark reduzierte deutsche Heer durfte nur noch 792 mittlere und 1134 leichte MGs haben. Die Grenze wurde später auf 861 bzw. 1475 angehoben, aber zu dieser Zeit herrschte schon das Nachkriegschaos, und die Zahlen ließen sich kaum überprüfen. Dabei muss man berücksichtigen, dass nach dem Waffenstillstand 1918 etwa 30 000 MGs

Lehky Kulomet ZB vz30

Kaliber: 7,92 mm
Gewicht: 9,6 kg
Länge: 1160 mm
Lauflänge: 670 mm
Effektive Schussentfernung: über 1000 m
Ausführung: luftgekühlter Gasdrucklader mit Magazinzuführung
Feuergeschwindigkeit: 500 Schuss/min
Mündungsgeschwindigkeit: 800 m/sek
Herstellerland: Tschechoslowakei

an die Alliierten übergeben wurden. Selbst wenn man bedenkt, dass zahlreiche MGs bereits vorher erbeutet wurden, gibt es immer noch eine beträchtliche Diskrepanz, das heißt, dass „zahlreiche" inoffizielle MGs in Deutschland kursierten. Das bestätigte sich im Jahr 1945, als Zehntausende alter MGs aus dem Ersten Weltkrieg in den deutschen Arsenalen gefunden wurden. Zunächst sollte es aber noch knapp 15 Jahre dauern, bevor Deutschland ganz offen wieder aufrüstete. Aber auch in der Zwischenzeit wurde viel Entwicklungsarbeit geleistet, entweder geheim oder in Ländern, die bereit waren, das Verbot zu ignorieren, um sich an der Entwicklung zu beteiligen. Holland, die Sowjetunion, Schweden und die Schweiz taten sich besonders hervor, und der Bürgerkrieg in Spanien sollte später der Erprobung dienen. In Deutschland durfte nur Simson & Cie. aus Suhl, südlich von Erfurt, komplette MGs und Teile bauen. Allerdings wurden die Resultate anderer Firmen oft als Arbeit der Simson-Werke ausgegeben.

Da man in Deutschland besonders bemüht war, ein echtes Einheitsmaschinengewehr zu entwickeln, sozusagen einen Nachfolger für das aufgegebene MG16 aus Erfurt, tat sich auf dem Gebiet des leichten Maschinengewehrs dort nicht allzuviel. Trotzdem wurden einige mehr oder weniger erfolgreiche leichte MGs entwickelt. Die besten stammten von deutschen Ingenieuren, die im Ausland arbeiteten, besonders in der Schweiz. In Solothurn verschaffte sich Rheinmetall mit der Waffenfabrik Solothurn AG ein wichtiges Standbein. Die Fabrik hatte anfangs Uhren gebaut und sich kurz nach dem Ersten Weltkrieg auf die Herstellung von Waffen konzentriert. Rheinmetall übernahm Solothurn im Jahr 1929 und begann sofort, eigene Konstruktionen, insbesondere MGs, in kleiner Serie zu bauen. Rheinmetall war bereits zuvor mit der österreichischen Firma Steyr eine Verbindung eingegangen (und hätte Steyr beinahe gekauft) und hatte sogar ein Konstruktionsbüro in Moskau. Dort beschäftigte man sich aber eher mit Artilleriegeschützen und -munition. Als die Nationalsozialisten 1933 an die Herrschaft kamen, spielte Deutschland wieder eine aktivere – und bedrohlichere – Rolle im europäischen Geschehen. Rheinmetall, das kurz darauf mit dem Maschinen- und Lokomotivenbauer Borsig fusionierte, war ganz besonders als Entwickler und Lieferant von Waffen aller Art geeignet.

RECHTS: Das ZB vz26, hier Anfang der 30er Jahre beim tschechischen Heer, war das erste einer Reihe höchst erfolgreicher leichter MGs.

DAS RHEINMETALL MG13

Im vorigen Kapitel sind wir kurz auf das fast gescheiterte Dreyse-MG10/MG15 und die noch seltenere Muskete eingegangen. Das MG13 wird oft als Umbau der alten Dreyse-MGs aus dem Ersten Weltkrieg bezeichnet, aber es gibt keinen Beweis für diese Annahme. Zum einen entwickelte Rheinmetall diese Waffen tatsächlich weiter, und zwar zu dem Modell, das beim deutschen Heer als MG14 bezeichnet wurde, ein wassergekühltes mittleres MG mit dem von Schmeisser entwickelten Fallblock, eine aufschießende Waffe. Dieses MG wurde 1929 noch im Handel angeboten. So hätte es keinen Sinn gegeben, ältere und weniger wirksame Waffen zu übernehmen. Die Verwirrung rührt vielleicht daher, dass die „neue" Waffe eine Bezeichnung trug – MG13 – die auf eine ältere Herkunft hindeutet. Es kann aber auch sein, dass es sich um einen Verschleierungsversuch gehandelt hat, um die Alliierte Kontrollkommission zu überzeugen, dass es sich um eine alte

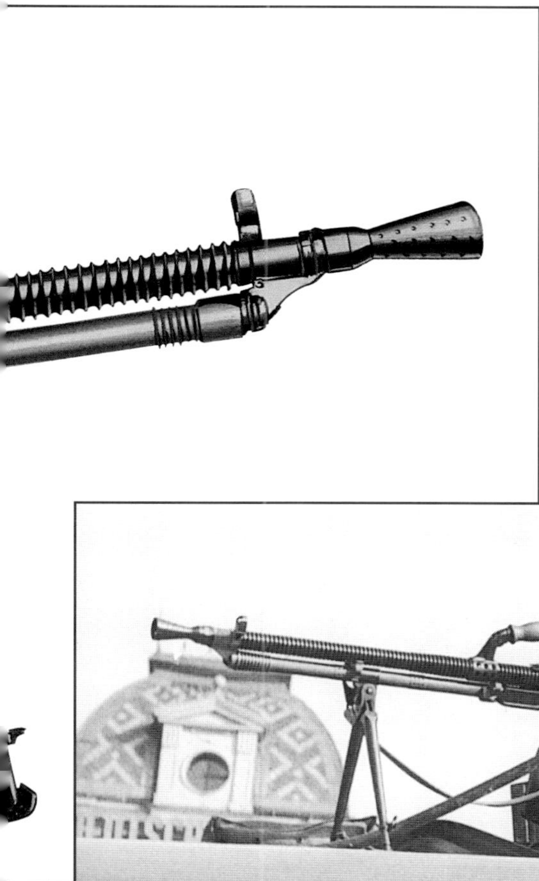

Konstruktion handelte, die nicht unter die Bestimmungen des Versailler Vertrags fiel. Dieses MG war viel leichter als die anderen, von Anfang an luftgekühlt mit einem perforierten Laufmantel und einem Rohr als Schulterstütze, das zusammengeklappt werden konnte und dann seitlich am Gehäuse anlag. Die Munition wurde zunächst über ein Magazin und nicht über einen Gurt zugeführt; zuerst gab es ein horizontales Kastenmagazin mit 25 Schuss, später eine Doppeltrommel oder Satteltrommel. Dieses Magazin war ursprünglich für das MG15 (siehe unten) entwickelt worden und kam auch beim MG34 zum Einsatz. Das MG13 war für ein Zweibein ausgelegt. Die Halterung konnte entweder an der Mündung oder aber in der Nähe des Gehäuses angebracht werden. Als der leichte Dreifuß 34 mit ausziehbaren Beinen entwickelt wurde, konnte er auch mit dem MG13 benutzt werden; allerdings mit dürftigem Resultat. Wenn die Beine voll ausgezogen waren, zum Beispiel für die Flugabwehr, musste ein zweiter Mann im Dreibein knien und es herunterdrücken. Die wesentlich schwerere starre Lafette 34, die für das MG34 entwickelt worden war, kam nie mit dem MG13 zum Einsatz. Wie bei den Dreyse-MGs konnte der Lauf ausgetauscht werden, aber nur sehr umständlich durch das Gehäuse. Das MG13 hatte einen Doppelabzug; der Druck auf die obere Hälfte sorgte für Einzelfeuer, während der Druck auf die untere Hälfte eine Stange betätigte, die den Stollen löste und für echtes Dauerfeuer sorgte.

Alle diese Faktoren qualifizieren das MG13 zweifellos als leichtes MG. Es war tatsächlich eine tragbare automatische Waffe für die Feuerunterstützung bei Sturmangriffen. Für die Rolle des mittleren MG, Dauerfeuer aus befestigten Verteidigungsstellungen, war es hingegen nicht geeignet. Dabei hatte es theoretisch die gleichen ballistischen Eigenschaften wie die schwereren MGs, denn es verschoss die gleiche Munition und hatte einen fast identischen Lauf. Das MG13 wurde zunächst bei der wieder erstarkten Wehrmacht eingesetzt, musste aber bald dem Einheitsmaschinengewehr der ersten Generation, dem MG34, weichen. Es wurde nur im Rheinmetall-Werk in Sömmerda gebaut. Von gewissem Interesse ist es hier, weil es von Simson & Cie. in Suhl auch anderen Kunden (unter anderem der US-Regierung) als eigenes Produkt angeboten wurde. In Solothurn wurde es nie gebaut, obwohl die dort entwickelten Waffen einige Elemente dieser Konstruktion aufwiesen.

DIE WAFFEN AUS SOLOTHURN

Die erste Waffe, die in Solothurn gebaut wurde, war eine Maschinenpistole mit Masseverschluss. Sie wurde gemeinsam

LINKS: Die Wehrmacht übernahm gern das ZB vz26 (wie viele andere tschechische Waffen und Fahrzeuge) und führte es als MG26(t) ein.

OBEN: Das MG08/15 war, wie die Bezeichnung sagt, ein zum leichten MG umgerüstetes Maxim. Zu diesem Zweck erhielt es Zweibein, Pistolengriff und Schulterstütze.

mit Steyr auf der Grundlage einer Konstruktion von Hugo Schmeisser entwickelt. Die MP18/1 und MP28/II wurde zunächst als S1-100 und dann als MP34 angeboten. Sie war auch mit einem längeren, schwereren Lauf und Zweibeinhalterung als leichtes MG erhältlich. Dabei verschoss sie Pistolenmunition wie die 7,63 mm Mauser und diverse 9-mm-Patronen. Als nächstes erschien dann ein echtes leichtes MG, das Louis Stange in Sömmerda entwickelt hatte und das zunächst als Söda oder Rh29 bezeichnet wurde. Als das Projekt nach Solothurn übertragen wurde, erhielt es die Bezeichnung S2-200, wurde aber dort nie in größerer Zahl produziert. Das Werk in Solothurn war nämlich klein und diente hauptsächlich der Entwicklung – die Produktion erfolgte dann bei Steyr in Österreich. Das S2-200 arbeitete nach dem Prinzip des kurzen Rücklaufs. Lauf und Verschlussblock wurden durch einen Ring verriegelt (ähnlich dem von Bénét in dem französischen M'le09 benutzten Verriegelungsring, allerdings in viel effektiverer Form mit einem unterbrochenen Gewinde) und liefen zusammen über die Entfernung von 19 mm zurück. Dabei erfolgte die Entriegelung; der Verschluss wurde freigegeben, lief weiter zurück und setzte den Mechanismus in Gang, während der Lauf in Feuerstellung ging. Dank des geringen Gewichts der beweglichen Teile und einer kräftigen Schließfeder konnte eine sehr hohe Feuergeschwindigkeit von 800 Schuss pro Minute erreicht werden. Eine solche Geschwindigkeit ist aber bei einer Waffe dieser Art kaum empfehlenswert. Stange wusste das auch und baute einen Doppelabzug ein, der für eine Feuerwahl sorgte und direkt vom MG13 übernommen wurde. Die Munition saß in einem Kastenmagazin für 25 Schuss waagerecht links am Gehäuse. Der Lauf ließ sich durch eine Methode wechseln, wie wir sie in ähnlicher Art bereits vom Dreyse-MG her kennen. Der Kolben mit der Schlagfeder und deren Führung ließ sich durch eine einfache halbe Drehung vom Gehäuse lösen; der mit dem Verschluss verriegelte Lauf wurde von hinten in das Gehäuse eingeschoben. Auf die gleiche Art konnte er auch aus dem Gehäuse gezogen und ausgetauscht werden. Man nimmt an, dass zwischen 1930 und 1935 etwa 5000 S2-200 gebaut wurden, bevor die Produktion eingestellt wurde. Es wurde in Österreich und Ungarn eingeführt, und zwar im längst überholten Kaliber 8 mm x 56 mit Rand. Der Großteil dieser Waffen wurde später auf die deutsche Standardpatrone umgerüstet, was nicht weiter schwierig war, da diese Patronen fast das gleiche Maß hatten. Gleichzeitig wurde das gebogene Magazin der Erstausrüstung gegen das Magazin des MG13 ausgewechselt.

MG15 UND MG17

Das S2-200 war selbst nicht besonders wichtig, eher schon die von ihm abgeleiteten Waffen, besonders das MG15 und das MG34. Das erstere wurde auch in Solothurn für den Einsatz in Flugzeugen entwickelt und hatte die gleiche Verriegelung wie das S2-200. Es war aber etwas einfacher aufgebaut – es gab beispielsweise keine Vorrichtung für Einzelfeuer. Ein Rückstoßverstärker an der Mündung sorgte für eine noch höhere Feuergeschwindigkeit. Es feuerte aus dem offenen Verschluss, um die Kühlung im Ladungsraum zu verbessern. Allerdings war die Synchronisierung mit einer solchen Waffe schwierig, denn es gab zwangsläufig eine Verzögerung zwischen dem Drücken des Abzugs und dem Beginn des Feuerns. So wurde das MG15 stets in einer beweglichen Halterung als

Waffe für den Beobachter benutzt. In seinen Anfangsjahren war es das bewegliche Standard-MG der Luftwaffe; später wurde es auch am Boden als leichtes MG eingesetzt, besonders nachdem es in der Luft durch das MG17 und das schwerere 13-mm-MG131 abgelöst worden war. Um mehr Munition bereitzustellen, wurde die Doppeltrommel mit 75 Schuss für das MG15 entwickelt, die später auch beim MG13 zum Einsatz kam. Es handelte sich um ein Sattelmagazin, im Prinzip zwei federgetriebene Trommeln mit einem Mechanismus, der dafür sorgte, dass sie abwechselnd zum Einsatz kamen, um das Gewicht auf beiden Seiten stets möglichst gleich zu verteilen. Die Doppeltrommel war aber kein richtiger Erfolg, denn sie war schwer und ließ sich in einem engen Flugzeugcockpit nur schlecht wechseln. Dazu benötigte sie ein spezielles Füllgerät, das beide Federn gleichzeitig aufzog. Während des Zweiten Weltkriegs wurden die meisten MG15 aus den Flugzeugen entfernt und an die Bodentruppen ausgegeben. Zu diesem Zweck erhielten sie einen primitiven Kolben aus Stahlrohr oder eine Halterung für den Dreifuß 34 in der Rolle als leichtes Fla-MG. Das MG15 wurde auch in Lizenz in Japan gebaut, ab 1938 für das Heer als Typ 98, und ab 1941 für die Marine als Typ 1. Beide waren scheinbar auf das Kaliber 7,92 mm x 57 ausgelegt, eine recht ungewöhnliche Tatsache, denn die japanische Standardpatrone hatte das Kaliber 7,7 mm.

Ein im Prinzip ähnliches MG, aber etwas schwerer gebaut, war das MG17. Es unterschied sich in erster Linie durch die Gurtzuführung. Der einzige andere Unterschied war die Möglichkeit der Synchronisierung beim MG17. Der Verschluss wurde ganz konventionell durch den Abzug freigegeben; der Schlagbolzen aber wurde erst über einen Synchronisationsimpuls ausgelöst, der über Nocken und Stößelstangen vom Flugzeugtriebwerk gegeben wurde. Die theoretische Feuergeschwindigkeit lag noch höher als beim MG15 – etwa 1200 Schuss pro Minute – und die MGs wurden oft zu Zwillings- und Vierlingsgeschützen kombiniert, sowohl in der Luft als auch am Boden als leichtes Fla-MG. Das ebenfalls bei Rheinmetall, aber wahrscheinlich in Deutschland und nicht in der Schweiz entwickelte MG131 hatte auch den so genannten Solothurn-Verschluss. Dazu kam ein Beschleuniger, wie er in ähnlicher Form auch beim MG13 eingebaut wurde. Das MG131 war speziell für die Verwendung in Flugzeugen konzipiert und wurde elektrisch abgefeuert. Deshalb hatte es spezielle Munition, und es wurde eine Reihe unterschiedlicher Abzugsvorrichtungen, sowohl mechanisch als auch magnetisch, entwickelt. Das MG131 war das Standard-MG der Luftwaffe im Zweiten Weltkrieg. Es wurde nicht nur in Deutschland gebaut, sondern auch in Brno (Brünn) in der Tschechoslowakei. Nach dem Krieg gab es einen erfolglosen Versuch, das MG als schweres MG für Bodentruppen für den Einsatz in Fahrzeugen einzusetzen.

UNTEN: Das MG08/15 war vielleicht nur eine Notlösung, wirksam war es trotzdem. Diese Waffe wurde noch 1939 beim Polenfeldzug benutzt.

Neben Rheinmetall gab es in der Zwischenkriegszeit nur eine weitere deutsche Firma, die sich an einem leichten MG versuchte. Technisch handelte es sich bei diesem MG um eine schwedische Konstruktion. Sie wurde Anfang der 30er Jahre in Stockholm von dem deutschen Ingenieur Hans Lauf entwickelt. 1935 übernahm der Berliner Bremsenhersteller Knorr-Bremse AG die Rechte an der Konstruktion und baute das Modell, aber anscheinend in miserabler Qualität. Das Knorr-Bremse Modell 35 ist wahrlich kein berühmtes MG. Sein größter Fehler war wohl die Konstruktion des Sicherungsriegels, der bei falscher Betätigung den Verschluss in Laderast hielt, ohne dass der Abzugsstollen einrastete. Wenn dann der Sicherungsriegel losgelassen wurde, feuerte die Waffe einen Schuss ab. Dieses Merkmal war für den Schützen höchst irritierend. Lauf hatte wohl die Absicht gehabt, eine Waffe zu konstruieren, die sich zu einem extrem günstigen Preis herstellen ließ, und das ist ihm zweifellos auch gelungen. Knorr-Bremse gelang es schließlich, ein paar Waffen zu Ausbildungszwecken an die Waffen-SS zu verkaufen. Diese gab sie an die „ausländischen" SS-Verbände weiter, deren Schicksal ohnehin nicht so ernst genommen wurde.

ANDERE MGs AUS DER SCHWEIZ

Rheinmetall war nicht die einzige Firma, die in der Zwischenkriegszeit in der Schweiz Waffen baute. Bei der Waffenfabrik Bern entwickelte der Schweizer Oberst Furrer ebenfalls ein leichtes MG. Es ist zwar unter seinem Namen bekannt, trägt offiziell aber die Bezeichnung Leichtes Maschinengewehr Modell 25. Der Mechanismus war eine genaue Kopie der Parabellum-Pistole, die Georg Luger vor dem Ersten Weltkrieg bei DWM in Berlin entwickelt hatte. Furrer drehte ihn einfach auf die Seite, sodass das Kniegelenk nach links und nicht nach oben einknickte. So musste das Kastenmagazin für 30 Schuss waagerecht an der rechten Gehäuseseite angebracht werden. Danach baute er die Waffe auf das Kombinationsprinzip aus Gasdruck- und Rückstoßlader um, wie es auch beim tschechischen vz37/Besa und den Rückstoßladern von Browning angewandt wurde. Damit sollte der gesamte Rückstoß für die Betätigung des Mechanismus genutzt werden, sodass der Schütze ihn kaum noch spürte. Furrer erreichte dieses Ziel, indem das Kniegelenk, das den Verschlussblock mit dem Lauf verriegelte, bereits schloss und der Abzugsstollen für den nächsten Schuss ausgelöst wurde, während der Verschluss noch nach vorn lief. Das verlangte eine sorgfältige, präzise Ausführung. So war die Waffe sehr angenehm zu bedienen, dafür aber entsprechend teuer in der Herstellung. Damit konnte sie trotz ihrer anerkannt hohen Qualität außerhalb der Schweiz kaum Kunden gewinnen.

Die Konstrukteure Kiraly (ein Exil-Ungar) und Ende arbeiteten in der Fabrik in Neuhausen am Rheinfall, die dem bekanntesten Schweizer Waffenhersteller gehörte, der Schweizerischen Industrie-Gesellschaft (SIG). Ende der 20er Jahre bauten sie ebenfalls ein leichtes MG, das KE7. Es handelte sich ebenfalls um einen Rückstoßlader, allerdings mit einem völlig konventionellen Mechanismus. Er feuerte erst, nachdem Lauf und Verschlussblock wieder in Feuerstellung waren. Das KE7 war mit weniger als 8 kg sogar leichter als das BAR. Deshalb war die Waffe bei Feuerstößen kaum zu kontrollieren. Zudem hatte sie nur ein Magazin mit 20 Schuss, was der Leistung auch nicht förderlich war. Da auf dem Markt wesentlich bessere leichte MGs angeboten wurden, verwundert es nicht, dass das KE7 kaum exportiert wurde, obwohl es sauber gefertigt und preisgünstig war und in einer reichen Auswahl an Kalibern angeboten wurde.

LEICHTE BRITISCHE MGs

Es ist bereits gesagt worden, dass in der Zwischenkriegszeit in Großbritannien bis auf wenige Ausnahmen kaum MGs konstruiert und entwickelt wurden. Bei den Vickers-Werken in Crayford arbeitete eine stark reduzierte Belegschaft daran, die letzten Class C aufzuarbeiten. Vickers

MG15

Kaliber: 7,92 Mauser
Gewicht: 12,7 kg mit Schulterstütze und Zweibein
Länge: 1335 mm
Lauflänge: 595 mm
Effektive Schussentfernung: über 1000 m
Ausführung: luftgekühlter Rückstoßlader mit Magazinzuführung
Feuergeschwindigkeit: 850 Schuss/min
Mündungsgeschwindigkeit: 755 m/sek
Herstellerland: Deutschland

OBEN: Das beste leichte MG im Zweiten Weltkrieg war die britische Version des tschechischen ZB vz26, das Bren. Hier ein Mark 1 der Durham Light Infantry 1944 in Frankreich.

versuchte auch, ein leichtes MG zu bauen, das das zu schwere Lewis ablösen sollte. Die Konstruktion stammte von dem Franzosen Adolphe Berthier. Er hatte sie Anfang der 20er Jahre entwickelt und die Rechte 1925 an Vickers verkauft.

Die Konstruktion war nichts Besonderes. Das Gas wurde in der Mitte des Laufs abgezapft und drückte auf den Boden eines Kolbens, der in einem Zylinder unter dem Lauf lief. Dieser Kolben drückte auf den Verschlussblock, kippte ihn an der Hinterseite nach unten und befreite ihn so aus seiner Rast oben im Gehäuse. Als Magazin kam ein oben liegendes „Bananenmagazin" zum Einsatz, wie beim dänischen Madsen oder beim Bren. Das Vickers-Berthier sah dem Bren ohnehin sehr ähnlich und stand auch in Konkurrenz zu ihm. Hätte es das Bren nicht gegeben, wäre das britische Heer wohl mit dem Vickers-Berthier als leichtem MG in den Krieg gezogen. Dafür wurde es beim indischen Heer (das zwar unter britischer Führung stand, aber von Delhi aus geführt wurde) als Maschinengewehr, .303in (7,7 mm), Vickers-Berthier, Indian Mark 3, eingeführt. Mark 1 und Mark 2 waren nur Prototypen. Das Mark 3 blieb bis 1947 im Dienst und wurde auch in England zur Ausbildung eingesetzt. Es war zuverlässig und brauchbar und wäre wohl mit etwas Entwicklungsarbeit dem Bren gewachsen gewesen.

EINE LANGATMIGE ERPROBUNG

Im Jahr 1922 fasste das britische Heer den Beschluss, das Lewis-MG zu ersetzen, und wählte einige leichte MGs aus, um sie über die folgenden Jahre zu erproben. Die ersten Erprobungen mit dem BAR, dem Madsen, dem Beardmore-Farquhar, dem Hotchkiss und dem Lewis brachten noch kein Ergebnis. Allerdings zeichnete sich bereits ab, dass das Browning der Favorit war. Das Beardmore-Farquhar war bereits im Ersten Weltkrieg konstruiert worden, aber erst Anfang der 20er Jahre bereit für die Erprobung. Der Konstrukteur Farquhar hatte auch ein Repetiergewehr gebaut, das im Vergleich zum SMLE, dem britischen Standard-Infanteriegewehr, erprobt wurde, aber nicht zum Zuge kam. Das Beardmore-Farquhar war eine ungewöhnliche Konstruktion. Der vom Gas getriebene Kolben drückte eine Feder zusammen, die als Verzögerungsmechanismus diente. Sie entriegelte den Verschluss erst, nachdem der Druck im Ladungsraum auf ein ungefährliches Maß abgesunken war. Der Mechanismus war sehr leichtgängig und die Waffe hatte eine eher niedrige Feuergeschwindigkeit, dafür aber auch ein geringes Gewicht. Zwei Jahre später jedoch, im Jahr 1924 wurde das Beardmore-Farquhar endgültig abgelehnt. In den drei folgenden Jahren traf das gleiche Schicksal auch das Châtellerault, das Furrer und einige weitere Waffen wie das McCrudden und das Erickson, die angesichts der übermäßigen Konkurrenz ohnehin keine Chance hatten. Die Entscheidung zur Ablösung des Lewis wurde um die Ablösung des Vickers Class C erweitert. Die Vorgabe war, dass das ausgewählte MG in der Lage sein müsste, die Funktionen der beiden aktuellen Standard-MGs des britischen Heeres zu erfüllen. So wurde am 30. Oktober 1930, nachdem die Entscheidung revidiert worden war, ein neuer Wettbewerb durchgeführt, an dem das BAR, das Madsen, das Vickers-Berthier, das Ke7, das Darne und ein Neuling aus der Tschechoslowakei, das ZB vz26, teilnehmen sollten. Das Darne kam schließlich zu spät zur Erprobung, und die Firma aus Brno schickte eine verbesserte Version, das ZB vz27. Als einziges MG in dieser Runde verschoss es nicht die britische 7,7-mm-Standardpatrone. Der Bericht fiel eindeutig zu Gunsten des tschechischen MG aus, das mit viel Begeisterung beschrieben wurde: „Durch und durch ausgezeichnet. Ich bezweifle, dass eine andere Waffe so viele Prüfungen bestanden und für so wenig Probleme gesorgt hat." Insgesamt hatte es 27 Prüfungen gegeben, unter anderem die berüchtigten Sand- und Schmutzprüfungen in Enfield, und die wahren Härtetests sollten erst noch kommen. Das Vickers-Berthier hatte die Prüfungen ebenfalls bestanden. Es wurde beschrieben als „vielversprechende Waffe, die aber noch detaillierter Überarbeitung bedarf." Die beiden MGs gingen in die letzte Runde, wo sie abgefeuert wurden und dann (heiß und ungereinigt) über einen längeren Zeitraum in Schlamm und Sand vergraben wurden. Nach einer nur oberflächlichen Reinigung mussten sie dann erneut schießen, um sich dann einem Dauertest über 10 000 Schuss zu unterziehen. Beide bestanden die Prüfung und unterzogen sich dann einer Präzisionsprüfung über 450 bis 2300 m und

LINKS: Für das Bren in der Rolle als Fla-MG, hier auf einer Zwillingslafette, wurde ein Trommelmagazin entwickelt. Das Magazin gab es auch bei der Infanterie, war dort aber nicht beliebt.

einem weiteren Dauertest über 30 000 Schuss.

In der Zwischenzeit waren die beiden Finalisten weiter entwickelt worden; das Vickers-Berthier erhielt zum Beispiel einen schwereren Lauf. Das tschechische MG verschoss nun die britische 7,7-mm-Dienstpatrone mit Rand anstelle der ursprünglichen 7,92 mm x 57. Allerdings hatte man noch nichts getan, um die Waffe an die Kordit-Treibladung der britischen Patrone anzupassen, die eine ganz andere Charakteristik hatte als die bislang verwendete Nitrozellulose. Diese Anpassung musste noch vorgenommen werden, und es spricht für die Qualität der Konstruktion, dass sie relativ problemlos umgestellt werden konnte. Diese Treibladungen unterscheiden sich ja völ-

Bren Mark 1

Kaliber: 7,7 mm
Gewicht: 10,25 kg
Länge: 1150 mm
Lauflänge: 635 mm
Effektive Schussentfernung: über 1000 m
Ausführung: luftgekühlter Gasdrucklader mit Magazinzuführung
Feuergeschwindigkeit: 500 Schuss/min
Mündungsgeschwindigkeit: 730 m/sek
Herstellerland: Großbritannien

lig in ihren Eigenschaften. Das war ja auch einer der Gründe, warum das Besa bei der Übernahme in seinem ursprünglichen Kaliber belassen wurde. Sowohl das Vickers-Berthier als auch das tschechische MG bestanden auch diese Prüfung, aber das letztere, inzwischen unter der Bezeichnung ZB vz30, erwies sich als überlegen. In der etwas merkwürdig formulierten Beurteilung der Prüfer war es „von so ausgezeichneter Verarbeitung und Materialqualität, dass man ihm weitere Aufmerksamkeit schenken sollte". Da fragt man sich, wie viel Aufmerksamkeit nach sechs Jahren und den härtesten Prüfungen wohl noch nötig gewesen sein soll. Das ZB vz30 wurde daraufhin weiterentwickelt. Gaskolben und Zylinder wurden um etwa 250 mm gekürzt, und auch die Dämpfung wurde verbessert. Diese Waffe wurde als ZB vz32 erneut vorgestellt.

Inzwischen schienen die Konstrukteure sich gefragt zu haben: „Wie gut können wir die Waffe noch machen?", und legten nicht weniger als 25 weitere Verbesserungen vor. Von dieser Waffe – inzwischen hieß sie ZB vz33 – wurden zwei Stück nach Enfield geliefert. Mit jedem Exemplar wurden über 200 000 Schuss abgefeuert, und erst nach 140 000 Schuss trat überhaupt ein Fehler auf. Im April 1934 fand ein weiterer Wettbewerb über 50 000 Schuss gegen das neueste Vickers-Berthier statt (das beim indischen Heer eingeführt worden war). Auch hier erwies sich das tschechische MG als überlegen, sodass es schließlich als neues leichtes MG beim britischen Heer eingeführt wurde. Das lange Erprobungs- und Auswahlverfahren war letztendlich durch die Qualität des Produkts gerechtfertigt, das auch heute noch als bestes leichtes MG überhaupt gilt. Ein großer Teil der Feinarbeit fand in der Royal Small Arms Factory der britischen Regierung in Enfield nördlich von London statt. Daher stammt auch der Name, den die Waffe später erhielt – „Br" für Brünn, wo es entwickelt wurde und „en" für Enfield, wo die letzte Feinarbeit geleistet wurde. Im Jahr 1937 wurde der Beschluss revidiert, sowohl das Vickers als auch das Lewis durch das Bren zu ersetzen. Das ZB vz53, das als Besa eingeführt wurde, löste schließlich das mittlere MG ab.

DAS UNVERGLEICHLICHE BREN

Das Bren war im wahrsten Sinne des Wortes unvergleichlich. Es stellte den Standard dar, an dem alle anderen gemessen wurden. Es handelte sich um einen absolut konventionellen Gasdrucklader. Das Gas wurde ca. 38 cm vor der Mündung aus dem Lauf abgezapft. Die Entfernung des Gaskanals zum Ladungsraum betrug entweder 18 oder 25 cm, denn die Waffe wurde mit zwei unterschiedlich langen Läufen geliefert. Das Gas lief durch einen einfachen Regler in einen Zylinder unter dem Lauf und wirkte dort auf einen Kolbenboden. Dieser Kolben wurde durch den Gasdruck zurückgeschoben. Die ersten 32 mm lief

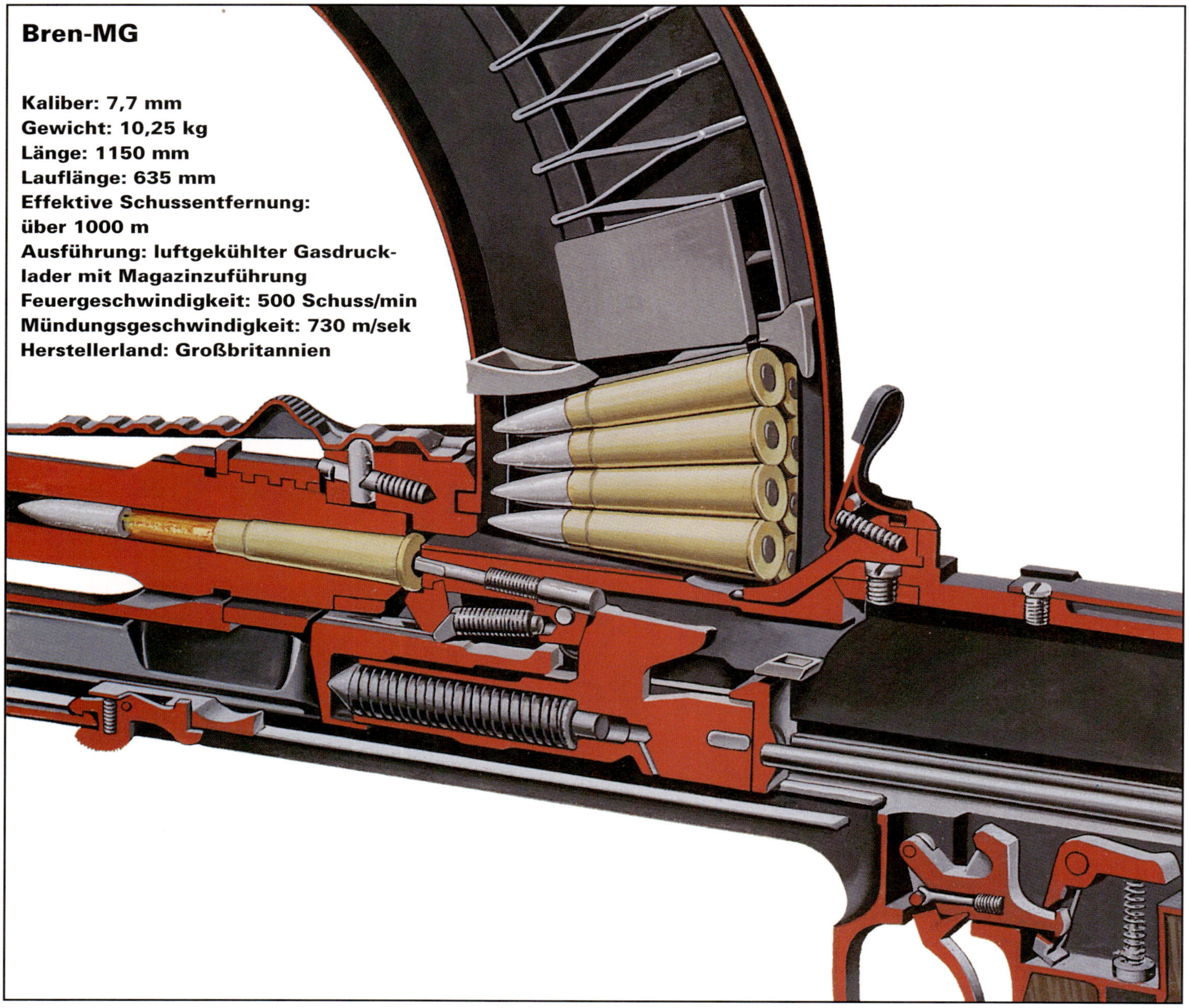

er „frei“ zurück. Das führte zu einer Verzögerung des Mechanismus, während der das Geschoss den Lauf verließ und der Druck – zunächst 2900 kg/cm^2 – auf ein sicheres Niveau absank. Untersuchungen am Prototypen ergaben, dass das Geschoss bereits 67,5 cm von der Mündung entfernt war, als die Entriegelung einsetzte, und ca. 4 m, als die Entriegelung abgeschlossen war. Sobald der Druck genügend abgesunken war, lief der Kolbenboden an Gaskanälen im Zylinder vorbei, durch die das Treibgas an die Luft entweichen konnte. Von diesem Punkt an wurde der Kolben von seinem eigenen Schwung fortbewegt.

Dieser freie Lauf wurde durch die Stange an der Rückseite des Kolbensystems erzeugt. Sie ragte in den Verschlussblock hinein und schob ihn dann nach hinten. Dabei saß sie in einem Schlitz im Verschlussblock. Die Länge dieses Schlitzes konnte während der Entwicklung noch verändert werden, um die Feineinstellung des Mechanismus zu ermöglichen. Die Rückseite dieser Stange war scharf unterschnitten und wirkte als Nockenbahn auf die abgewinkelte Rückseite des Schlitzes im Verschlussblock. Damit drückte sie ihn nach unten und schob den Block aus der Vertiefung im Gehäuse, die das Schloss darstellte. Dabei wurde gleichzeitig die verbrauchte Patrone ein Stück aus dem Ladungsraum geschoben. Der Verschlussblock war nun frei und konnte zurück laufen. Dabei zog er zunächst die verbrauchte Patrone ganz heraus. Sie fiel aus einer länglichen Öffnung in der Verlängerung des Kolbens und durch den Gehäuseboden. Dann drückte der Verschlussblock die Schließfeder im Kolben weiter zusammen. Da es sich um eine aus offener Verschlussstellung zuschießende Waffe handelte, war der Verschlussblock in dieser Stellung arretiert, solange der Abzug nicht gedrückt wurde oder der Wahlhebel auf Einzelfeuer gestellt war. Auf dem Weg zurück in die Feuerstellung nahm der Verschlussblock eine neue Patrone aus dem oben liegenden Kastenmagazin und führte sie unter dem Druck der Schließfeder in den Ladungsraum. Schließlich

RECHTS: Ein faszinierender Querschnitt durch das extrem präzise gebaute Bren Mark 2. Jedes Element ist gut zu erkennen.

schob der Kolben das hintere Ende des Verschlussblocks zurück in die Verriegelungsöffnung und verriegelte ihn dort. Dann wurde der Schlagbolzen wieder zur Achse des Ladungsraums ausgerichtet und war bereit, durch den Druck der Kolbenstange nach vorn gedrückt zu werden, während diese die letzten 3 cm des Rücklaufs vollendete. Danach fing der Zyklus von vorn an. Das Bren wurde ganz konventionell über einen einklappbaren, nicht zurückfedernden Hebel an der rechten Seite des Gehäuses gespannt.

Bei den ersten Waffen dauerte der gesamte Zyklus eine Zehntelsekunde, aber die theoretische Feuergeschwindigkeit der Serienmodelle wurde von 600 Schuss pro Minute auf 500 reduziert, später sogar auf 480. Die tatsächliche Feuergeschwindigkeit lag in der Praxis eher bei 120 Schuss pro Minute – vier volle Magazine. Dabei galt der Befehl, nach jedem zehnten Magazin den Lauf zu wechseln. Das war dank des Halterings

RECHTS: Nach der Anpassung an die randlose 7,62-mm-Patrone wurde das Bren auf ein Kastenmagazin umgestellt. Hier ein Exemplar eines indischen Soldaten im Krieg gegen Pakistan 1971.

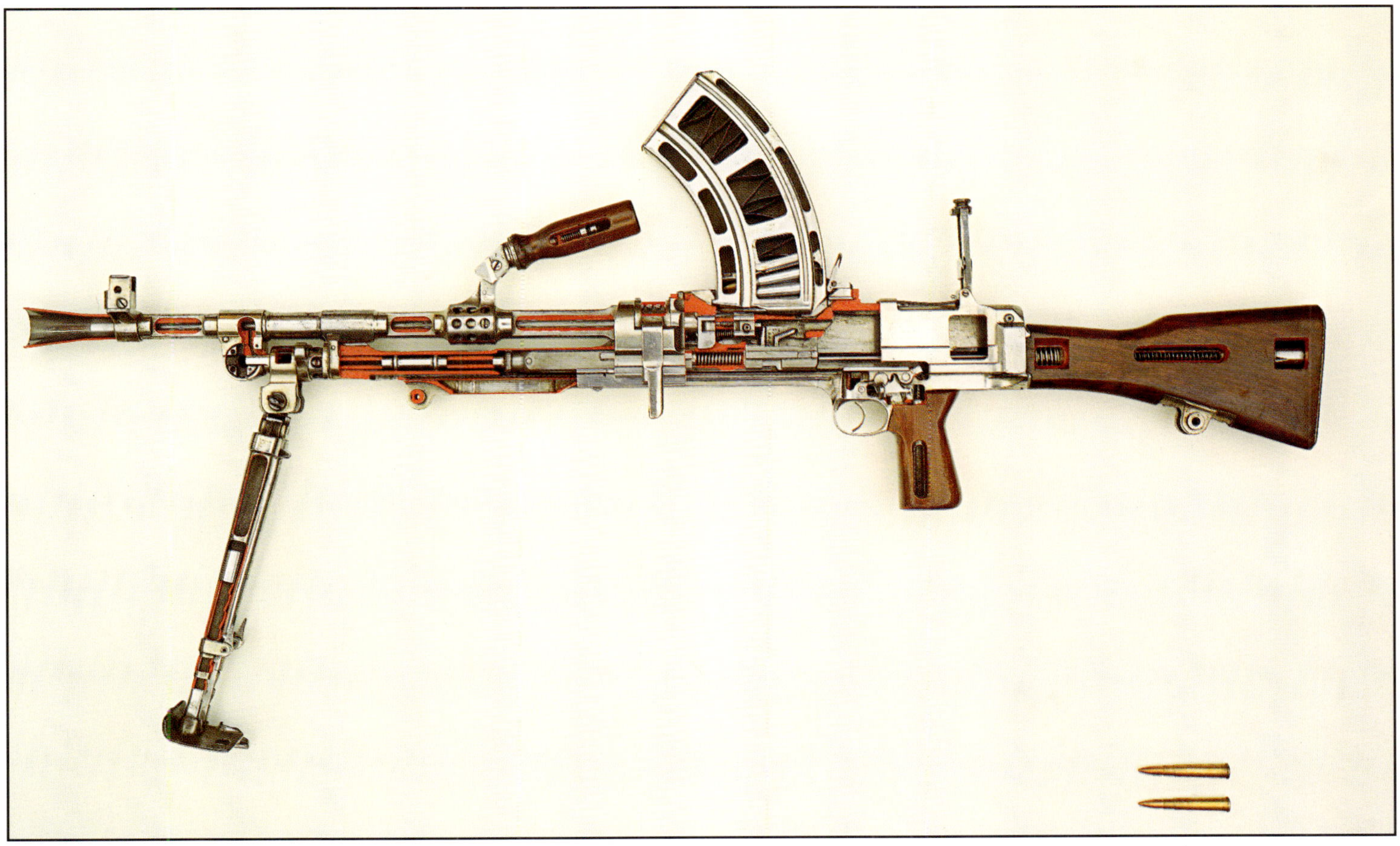

am Verschlussstück eine einfache Angelegenheit. Der Schütze löste die Sperre und drehte damit gleichzeitig den Ring um 90°. Dann konnte er den Lauf nach vorn herausziehen. Der Tragegriff ersparte ihm die Berührung heißer Metallteile. Ein eingespielter Trupp brauchte nur ein paar Sekunden dafür. Die Waffe konnte auch auf Einzelfeuer gestellt werden. Dabei rastete der Abzugsstollen in eine Vertiefung unten am Kolben ein und hielt ihn nach dem Rücklauf hinten fest, sodass das Verschlussstück offen blieb. Um den Rückschlag beim Abfeuern zu dämpfen, liefen das gesamte Gehäuse sowie der Lauf mit Kolben etwa 6 mm frei gegen einen Dämpfer zurück, der vor der Schließfeder im Kolben saß. So war die Waffe bei Automatik- und Einzelfeuer sehr präzise, und das trotz der systembedingten Nachteile einer zuschießenden Waffe. Die ersten Modelle hatten ein rundes Korn und einen hinteren Pistolengriff, der gegen den Kolben geklappt werden konnte. Die meisten Serienwaffen hatten aber konventionelle Standvisiere.

DIE PRODUKTION DES BREN

Vaclav Holek, der Konstrukteur des Bren, hatte als Werkzeugbaulehrling in der Zbrojwka-Fabrik in Brünn angefangen und brachte es dort bis zum Vorarbeiter. Er hatte keine richtige Ausbildung im Waffenbau, interessierte sich aber schon sehr früh für Maschinengewehre. Er baute mehrere Modelle und stützte sich dabei natürlich auf vorhandene Konstruktionen. Den Kippverschluss, den er in seine erfolgreichste Waffe einbaute, hatte er mit Sicherheit nicht erfunden. Aber Holek wandte ihn so an, dass er bessere Ergebnisse erzielte als jeder vor ihm. Vielleicht war es einfach Glück, vielleicht hatte er auch ein intuitives Verständnis für das Zusammenwirken der einzelnen Komponenten; wir wissen es nicht. Auf jeden Fall war seine Konstruktion so gut, dass sie beim neu aufgestellten tschechischen Heer eingeführt wurde. Von dort verbreitete sich ihr Ruf. Die lange verzögerte Produktion der vielmals modifizierten Waffe in England startete Ende 1934 mit der Herstellung der Originalzeichnungen in Zollmaßen anstelle der metrischen Einheiten, wie sie bei den Tschechen verwendet wurden. Dummerweise trat dabei ein Rechenfehler auf, und das Ergebnis war, dass das Magazin nicht die theoretische Ladung von 30 Schuss fassen konnte; bei 28 Schuss war Schluss. Diese Kalibrierung war im Januar 1935 abgeschlossen, und man konnte beginnen, die Werkzeuge und die zahlreichen Einstelllehren zu bauen. Für den Bau der Waffe wurden insgesamt 550 Stück benötigt, jede auf 0,0127 mm genau.

Die erste Waffe war im September 1937 fertiggestellt; bis zum Ende des Jahres waren es erst 42 Stück. Im Juli des folgenden Jahres hatte sich die Produktion dann bei 300 Stück pro Woche eingependelt. Im Juni 1940, als die Briten vom europäischen Festland vertrieben wurden, waren bereits mehr als 30 000 Stück produziert und ausgegeben worden. Nach der Flucht aus Dünkirchen hatten die Briten und ihre Alliierten aber nur noch etwa 2300 Stück. Im Jahr 1943 lag der Ausstoß in Enfield schon bei 1000 Stück pro Woche. Daneben wurde das Bren auch in Kanada und Australien gebaut, allerdings in geringerer Stückzahl. Die Kanadier bauten es auch für China im ursprünglichen Kaliber 7,92 mm. Das Bren hatte ein klappbares Zweibein, das in zwei Halterungen rechts und links am Gaszylinder einrastete. Es gab auch ein Dreibein für den Einsatz aus befestigten Stellungen. Darauf konnte das Bren auch zur Flugabwehr benutzt werden. Für diese Einsatzrolle wurde ein schnelles Trommelmagazin mit 100 Schuss entwickelt, das aber selten benutzt wurde, denn es war schlecht zu laden und ließ sich nur ungeschickt tragen. Das britische Heer führte das Bren in vier Versionen im Kaliber 7,7 mm ein. Zwei Versionen hatten den 63,5 cm langen Lauf, die beiden anderen einen kürzeren von 56,5 cm. Das Mark 1 (von dem nur wenige gebaut wurden) und das Mark 2 wogen etwas über 10 kg, während die kürzeren Mark 3 und 4 nur knapp über 8,7 kg wogen. So wie die Deutschen und die Engländer sich im Ersten Weltkrieg mit Maxim-MGs bekämpft hatten, setzten sie nun die

Besal Mark 2

Kaliber: 7,7 mm
Gewicht: 9,75 kg
Länge: 1185 mm
Lauflänge: 560 mm
Effektive Schussentfernung: 1000 m
Ausführung: luftgekühlter Gasdrucklader mit Magazinzuführung
Feuergeschwindigkeit: 600 Schuss/min
Mündungsgeschwindigkeit: 730 m/sek
Herstellerland: Großbritannien

leichten tschechischen MGs gegeneinander ein. Die Wehrmacht hatte nämlich das ZB vz26 und das ZB vz30 als MG26(t) und MG30(t) übernommen und an die Reserveeinheiten ausgegeben.

EINE LANGE KARRIERE

Das Bren-MG blieb bis zum Jahr 1971 in der Produktion. Anfang der 60er Jahre wurde es umgerüstet, nachdem Großbritannien wie die übrige NATO die randlose Patrone 7,62 mm x 51 als Ersatz für die fast 80 Jahre alte 7,7-mm-Patrone eingeführt hatte. Das neue Bren mit der Bezeichnung L4 konnte an seinem Magazin leicht von seinem Vorgänger unterschieden werden – ein Kastenmagazin mit zwei Reihen, ähnlich dem Magazin des ersten ZB vz26. Daneben gab es weitere innere Modifikationen. Die meisten stammten von dem Bren im Kaliber 7,92 mm, das Inglis in Kanada im Zweiten Weltkrieg gebaut hatte. Die Umrüstung war recht einfach – ein Verschlussblock kanadischer Bauart mit einem anderen Auszieher wurde eingebaut, und natürlich ein anderer Lauf mit Ladungsraum. Die neuen Läufe waren verchromt und wesentlich beständiger. Unter normalen Betriebsbedingungen mussten sie überhaupt nicht mehr ausgewechselt werden. Die neuen Magazine hatten die gleichen Verriegelungen wie ihre Vorgänger, sodass am Gehäuse überhaupt nichts geändert werden musste! Das am weitesten verbreitete L4A4 (im Prinzip ein umgebautes Bren Mark 3) hatte einen 53,5 cm langen Lauf, wog aber mit 9,5 kg mehr als die kurzen Waffen im Kaliber 7,7 mm. Mit der Einführung des Bren wurde die Entwicklung von leichten MGs in Großbritannien de facto eingestellt. Mitte der 50er Jahre gab es einen Versuch, aus dem Bren ein echtes Allzweck-MG zu machen. Dazu stellte man es auf Gurtzuführung um, und der Kolben trieb nun auch über eine drehbare senkrechte Welle den Zuführmechanismus an. Die Erprobungen zeigten aber, dass dieses X11 unter bestimmten Bedingungen (besonders bei starker Erhöhung, wenn die Energie nicht reichte, um den Gurt anzuheben) versagte. So entschied man sich für die Einführung des bereits fertig entwickelten FN MAG.

OBEN: Das leichte tschechische MG ZGB vz33, das dem britischen Heer zur Erprobung vorlag, ist der Vorläufer des Bren. Die 7,7-mm-Patrone mit Rand bedingt das gekrümmte Magazin.

EIN NOTBEHELF

Die Briten waren während der sechs Jahre des Zweiten Weltkriegs mehr als zufrieden mit ihrem Bren, lebten aber ständig in der Furcht, dass ein einziger Luftangriff die gesamte Produktion lahmlegen konnte, denn es wurde in England nur in Enfield gebaut. Daher entwickelten sie eine Alternative, die im schlimmsten Fall in jeder besseren Hinterhofwerkstatt gebaut werden konnte. Diese Waffe hieß zunächst Besa und wurde später, um Verwechslungen mit dem bereits eingeführten Besa zu vermeiden, nach ihrem Konstrukteur bei BSA, Faulkener, benannt. Sie war wesentlich simpler und sah dem Bren doch noch ähnlich, wie übrigens die meisten leichten MGs jener Tage: ein Gewehrkolben und ein Pistolengriff, ein stehendes Magazin und ein Gaszylinder unter dem Lauf. Dazu ein Zweibein direkt vor dem Gaszylinder und fertig ist das leichte MG. Gehäuse und Zylinder waren simple Pressstahlteile; die Abzugseinrichtung, mit der die Waffe wie das Besa gespannt wurde, war auf das Nötigste reduziert und nur auf Dauerfeuer ausgelegt. Kolben und Verschlussblock waren eher grob gefertigt; der letztere wurde aufgebohrt, um die Schließfeder aufzunehmen. Verriegelt wurde er mit Hilfe zweier Zapfen, die über eine Nockenbahn in Vertiefungen

Fucile Mitragliatore Breda Modello 30

Kaliber: 6,5 mm M95
Gewicht: 10,2 kg
Länge: 1230 mm
Lauflänge: 520 mm
Effektive Schussentfernung: 1000 m
Ausführung: luftgekühlter Rückstoßlader mit Magazinzuführung
Feuergeschwindigkeit: 450 Schuss/min
Mündungsgeschwindigkeit: 610 m/sek
Herstellerland: Italien

am Gehäuse gezwungen wurden. Trotz dieser primitiven Merkmale funktionierte das Faulkener überraschend gut. Es war bis zu einem gewissen Maß präzise und litt kaum unter Ladehemmungen. Es ging aber nie in die Serienproduktion, weil das Bren weiter produziert werden konnte.

DAS TSCHECHISCHE VZ52

Dies war nicht die einzige Weiterentwicklung, die diese erfolgreiche Konstruktion nach dem Krieg durchlief, und keineswegs die erfolgreichste. Man kann sich gut vorstellen, dass RSAF bei ernsthaften Bemühungen durchaus ein Allzweck-MG auf der Basis des Bren hätte entwickeln können; das Problem mit der Gurtzuführung hätte man sicher noch gelöst. In der Tschechoslowakei wurde eine stark modifizierte Version als Vz52 gebaut, und hier funktionierte die Gurtzuführung dank umfangreicher Überarbeitung. Beim Vz52 wurde das Gas viel näher zum Ladungsraum aus dem Lauf abgezapft: Das Geschoss lief nur knapp 18 cm, bevor der Zyklus begann. Daher musste die Verzögerung durch den freien Lauf der Kolbenstange im Verschlussblock um so größer sein. Der Verschlussblock war viel kleiner und leichter als beim Bren, und damit erhöhte sich die theoretische Feuergeschwindigkeit drastisch auf 900 Schuss pro Minute mit Magazin und sogar 1200 Schuss pro Minute mit Gurtzuführung. Das entsprach nun überhaupt nicht den bisherigen Erfahrungen, wonach die Munition beim Herausziehen aus dem Gurt mehr Reibung überwinden musste als beim Magazin. Allerdings gibt es für diese Erfahrung keine logische Begründung, und das Vz52 bewies ja, dass diese Regel so nicht stimmte. Der Zuführmechanismus war eine deutsche Konstruktion, die Heinrich von Wimmersperg vor dem Zweiten Weltkrieg entwickelt hatte, und er gilt im Allgemeinen als zuverlässig und wirksam. Er verfügte über ein simples Glockengelenk, das sich waagerecht bewegte und durch eine Rolle in seinem Fuß betätigt wurde. Diese Rolle lief in einer Nut, die in die Seite des Kolbens gefräst war. Die Bewegung des Gurtes selbst wurde durch zwei gefederte Umsetzhebel gesteuert.

LEICHTERE LADUNGEN

Im Detail ähnelt das System des Vz52 eher dem des Besa als dem des Bren, aber die Unterschiede zwischen den drei MGs sind wirklich minimal. Die schräge Fläche hinten am Kolben hat vorn einen quadratischen Einschnitt, der in den Verschlussblock einrastet und verhindert, dass er auf dem Weg in die Feuerstellung angehoben wird. Diese Einrichtung galt als der schlimmste Konstruktionsfehler des Bren, denn sie sorgte dafür, dass nach etwa 500 000 Schuss die Oberseite des Gehäuses völlig abgenutzt war. Der Verschlussblock des Vz52 wurde nur am hinteren Ende mit dem Gehäuse verriegelt (und vorn, wie beim Besa, mit der Laufverlängerung). So konnte man auf die Verriegelungsschienen verzichten, die oben am Gehäuse einrasteten. Möglich wurde dies durch die schwächere Ladung der Patrone 7,62 mm x 45 M52 im Ver-

und der Pistolenmunition. Das einzige andere Kaliber, in dem das Vz52 angeboten wurde, war für die russische Patrone 7,62 mm x 39 M43 (die Waffe hieß dann Vz52/57).

Die Waffe wurde genau wie das Besa durch das Zurückziehen der Abzugseinrichtung gespannt. Der Lauf hingegen wurde wie beim Bren gewechselt. Allerdings erfolgte die Vierteldrehung des Halterings über die Abdeckung der Magazinöffnung und nicht über einen separaten Riegel. Die Waffe konnte Einzel- und Dauerfeuer schießen, hatte aber keinen Wahlhebel wie das Bren, sondern einen „Doppelabzugsmechanismus“ wie das deutsche MG13. Der Druck auf die obere Hälfte löste den normalen Abzug aus, während der Druck auf die untere Hälfte im Prinzip das Gleiche bewirkte, aber auch in eine Verlängerung der Abzugsstange eingriff, die die Haltefunktion des Abzugsstücks außer Betrieb setzte.

UNTEN: Das sowjetische RPD war das leichte Standard-MG des Warschauer Pakts und seiner Satellitenstaaten. Es wurde Mitte der 50er Jahre eingeführt und Ende der 70er Jahre durch das RPK abgelöst.

gleich zu den 7,92- und 7,7-mm-Patronen des Bren. Die tschechische Patrone M52 war im Prinzip eine „mittlere“ Patrone, d. h. sie lag in ihrer Leistung zwischen der konventionellen Gewehrmunition

KNAPPE TOLERANZEN

Das Vz52 wog „nackt“ gerade einmal 8 kg. Einer der Gründe, weshalb Ceskoslovenska Zbrojowka das Gewicht so niedrig halten konnte, lag im sparsamen Einsatz von Material und engsten Toleranzen. Es galt stets als schwierig, die Waffe zu zerlegen, nicht nur weil die Teile so knapp saßen, sondern auch auf Grund der konstruktiven Änderungen beim neuen Modell. Die Waffe war auch sehr empfindlich gegen Dreck und Staub. Auf dem Schießstand zeigte sie hervorragende Ergebnisse, im Gefecht ganz das Gegen-

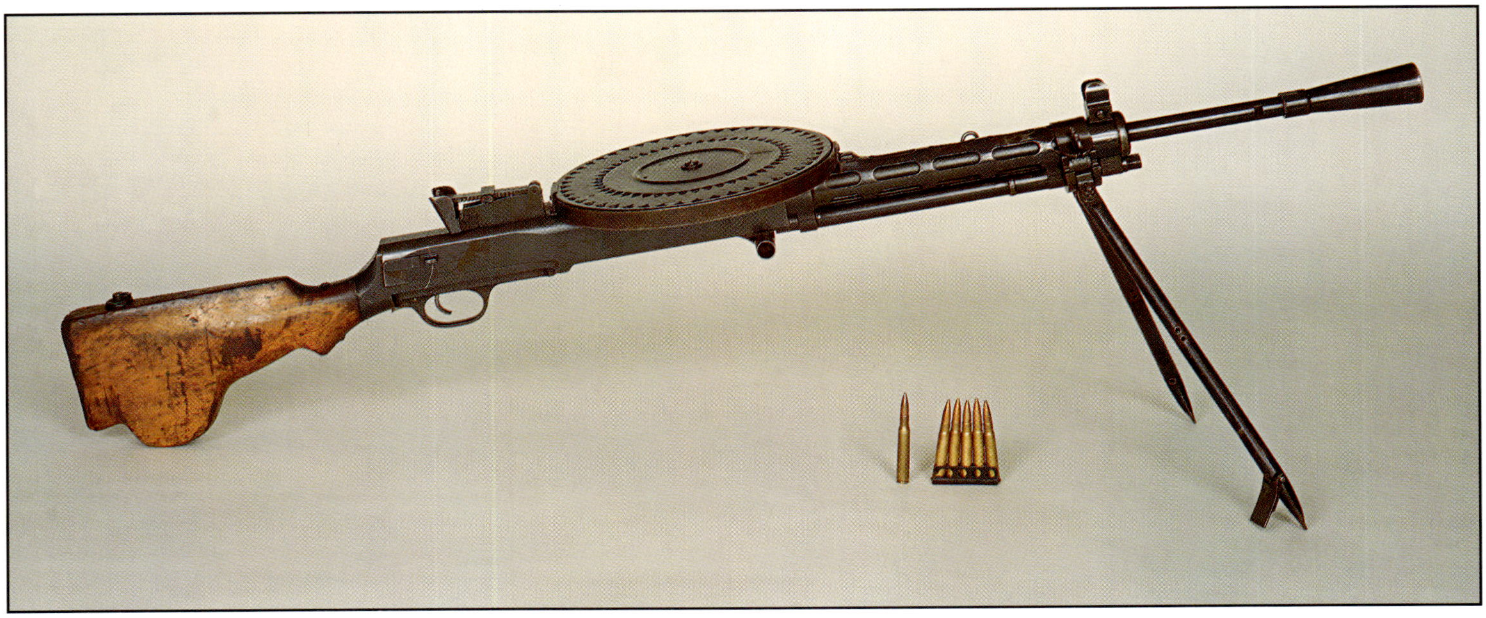

Oben: Das erste leichte MG von Degtjarew war das DP. Es erschien 1928 und blieb trotz einiger Mängel fast 20 Jahre lang im Dienst.

teil. Das Bren und seine tschechischen Gegenstücke hatten da keine Probleme. Wo das simple Bren immer weiter feuerte, kam es beim Vz52 bereits zu Ladehemmungen. Zum Teil lag das natürlich auch an der Munition, denn die mittlere Patrone hatte ganz bestimmte Nachteile, besonders ihre geringe Energie, sodass nicht nur das tschechische MG Probleme damit hatte. Aus dem Vz52 wurde später das einfachere Vz59 als Allzweck-MG entwickelt.

ANDERE LEICHTE MGs AUS EUROPA

In der Zwischenkriegszeit gab es in Italien zwei Versuche, ein leichtes MG zu entwickeln. Beide hatten ganz spezielle Eigenarten. Das erfolgreichere der beiden wurde von Breda gebaut, das sich inzwischen als Waffenhersteller etabliert hatte. Die Waffe wurde als Fucile Mitragliatori Breda Modello 30 im Kaliber 6,5 mm beim italienischen Heer eingeführt. Sie war nicht mehr als eine überarbeitete Version des Breda 5C. In den 20 Jahren hatte man zahlreiche Modifikationen an dieser Waffe vorgenommen. Der Rückstoßlader hatte wiederum die Probleme mit dem Ausziehen der Patronen, und man musste auf das überholte Einölen zurückgreifen. Die Waffe sah auch sehr merkwürdig aus. Die Abzugsgruppe war vom eigentlichen Gehäuse durch ein schmales Rohr getrennt, in dem ein simpler unverriegelter Verschluss hin und her lief. Das Kastenmagazin saß waagerecht rechts am Gehäuse. Es war nicht abnehmbar, konnte aber hochgeklappt und mit Hilfe von Ladestreifen gefüllt werden. Das war äußerst unpraktisch und sorgte im Gefecht für Nervosität, denn es war sehr zeitraubend. Dank eines einfachen Verriegelungsrings ließ sich der Lauf leicht wechseln. Allerdings hatte er keinen Tragegriff. Das zweite leichte MG entwickelte Alfredo Scotti, der meistens mit den Flugzeugherstellern zusammenarbeitete. Das System, das er entwickelte und sich patentieren ließ, war eine Kombination aus Gasdrucklader und Rückstoßlader. Das Gas wurde aus dem Lauf abgezapft, um den Mechanismus zu entriegeln, und der Restdruck im Ladungsraum schob den Verschluss nach hinten. In ihrer leichten Ausführung – wahlweise mit Gurt oder Trommelmagazin – war die Waffe nie erfolgreich, allerdings konnte das System sich später in schwereren MGs durchsetzen.

In Finnland arbeitete der Konstrukteur Aimo Lahti, der mit seinen Maschinenpistolen bekannt geworden war, in den 20er Jahren ebenfalls an einem leichten MG. Er baute den Rückstoßlader Automaattiki Lahtisaloranto Malli 26, außerhalb von Finnland als Lahti m/26 bekannt. Rückstoßlader galten inzwischen schon als überholt und waren sicherlich nicht so flexibel wie Gasdrucklader. Lahti ging aber sorgfältig vor und konnte ein echtes leichtes MG bauen, das ungeladen nur 8,6 kg wog. Die Munition kam aus einem Kastenmagazin zu 20 Schuss oder aus einem Trommelmagazin unterhalb des Gehäuses, wie man es von seinen Maschinenpistolen kannte. Das sowjetische RPK verfügte über eine fast detailgetreue Kopie dieses Systems. Das Lahti hatte einen schnell wechselbaren Lauf, allerdings musste der Verschluss mit ausgebaut werden. Im arktischen Klima Finnlands war so ein Verfahren unnötig kompliziert. Trotzdem wurde das Lahti beim finnischen Heer eingeführt und im Winterkrieg gegen die Sowjetunion 1939–1940 intensiv eingesetzt. Später wurde es allerdings durch sowjetische Waffen abgelöst. Lahti versuchte ohne Erfolg, die Waffe in modifizierter Form für Beobachter in Flugzeugen anzubieten. Er lieferte der Royal Air Force Waffen für eine Erprobung, an der auch das Darne teilnahm. Die Air Force aber entschied sich für das Browning. Mit einer Feuergeschwindigkeit von knapp über 500 Schuss pro Minute war das Lahti für diesen Zweck auch zu langsam.

EINE MEXIKANISCHE NEUERUNG

Wie später noch erläutert wird, sind die Funktionsweisen des Sturmgewehrs und des leichten MG im Prinzip fast identisch. Beide haben ihren Ursprung in Dänemark, denn das erste Madsen-MG erschien fast zeitgleich mit einem von Soren Bang entwickelten Selbstladegewehr. Allerdings hatten sie einen Rivalen, wo man ihn am wenigsten vermuten würde, nämlich in Mexiko. Um 1890 hatte der Artillerieoffizier Manuel Mondragon begonnen, mit einem Selbstladegewehr zu experimentieren, bei dem das Treibgas

über eine 1 mm starke Öffnung abgezapft wurde, die etwa 165 mm hinter der Mündung lag. In der kurzen Zeit, die das Geschoss für den Weg von dieser Öffnung bis zur Mündung brauchte, drangen Gase unter extrem hohem Druck (normalerweise 3000 at und mehr, je nach Treibladung) durch die Öffnung in einen Zylinder unter dem Lauf und wirkten auf den Boden eines Kolbens. Der Kolben wurde zurückgeschoben, drückte dabei eine Schraubenfeder zusammen, die seinen Schaft umgab, entriegelte den Verschluss und schob ihn zurück. Diese Längsbewegung wurde über eine Reihe von Steuerkurven im Verschluss, die auf ovale Zapfen im Spannhebel rechts am Gehäuse wirkten, in eine Drehung umgesetzt. Mit der Rückwärtsbewegung des Verschlusses wurde die Patrone ausgezogen und der Mechanismus gespannt. Dann ging der Verschluss wieder nach vorn und legte eine neue Patrone in den Ladungsraum ein. Um eine optimale Wirkung des Kolbens zu erzielen, erhielt er drei Ringe aus Kupfer. Im Sinne der größtmöglichen Sicherheit baute Mondragon nicht weniger als sieben Verriegelungszapfen ein, drei vorn am Verschlussblock und vier hinten.

Da keine Fabrik in Mexiko in der Lage war, eine derart komplexe Waffe mit den geforderten Toleranzen zu bauen, wandte sich Mondragon an SIG in der Schweiz. Wohl aus reinem Patriotismus führte das mexikanische Heer die Waffe (in arg begrenztem Umfang) als Fusil Porfirio Diaz Systema Mondragon, Modello 1908, ein. Porfirio Diaz war damals der mexikanische Präsident. Bis 1911 hatte Neuhausen 400 der 4000 bestellten Waffen zu einem Stückpreis von 160 SFr (etwa das Dreifache eines konventionellen Repetiergewehrs) ausgeliefert, als die Mexikaner ihren Irrtum einsahen und den Auftrag stornierten. SIG saß nun auf etwa 1000 Gewehren, die praktisch unverkäuflich waren. Die Waffen erhielten weitere Verbesserungen, unter anderem eine Vorrichtung für Dauerfeuer. Dafür gab es ein klappriges Zweibein und ein Magazin mit 20 Schuss (anstelle des Kastenmagazins mit 8 Schuss). SIG wandte sich an die Kriegsministerien verschiedener Länder, insbesondere in Berlin, London und Washington, blieb aber erfolglos.

OBEN: Beim DPM, der moderneren Variante des DP, sitzt die Schließfeder hinter dem Verschluss. Das Trommelmagazin war auf Grund der extrem kegelförmigen Form der 7,62-mm-Patrone mit Rand erforderlich.

Im Jahr 1915 hatte die Reichswehr endlich erkannt, dass sie für die aufstrebende Luftwaffe eine flexiblere Waffe brauchte – etwas zwischen dem Gewehr Mauser 98 und dem schweren MG08. Zu dieser Zeit gab es ja noch nicht die Synchronisierung, mit der ein fest eingebautes MG durch den Propellerkreis feuern konnte. Diesen Mechanismus entwickelte später der Holländer Anton Fokker. Just zu dieser Zeit fiel jemandem wieder das Angebot von SIG ein, und die Reichswehr kaufte den gesamten Bestand, sehr zur Überraschung und Freude der Schweizer. Für das Gewehr entwickelten die deutschen Ingenieure eine Version des übermäßig komplizierten Schneckenmagazins mit Uhrwerk von Tatarek und von Benkö, das für die „Artillerieversion" der Pistole P08 Luger konstruiert worden war (und auch bei der MPi Bergmann MP18/I, siehe Kapitel 4, zum Einsatz kam). Damit stieg die Kapazität auf 30 Schuss. Verwendet wurde die Patrone 7 mm x 57 Mauser. Die derart modifizierte Waffe hieß Flieger-Selbstladekarabiner Modell 1915, obwohl sie eigentlich erst 1917 fertig war. Die Flieger erhielten sie unter der Maßgabe, dass die Waffen vor und nach jedem Einsatz von einem erfahrenen Büchsenmacher zu prüfen waren. Trotzdem waren Ladehemmungen an der Tagesordnung. Das Mondragon blieb zwar erfolglos; das Prinzip war aber richtig. Das Abzapfen des Treibgases in der Nähe der Mündung und seine Wirkung auf einen Kolben wurde schließlich später oft kopiert.

RPK

Kaliber: 7,62 mm M1943
Gewicht: 4,75 kg
Länge: 1040 mm
Lauflänge: 590 mm
Effektive Schussentfernung: 800 m
Ausführung: luftgekühlter Gasdrucklader mit Magazinzuführung
Feuergeschwindigkeit: 600 Schuss/min
Mündungsgeschwindigkeit: 730 m/sek
Herstellerland: Sowjetunion

DAS LEICHTE MG VON MENDOZA

Die Geschichte des Mondragon führte zwar in eine Sackgasse, aber sein Erfinder wird wohl zu Unrecht etwas unterschätzt. Es gelang ihm aber, die Produktion von Handfeuerwaffen in Mexiko anzukurbeln, und er ermöglichte so die Arbeit des begabten Rafael Mendoza, der ab Anfang der 30er Jahre Chefkonstrukteur bei der Fabrica de Armas Nationales, dem nationalen Arsenal also, war. 1933 baute er ein leichtes MG, das Fusil Ametrallador Mendoza Modello B, im Kaliber 7 mm x 57 Mauser. Er kombinierte dabei Ideen von Lewis (den Verschluss) und Hotchkiss (Gaszylinder und Kolben), die er um ein bemerkenswert leichtes Gehäuse gruppierte. Die Munitionszuführung war eine Eigenentwicklung. Die Feuergeschwindigkeit war eher niedrig, durchaus zum Vorteil der Waffe. Nachteilig war allerdings die bescheidene Kapazität des Magazins von nur 20 Schuss. Das MG war aber billig und zuverlässig und blieb bis etwa 1945 beim mexikanischen Heer. Abgelöst wurde es von einer Version für die US-Patrone .30-06 (7,62 mm), die ansonsten keine weiteren Änderungen aufwies. Die gleiche Munition verschoss auch eine Waffe, die technisch zwar der Nachfolger des Modello 45 war, aber ganz andere Merkmale aufwies. Sie war so leicht, dass sie schon fast ein Schnellfeuergewehr war. Dieses Modello RM2 aus den frühen 60er Jahren hatte einen entscheidenden Nachteil: Die Auswechselvorrichtung für den Lauf war dem Streben zur Gewichtsreduzierung zum Opfer gefallen. Wie bei dem belgischen FN FAL, das das britische Heer eingeführt hatte, war der Kolben hinter dem Pistolengriff abklappbar und wurde mit Hilfe eines simplen Stifts am Gehäuse verriegelt. So war die Waffe einfach zu zerlegen. Allerdings kam sie zu einer Zeit, als das Sturmgewehr längst seine Rolle übernommen hatte, und so verließen nur wenige Exemplare ihr Herkunftsland.

DIE SOWJETISCHEN DEGTJAREWS

Im vorigen Kapitel wurde beschrieben, wie Degtjarew in den 20er Jahren in der Sowjetunion ein mäßig erfolgreiches leichtes MG gebaut hatte, bei dem er das Verriegelungssystem von Friberg und Kjellman übernommen hatte. Das Rutschnoi Degtjarewa Pachotnij (im Westen als DP bekannt) war eine simple, konventionelle Konstruktion ohne jede Extravaganz. Schließlich war eine Forderung, dass ein ungelernter Maschinenarbeiter in einer einfachen Werkstatt das MG bauen konnte. Beim DP wurden die Stützklappen, die den Verschluss verriegelten, durch das Profil des Schlagbolzens aus den Vertiefungen im Gehäuse gezwungen. Die Entriegelung erfolgte durch einen mit dem Gaskolben verbundenen Schlitten, der den Schlagbolzen nach hinten schob, worauf der Verschluss zurücklaufen konnte. Das MG, eine aus offener Verschlussstellung zuschießende Waffe, konnte nur Dauerfeuer schießen. Der Verschluss wurde durch das Abzugsstück gehalten. Wenn der Abzug gedrückt wurde, ging er unter dem Druck der Schließfeder in Feuerstellung, nahm eine Patrone 7,62 mm x 54R aus dem oben liegenden Tellermagazin zu 49 Schuss und schob sie in den Ladungsraum. Der größte Fehlgriff des DP war die Munitionszuführung, was aber hauptsächlich an der Charakteristik der Patrone mit Rand lag. Dagegen konnte Degtjarew nichts tun; es gelang ihm aber, Klemmer im Magazin durch die Reduzierung der Kapazität auf 47 Schuss auszuschalten. Man stellte außerdem fest, dass die unter dem Lauf liegende Schließfeder bei Hitze nicht mehr funktionierte. Hier genügte es aber, Löcher in den Laufmantel zu bohren. Es gab auch eine Panzer-MG-Version mit schwererem Lauf und größerem Magazin und einer ausfahrbaren Schulterstütze. Der größte Mangel beim DP war wohl

die Befestigung des Laufs. Der Lauf konnte zwar im Feld gewechselt werden, aber das Verfahren war alles andere als einfach. Im Jahr 1940 wurde die Befestigung überarbeitet, sodass der Lauf nun einfacher und schneller gewechselt werden konnte. Man brauchte aber immer noch einen Schlüssel, um die Verriegelungsmutter um eine Vierteldrehung zu lösen. 1944 überarbeitete Schilin mit einigen Kollegen die Waffe erneut und verlegte die Schließfeder hinter den Verschluss. Sie saß nun in einem zylindrischen Gehäuse, das hinten aus der Waffe ragte. Außerdem erhielt das MG einen Pistolengriff, weil es nicht mehr möglich war, den kurzen Kolben mit einem Quergriff zu halten. Diese Waffe erhielt die Bezeichnung DPM (für „modernisiert") und wurde in großer Stückzahl auch in der Volksrepublik China hergestellt, dort als Typ 53.

EINE KLASSISCHE KOMBINATION

Das DPM wurde schnell durch das mäßig erfolgreiche RPD mit Gurtzufuhr abgelöst. Dieses verschoss die neue „mittlere" Patrone M1943 im Kaliber 7,62 mm kurz. Dessen Nachfolger wiederum war eine wesentlich bessere Waffe; sie basierte auf dem Drehkammerverschluss, den Michail Kalaschnikow für sein AK-47 (siehe Kapitel 5) entwickelt hatte.

Diese neue Waffe, das Rutschnoi Pulemjot Kalaschnikowa (RPK), war mechanisch identisch mit dem Sturmgewehr, hatte aber zusätzlich einen Sicherungsriegel und einen Umschalthebel. Dafür war die Abzugsvorrichtung etwas einfacher ausgefallen. Es gab auch das gleiche Magazin zu 30 Schuss, wahlweise auch eines zu 40 Schuss und ein kompliziertes hängendes Trommelmagazin mit 75 Schuss.

Um die Dauerfeuerleistung als Unterstützungswaffe zu verbessern, erhielt das RPK einen schwereren Lauf, der wie beim RPD nicht auswechselbar war. Der hölzerne Kolben ließ sich leicht abnehmen, und die Ausstattung wurde durch ein klappbares Zweibein komplettiert.

EIN CHINESISCHES PUZZLE

Das Nachfolgemodell des Typs 53 in China war eine Eigenkonstruktion. Sie kombinierte den Zuführmechanismus des Maxim; Verschluss, Gaskolben und Verriegelung des tschechischen ZB vz26, die Abzugsvorrichtung des DPM, den Gasregler des RPD und die auswechselbaren Läufe des SGM. Sie verschoss immer noch die längst überholte 7,62-mm-Patrone mit Rand, hatte aber einen Gurt, bei dem die Patronen nach vorn direkt in den Ladungsraum geschoben wurden und nicht mehr von hinten herausgezogen wurden. Diese Waffe sollte nicht nur den Typ 53 ersetzen, sondern auch den Typ 58, eine chinesische Kopie des RP-46 (siehe Kapitel 5), als Kompanie-MG. Dafür wurde sie mit einem Zweibein oder einem Dreibein ausgestattet.

Das leichte MG war eine brauchbare Lösung für das Problem, eine tragbare Dauerfeuerwaffe mit in den Angriff zu nehmen. Allerdings war es eher ein Lückenbüßer, denn es konnte das mittlere MG aus dem Ersten Weltkrieg nicht ersetzen. Auch konnte es nicht unbegrenzt 24 Stunden lang oder sogar über Tage Dauerfeuer schießen. Das Vickers war dazu in der Lage und stellte das am 24. August 1916 unter Beweis, als eine Kompanie von zehn Vickers-MGs über 12 Stunden lang Sperrfeuer schoss. Dabei verschossen die MGs insgesamt 999 750 Schuss; eines von ihnen brachte es allein auf 120 000 Schuss. Das ergibt einen Durchschnitt von 167 Schuss pro Minute, nicht eingerechnet die längeren Pausen für die regelmäßige Wartung und das Wechseln der Läufe. Bei der Überquerung der Maas im Februar 1945, kurz vor dem Ende des Zweiten Weltkriegs, feuerte ein britisches MG-Kommando mit seinen Vickers-MGs in sieben Stunden 850 000 Schuss ab. Der nächste Schritt beim leichten chinesischen MG war der Bau einer Waffe, die leicht genug für die Angriffstruppen war, aber doch so robust, dass sie wirklich Dauerfeuer schießen konnte. Das sollte eine Allzweckwaffe werden, die beide Automatikwaffen im Gewehrkaliber ablösen konnte.

Die Suche nach dem Einheitsmaschinengewehr, wie es bei der Reichswehr hieß, begann in Deutschland schon im Ersten Weltkrieg, und bereits 20 Jahre später gab es ein brauchbares Modell, wie wir in Kapitel Fünf erfahren werden. Zunächst aber kehren wir zum Ende des Ersten Weltkriegs zurück und wenden uns einer kleineren Waffe zu, die dem einzelnen Soldaten verheerende Feuerkraft in tragbarer Form bietet: der Maschinenpistole im Pistolenkaliber.

Kapitel 4

TRAGBARE FEUERKRAFT – DIE MASCHINENPISTOLE

Die neue Angriffstaktik der Infanterie, die zum Ende des Ersten Weltkriegs entwickelt wurde, erforderte viel individuelle Feuerkraft auf kurze Distanz. Dafür war das Repetiergewehr ebenso wenig geeignet wie die neuen leichten MGs. Pistolen waren in mancher Hinsicht besser, aber nicht sehr genau, nicht einmal auf kurze Entfernung. Gebraucht wurde ein neuer Waffentyp: Eine kleine Waffe, eher eine Pistole als ein Gewehr, mit einem großen Magazin, damit der Schütze kontinuierlich schießen konnte; kurzum, ein kleines Maschinengewehr.

Die Entwicklung der ersten brauchbaren Maschinenpistole wird gewöhnlich dem kreativen Duo Hugo Schmeisser, Sohn von Louis, und Theodor Bergmann zugeschrieben. Schmeisser hat sie entwickelt, Bergmann hat sie hergestellt. Tatsächlich tauchte aber die italienische Vilar Perosa, von Abiel Botel Revelli für das Officine Vilar Perosa entwickelt und später von FIAT und GEC in Kanada gebaut, bereits 1915 auf. Marengonis erste Konstruktion für Beretta könnte ebenfalls der deutschen MPi zuvorgekommen sein, deren Ruhm eher auf ihren Leistungen auf dem Schlachtfeld beruht. Um diese Waffen und die daraus entstandene Gattung zu verstehen, müssen wir uns erst der Entwicklung der „automatischen", d. h. selbstladenden Pistolen der 1890er Jahre und besonders ihrer Munition zuwenden. Diese Munition machte die Maschinenpistole erst möglich.

LINKS: Die Rote Armee erkannte, dass schlecht ausgebildete Soldaten mit Maschinenpistolen besser zurecht kamen als mit Gewehren. Deshalb wurden im Zweiten Weltkrieg mehrere Millionen MPis hergestellt.

DIE „AUTOMATISCHE" PISTOLE

Ende des 19. Jahrhunderts war die Büchsenmacherei längst zu einer Industrie geworden. So kamen neue Entwicklungen in Europa von Firmen wie Loewe (später DWM) sowie Steyr, Skoda und FN, das zur Hälfte Loewe gehörte. In den USA war es Colt. Am wichtigsten war eindeutig Loewe/DWM, denn dort arbeiteten in der Entwicklungsabteilung Hugo Borchardt, der die erste wirklich brauchbare Selbstladepistole mit einem austauschbaren Stangenmagazin entwickelte, und Georg Luger, der aus Borchardts Entwicklung die bekannteste Pistole ihrer Zeit machte. Loewe/DWM kontrollierte auch die Mauser-Werke in Oberndorf am Neckar und die Gebrüder Feederle, die an der späteren C96 arbeiteten.

Thomas Bergmann produzierte eine Serie von funktionstüchtigen selbstladenden Pistolen, Schmeisser ebenso. Bergmann hatte in Louis Schmeissers Firma ein „gewöhnliches" Maschinengewehr entwickelt, das wegen der marktbeherrschenden Position von Maxim jedoch kommerziell erfolglos war. Die erste Bergmann-Pistole war nur auf glatte Patronen, d. h. ohne Rand oder Auszieh-

MP18

Kaliber: 9 mm Parabellum
Gewicht: 4,2 kg
Länge: 815 mm
Lauflänge: 195 mm
Effektive Schussentfernung: 70 m
Ausführung: Rückstoßlader
Feuergeschwindigkeit: 650 Schuss/min
Mündungsgeschwindigkeit: 395 m/sek
Herstellerland: Deutschland

rille, ausgelegt. Später gab es diese Entwicklung auch für „normale" Kaliber. Außerdem wurde das selten funktionierende „Ausblassystem" der ersten Modelle durch einen konventionellen Patronenauszieher ersetzt.

NEUE MUNITION

Bevor selbstladende Pistolen mit Magazinzufuhr gebaut werden konnten, mussten die Entwickler erst das Problem mit dem sperrigen und penetranten Rand der Patrone lösen. Er wurde immer noch benutzt, um die Kugel zu platzieren und den Verschlussabstand zu steuern, war aber lästig, wenn man die Patronen nacheinander aus einem Kastenmagazin zuführen wollte. Vetterli, Lee, Mannlicher und Mauser hatten in den 1880er Jahren Kastenmagazine in ihre Handrepetierwaffen eingebaut. Einige haben auf die randlose Patrone des Schweizers Rubin zurückgegriffen, bei der eine Ausziehrille dafür sorgte, dass ein Auszieher die Hülse greifen konnte. Die Platzierung und der Verschlussabstand wurden vom Profil und der Dicke der Patronenhülse bestimmt. Die Pistolenbauer mussten den gleichen Weg gehen. Bald gab es die entsprechende randlose Munition in Kalibern von 6,35 mm bis zu .455in (11,58 mm). Borchardt entwickelte eine 7,65-mm-Patrone, aus der schließlich die Mauser 7,63 mm wurde. Luger kam etwas später mit der Parabellum. In ihrer 9-mm-Form und mit dem Rundkopfgeschoss sollte sie das in aller Welt am weitesten verbreitete Kaliber werden, sowohl für Militärpistolen als auch für Maschinenpistolen.

Verändert wurde auch die Zusammensetzung des Geschosses selbst. Bisher war nur Blei benutzt worden. Der Mechanismus verlangte jedoch, das Projektil in härteres Material einzubetten. Dadurch sollte verhindert werden, dass es beschädigt oder beim Laden verformt wurde.

Es wurden im Lauf der folgenden Jahrzehnte viele oft merkwürdige Pistolenpatronen entwickelt, darunter mindestens ein Dutzend 9-mm-Patronen mit längerer oder kürzerer Hülse. Das führte unausweichlich zur Verwirrung, weil man in ein Gewehr manchmal auch eine andere Patrone laden konnte, oft mit überraschenden Ergebnissen. Die Treibladungen variierten von 200 mg bis ungefähr 400 mg. Einige dieser Patronen gab es auch für Maschinenpistolen, allerdings verschossen die meisten Maschinenpistolen die 9 mm Parabellum.

Die 7- bis 8-mm-Munition für die damaligen Gewehre hatte eine zehnmal stärkere Treibladung als die Pistolenmunition. Die britische .303in-Patrone (7,7 mm) war mit 2,46 g Kordit geladen, die amerikanische 30-06 (7,62 mm) mit 3,3 g, die deutsche 7,92 mm mit 3 g. Sie verschossen ein Geschoss von etwa 11 g, während die NATO-Standardpatrone 9 mm Parabellum eine Treibladung von 400 mg und ein Geschoss von 8,25 g hatte. Der Unterschied in der von den beiden Patronen erzeugten Energie war demnach enorm. Die amerikanische 30-06 erzeugte z. B. fast 370 mkp Mündungsenergie, die 9 mm Parabellum 51 mkp. Diese Tatsache sollte aus den bereits genannten Gründen eine starke Auswirkung auf die Konstruktion der Maschinenpistole haben.

VEREINFACHTE MECHANISMEN

Die schwereren Pistolenpatronen wie z. B. 7,63 mm Mauser, 9 mm Parabellum und .45 ACP (Automatic Colt Pistol, 11,43 mm) benötigten einen Mechanismus, der Verschlussblock und Lauf zusammen verriegelte, bis der Druck im Ladungsraum auf ein sicheres Maß gesunken war. Die Pistolen von Borchardt, Luger und Mauser hatten alle einen kurzen Rücklauf, bei dem die Verriegelung bei der Rückwärtsbewegung von Lauf und Verschlussblock gelöst wurde. Das Gleiche galt für die 9 mm Grand Puissance bzw. die .45in (11,43 mm) M1911, die Browning für FN und Colt anfertigte. Sogar der Verschlussblock der schweren Colt .45 war jedoch relativ leicht. Bei der Maschinenpistole hatten die Konstrukteure beträchtlich mehr Platz. So nahmen sie einen größeren und schwereren Verschlussblock. Durch die Kombination mit einer stärkeren Verschlussfeder konnten sie auf den Verriegelungsmechanismus vollkommen verzichten und auf einen einfachen Masseverschluss vertrauen. Dieser war weniger kompliziert, billiger in der Herstellung und einfacher zu warten. Die erforderliche Verzögerung wurde durch eine beliebige Vorrichtung erreicht.

DIE MASCHINENPISTOLE

Die Geschichte der Maschinenpistole teilt sich in zwei Phasen. Die Trennung zwischen der ersten Phase mit den Maschinenpistolen im Standard des 19. Jahrhunderts und der zweiten Phase der Massenproduktion ist im Detail zwar sehr markant, aber der Übergang fand nicht überall auf der Welt zum gleichen Zeitpunkt statt. Er war aber einige Zeit vor dem Ende des Zweiten Weltkriegs abgeschlossen.

Die Maschinenpistolen des ersten Weltkriegs zeichneten sich durch ihre traditionelle Fertigung aus. Sie wurden aus Stahlschmiedestücken hergestellt, maschinell in den Rohzustand gebracht und von Hand fertig gestellt. Viele von ihnen waren von hoher Qualität. Allerdings passte selten ein Teil von einer Waffe in eine andere. Die Fertigung war zeitraubend und entsprechend teuer.

Insbesondere nach 1939 hielt die Massenproduktion Einzug. Nun achtete man auf Wirtschaftlichkeit bei der Herstellung und im Materialverbrauch. Die Drehbank war nicht mehr gefragt, nun wurde gestanzt und geschweißt. Oft waren die resultierenden Produkte für diejenigen nicht akzeptabel, die mit einer anderen Art Waffen groß geworden waren. Die Ansprüche der Soldaten und die Realität der wirtschaftlichen Erfordernisse stimmten nicht immer überein. Das beste Beispiel bietet das britische Heer: Die Sten wurde von den Soldaten immer noch verachtet, als sie Mitte der 50er Jahre abgelöst wurde. Dabei war sie fast 15 Jahre im Einsatz gewesen.

UNTEN: Die „Muskete" Bergmann MP18 war von hoher Qualität und äußerst haltbar. Hier mit dem Schneckenmagazin in den Händen eines tschechischen Offiziers, ca. 1936.

Oben: Der echte Nachfolger der MP18 war zweifellos Hugo Schmeissers MP28, hier in den Händen eines Unteroffiziers der Totenkopf-Division der Waffen-SS.

DIE BERGMANN MP18 MUSKETE

Die MP18, von Schmeisser und Bergmann war die Grundlage für viele leistungsfähige Waffen und bestimmte die Kriterien für die gesamte Gattung. Da es Schreibweisen wie MP18-I, MP18/I und MP18.I gibt, bezeichnen wir die Waffe einfach als MP18. Soweit bekannt, gab es davon ohnehin keine zwei verschiedenen Versionen. Bergmann hatte alle Rechte an den Entwürfen, die Schmeisser herstellte. Daher hieß die Waffe Bergmann MP18 oder Bergmann Muskete. Bergmann gab auch eine Lizenz an SIG in der Schweiz, wo die Waffe in den 20er Jahren für den Export produziert wurde. Viele MP18 aus der Schweiz gingen nach Japan.

Die MP18 war sowohl in der Ausführung als auch in der Handhabung absolut konventionell. Das Gehäuse und die beweglichen Teile wurden roh in Form und Größe geschmiedet und dann maschinell aus dem Vollen weiter bearbeitet. Die Schäftung war aus Holz, in diesem Fall ein Vorder- und Hinterschaft aus einem Stück, in der Form identisch mit dem des Gewehrs Mauser 98. Die MP18 bestand aus nur 34 Teilen (wenn man das abgenommene Magazin, aber nicht die Schrauben zählt, wie die Beschreibung ziemlich kleinlich verkündet). Lauf und Mechanismus befanden sich in einem langen Rohr, in das vorn sechs Lochreihen gebohrt waren und das mit einem mittigen Scharnier am Vorderschaft befestigt war, genau unter dem Magazin auf der anderen Seite und den Auswurföffnungen. Das System war ein simpler Zylinderverschluss bzw. Verschlussblock, der 700 g wog und den Schlagbolzen enthielt. Der einfache spornartige Spannhebel ragte durch einen Schlitz an der rechten Seite des Gehäuses und wirkte gegen eine starke Rückholfeder, die hinter ihm im röhrenförmigen Gehäuse saß. Das Magazin war an der linken Seite aufgesetzt, die Auswurföffnung lag gegenüber. Gefeuert wurde aus dem offenen Verschluss. Für Einzelfeuer gab es keine Vorrichtung. Beim Spannen wurde lediglich das Verschlussstück zurückgeschoben und rastete gegen den Druck der Rückholfeder in das Abzugsstück ein. An diesem Punkt konnte der Bewegungsvorgang unterbrochen und das Gewehr durch das Einrasten des Spannhebels in eine spezielle Kerbe gesichert werden. Durch das Drücken des Abzugs wurde das Abzugsstück heruntergedrückt und der Verschluss gleichzeitig gelöst. Während sich der Verschluss nach vorn in die Feuerstellung bewegte, nahm er eine Patrone aus dem Magazin, führte sie zu und feuerte sie ab. Der Gasdruck in der Kammer und im Lauf überwand zunächst die Trägheit des Verschlussblocks und dann den Widerstand der Feder. Dadurch wurde der Mechanismus in Gang gesetzt, zog die verbrauchte Hülse aus und warf sie aus. Solange der Abzug gedrückt blieb, wiederholte sich dieser Ablauf immer wieder, bis die Munition verschossen war oder eine Patrone falsch zugeführt wurde, was zunächst nicht ungewöhnlich war.

Der vielleicht einzige Fehler der Muskete war das komplizierte Trommelmagazin mit 32 Schuss von Tatarek und von

Erma MPE

Kaliber: 9 mm Parabellum
Gewicht: 4,1 kg
Länge: 900 mm
Lauflänge: 255 mm
Effektive Schussentfernung: 70 m
Ausführung: Rückstoßlader
Feuergeschwindigkeit: 500 Schuss/min
Mündungsgeschwindigkeit: 395 m/sek
Herstellerland: Deutschland

Benkö, ursprünglich für das langläufige „Artilleriemodell“ der Parabellum-Pistole von Luger entwickelt. Schließlich wurde es durch das von Schmeisser ohnehin geplante Kastenmagazin mit 20 Schuss ersetzt. Das Trommelmagazin war die Idee des einflussreichen Gewehrprüfungsausschusses der deutschen Reichswehr gewesen. Bei einem durchgehenden Feuerstoß war das 32er Magazin in 3 Sekunden leer. Das entspricht einer Feuergeschwindigkeit von 500 Schuss pro Minute. Dabei hätten wegen der stark steigenden und nach rechts ziehenden Mündung wohl nur wenige Schüsse das Ziel überhaupt getroffen. Das war kein Fehler von Schmeisser, sondern ein Schwachpunkt des gesamten MPi-Konzepts, der die Konstrukteure immer wieder forderte. Die MP18 wurde 1917/1918, im letzten Kriegsjahr, zum ersten Mal eingesetzt. Wahrscheinlich wurden nicht mehr als 30 000 Exemplare in Bergmanns Fabrik in Suhl gebaut. Davon gelangte vielleicht die Hälfte in die Hände der Fronttruppen, wo sie tatsächlich sehr effektiv waren. Die Sturmtruppen hatten damit wesentlich mehr Bewegungsfreiheit als mit dem Madsen, dem MG08/15 oder den erbeuteten Lewis-MGs. Nach dem Ende des Krieges benutzte insbesondere die Polizei der Weimarer Republik die MP18.

SCHMEISSERS MP28

Nach dem Ersten Weltkrieg kaufte sich Schmeisser bei C. G. Hänel in Suhl ein. Dort entwickelte er die MPi weiter. Das Ergebnis, die MP28-II, war äußerlich kaum von ihrem Vorgänger zu unterscheiden. Im Innern waren jedoch der Verschlusszylinder, der Schlagbolzen und die Rückholfeder modifiziert worden. Die Rückholfeder war etwas größer und ragte nun teilweise über den Schlagbolzen hinaus, wo sie sicherer saß. Ihre Vorwärtsbewegung wurde von einem Ring unterbrochen.

Schmeisser sorgte auch für eine Umschaltung zwischen Dauer- und Einzelfeuer. Für Einzelfeuer wurde ein Sperrriegel seitlich in den Abzugsbügel geschoben. Schmeisser baute Kastenmagazine zu 20 und 32 Schuss, in denen die Patronen versetzt angeordnet waren. Auf Anfrage des Inspektorats für Waffen und Gerät der Reichswehr, dem Nachfolger des Gewehrprüfungsausschusses, versuchte er, größere Magazine mit 35 Schuss herzustellen. Er fand jedoch heraus, dass ein solches Magazin wegen der Feder nicht mehr als 32 Patronen fassen konnte. Außerdem kam es immer wieder zu Klemmern.

Da die Herstellung von automatischen Waffen in Deutschland auf Grund des Versailler Vertrags verboten war, verlegte Schmeisser die Produktion der MPi nach Herstal in Belgien, wo sie bei den Pieper-Werken für die belgische Armee und für den Export nach Südafrika, Asien und in andere europäische Länder hergestellt wurde. Im spanischen Bürgerkrieg 1936–1939 kam sie häufig zum Einsatz. Sie hatte dort viel Einfluss, sowohl auf den Ausgang einzelner Feuergefechte als auch auf die Meinung der Beobachter. Die meist konservativen Soldaten waren noch längst nicht von der Leistungsfähigkeit der Maschinenpistole als Kriegswaffe überzeugt. 1935, als Deutschland den Versailler Vertrag ablehnte, war es für deutsche Hersteller nicht mehr notwendig, die Herkunft ihrer Produkte zu verschleiern. Schmeisser war jedoch nicht der einzige gewesen, der sich nach einem Herstellungsort im Ausland umsehen musste.

DIE BERGMANN MP34

Nachdem Hugo Schmeisser der Theodor Bergmann Waffenbau AG den Rücken gekehrt hatte, versuchte sich das Unternehmen an einer völlig neuen Maschinenpistole, obwohl es die Rechte für die MP18 besaß. 1932 stellte es den Bergmann Maschinenkarabiner (BMk) vor. Dieser Name sollte wohl nur von der eigentlichen Natur dieser Waffe ablenken, denn das Verbot für automatische Waffen galt immer noch. Ursprünglich war der BMk für die 9 mm Parabellum ausgelegt. Musterstücke wurde jedoch auch in anderen Kalibern hergestellt, insbesondere 7,63 mm Mauser und .45 ACP (11,43 mm). Die Waffe galt als „solide“ und „zuverlässig“, aber auch als auch als „kompliziert“ und „umständlich“. So war sie nichts weiter als ein Artefakt ihrer Zeit, ordentlich aus maschinell gefertigten Schmiedestücken hergestellt, mit

MP38

Kaliber: 9 mm Parabellum
Gewicht: 4,1 kg
Länge: 630 mm (Schulterstütze eingeklappt)
Lauflänge: 245 mm
Effektive Schussentfernung: 70 m
Ausführung: Rückstoßlader
Feuergeschwindigkeit: 500 Schuss/min
Mündungsgeschwindigkeit: 395 m/sek
Herstellerland: Deutschland

einem gut in der Hand liegenden hölzernen Schaft. Dieser ähnelte wieder einmal dem des Mauser 98 und des Karabiners, aber entsprechend gekürzt.

Es handelte sich um einen vollkommen konventionellen Rückstoßlader, allerdings mit einigen ungewöhnlichen Merkmalen. Da war zum einen das Kastenmagazin mit 20 oder 32 Schuss, das auf ungewöhnliche, merkwürdige Art von rechts eingesteckt wurde. Zweitens befand sich der Spannhebel, der von der Form her aussah wie ein Kammerstengel, am hinteren Ende des röhrenförmigen Gehäuses. Er musste um 90° gedreht werden, bevor er zurückgezogen werden konnte, um den Mechanismus in Gang zu setzen. Dieses auf den ersten Blick übertriebene Verfahren hatte zwei Vorteile: Zum einen gab es keine Rille, in der der Spannhebel lief, sodass Staub und Dreck nicht in das System gelangen konnten. Zum anderen bewegte sich der Hebel nicht mit dem Verschluss hin und her. Dadurch wurde auch noch ein zweiteiliges Verschlussstück erforderlich, bestehend aus Bodenstück und Verschlusskammer. Möglicherweise hat Bergmann einfach den gesamten Mechanismus von Lahti kopiert, der ähnliche Konstruktionen in seine MPis vom Typ Suomi eingebaut hat. Beim Spannen wurde durch das Anheben des Kammerstengels das Bodenstück vom Gehäuse gelöst und mit der Verschlusskammer verbunden. Dann wurden beide zusammen zurückgezogen. Wenn der Hebel wieder in die verriegelte Stellung zurückgeführt wurde, wurde die Verschlusskammer mit dem darin befindlichen Schlagbolzen vom Abzugsstück gegen den Druck der Rückholfeder zurückgehalten. Durch das Drücken des Abzugs wurde die Verschlusskammer in Feuerstellung gebracht, nahm eine Patrone aus dem Magazin und feuerte sie ab. Der Abzugsmechanismus war sogar noch komplizierter. Er diente, wie bei vielen zeitgenössischen automatischen Waffen aus Deutschland, für die Wahl zwischen Einzel- und Dauerfeuer. Dies wurde durch leichten bzw. starken Druck erreicht. Im Gegensatz zum sonst üblichen Doppelabzug konnte der Schütze hier mit der einfachsten und natürlichsten Bewegung zwischen Einzelfeuer und Dauerfeuer wählen.

Die Waffe wurde erstmals 1934 bei der Waffen-SS eingesetzt und erhielt somit die Bezeichnung MP34. Durch die ziemlich ausgefeilte Konstruktion und die sorgfältige Fertigung umging sie das Risiko, dass ein Schuss losging, während die Patrone in den Ladungsraum geführt wurde. Die Schlagbolzen saßen nämlich gewöhnlich fest im Verschlussstück und ragten dort heraus, oder sie waren nicht mehr als eine Erhebung im Verschluss. Bei der Bergmann hingegen wurde der Schlagbolzen durch einen kleinen Kipphebel an der Unterseite der Verschlusskammer so lange zurück gehalten, bis eine neue Patrone richtig geladen und der Verschluss geschlossen war.

Die MP34 wurde zunächst von Schultz und Larsen in Otterup, Dänemark, hergestellt. Als SS-Maschinenpistole wurde sie im zweiten Weltkrieg bei Carl Walther in Zella-Mehlis sowie bei Junker und Ruh in Karlsruhe gebaut, dort in vereinfachter Form als MP35. Alles in allem wurden wohl an die 40 000 Stück gebaut, der

RECHTS Die MP40 war die erste moderne Maschinenpistole, die für die Massenproduktion geeignet war. Sie bestand aus Metall und Kunststoff.

größte Teil davon für die SS im Kaliber 9 mm Parabellum mit 180 mm langen Läufen. Einige wurden mit 15 mm längeren Läufen und anderen Kalibern hergestellt.

DIE „STEYR-SOLOTHURN"

Verwirrenderweise baute auch Rheinmetall eine MP34, die von der Wehrmacht eingesetzt wurde. Diese wurde jedoch bei Steyr in Österreich gebaut und erhielt den Suffix „ö". Diese Waffe wurde in Solothurn als S1-100 entwickelt, die Produktion aber erfolgte bei der anderen Tochter von Rheinmetall. Deshalb ist die Waffe auch als Steyr-Solothurn bekannt geworden. Wie die Bergmann MP34 wurde sie in mehreren verschiedenen Kalibern hergestellt, hauptsächlich jedoch in 9 mm Parabellum. Außerdem war sie in verschiedenen Lauflängen erhältlich. Die am meisten gebräuchliche Länge war 195

MP40

Kaliber: 9 mm Parabellum
Gewicht: 3,9 kg
Länge: 830 mm (Schulterstütze ausgeklappt)
Lauflänge: 245 mm
Effektive Schussentfernung: 70 m
Ausführung: Rückstoßlader
Feuergeschwindigkeit: 500 Schuss/min
Mündungsgeschwindigkeit: 395 m/sek
Herstellerland: Deutschland

mm. Überraschenderweise war sogar ein Dreibein zu haben.

Die Steyr-Solothurn, eigentlich ein einfacher Rückstoßlader, war sogar noch komplexer als die Bergmann. Auch sie wurde aus Schmiedestücken gefertigt und besaß eine massive hölzerne Schäftung. Es war ebenfalls möglich, zwischen Einzel- und Dauerfeuer zu wählen, hier jedoch durch einen Schieber an der linken Seite des Vorderschaftes, direkt hinter der Öffnung für das 32-Schuss-Magazin. Der Laufmantel war mit Löchern und nicht wie bei der MP34 mit Schlitzen versehen. Einige Musterstücke hatten an der rechten Seite einen Zapfen für das österreichische Bajonett M95. Die Steyr-Solothurn war im Zweiten Weltkrieg die erste Wahl der deutschen und österreichischen Polizei, wurde aber auch neben der MP38 und der MP40 in großer Anzahl an die Truppe ausgegeben. Die Produktion wurde deshalb bis 1945 fortgesetzt.

UNTEN: Die Steyr-Solothurn S1-100, eine der besten Waffen ihrer Art, wurde in Deutschland entwickelt und in der Schweiz gebaut. Sie bestand aus massivem Schmiedestahl und war sehr teuer.

DIE MASCHINENPISTOLE ERMA

Die letzte „altmodische" deutsche Maschinenpistole wurde zwischen 1925 und 1930 von Heinrich Vollmer in Zusammenarbeit mit dem Inspektorat für Waffen und Gerät der Reichswehr entwickelt. Vollmer, der eine Werkstatt in der kleinen süddeutschen Stadt Biberach besaß, hatte bereits eine gurtlose Patronenzuführung für das MG08/15 entwickelt, die nur deshalb nicht in Produktion ging, weil sie etwas zu spät kam. Später entwickelte er einen Selbstlader, zunächst für die starke 7,92-mm-Patrone, später dann für die mittlere 7,62 mm x 39. Ein Prototyp fiel 1945 mit 20 000 Schuss in sowjetische Hände. Die Munition wurde so positiv beurteilt, dass sie in den 50er Jahren als mittlere Patrone in der Sowjetunion eingeführt wurde. Vollmer ersetzte 1930 das frühere seitliche Trommelmagazin, ein Überbleibsel vom MG08/15, durch ein Kastenmagazin mit 32 Schuss. Er tauschte auch den leichten ummantelten Lauf gegen einen schwereren ohne Mantel, wobei der leichte Lauf und der Mantel mit Kühlschlitzen später wieder eingesetzt wurden. Dann konstruierte er ein ausziehbares Rohr, das die Rückholfeder aufnimmt und ihre Bewegungen stabilisiert. Diese Vorrichtung war in irgendeiner Form in allen deutschen Nachkriegs-MPis und bei vielen Nachbauten zu finden. Auch diese Waffe wurde aus dem Vollen gefertigt und hatte eine hölzerne Schäftung, in diesem Fall mit einem eingearbeiteten vorderen Pistolengriff.

Vollmer baute weniger als 400 Stück in den Kalibern 7,63 mm Mauser, 7,65 mm und 9 mm Parabellum. Er erkannte jedoch, dass seine Maschinenpistole nur durch rationelle Herstellung rentabel

Links: Die MP40 war so weit verbreitet, dass sie das Erkennungszeichen der deutschen Soldaten im Zweiten Weltkrieg war – hier französische Mitglieder der „Fremdenlegion" der Waffen-SS.

werden konnte. Er verkaufte die Rechte zur Herstellung an die Berthold Geipel GmbH, die die Waffen in ihrer Erfurter Maschinenfabrik produzierte. Deshalb hieß die Waffe ERMA-Maschinenpistole oder EMP. Sie wurde im Chaco-Krieg 1932–35 an beide Seiten, d. h. an Bolivien und Paraguay verkauft. Viele EMP tauchten auch in Spanien auf. Bevor es die MP40 gab, gingen viele EMP an die Wehrmacht. Die EMP konnte einzelne Schüsse oder Feuerstöße abgeben, je nach Position des Wahlhebels, der sich in einem Ausschnitt im Vorderschaft direkt über dem Abzugsbügel befand. Gesichert wurde die Waffe wie die MP18 durch das Arretieren des Spannhebels in einer Kerbe (die EMP war eine zuschießende Waffe). Später wurde jedoch zusätzlich ein Hebel an der rechten Seite des Gehäuses eingebaut, der unabhängig davon die Bewegung des Verschlussstücks blockieren konnte. Mit 230 mm war der Lauf der EMP länger als bei ihren Konkurrenten. Auch im Ganzen war die Waffe beträchtlich länger, weil das Gehäuse wegen des Teleskoprohrs ebenfalls länger ausfallen musste.

DIE NEUE ÄRA

Mitte der dreißiger Jahre gab es in Deutschland das starke Bedürfnis, die Ergebnisse des Ersten Weltkriegs ungeschehen zu machen und sich für die Erniedrigung zu rächen. Das zeigte sich besonders in der Entwicklung und Herstellung von Waffen jeglicher Art, von Pistolen bis hin zu Kriegsschiffen. Trotzdem dauerte es bis 1938, ehe die Maschinenpistole verbessert wurde. Dabei war ihre Konzeption doch unmittelbar mit der Infanterietaktik verbunden, die beinahe den Krieg gewonnen hätte. Die Erfahrungen der deutschen „Freiwilligen" im spanischen Bürgerkrieg zusammen mit den ganz neuen Forderungen der Luftwaffe und der Panzerbesatzungen sorgten dafür, dass man sich wieder um die Entwicklung von automatischen Handfeuerwaffen kümmerte.

Keine der vorhandenen Maschinenpistolen war für die Massenproduktion geeignet. Sie waren kompliziert, teuer und zeitraubend in der Herstellung. So wurden erfahrene Hersteller um Vorschläge gebeten. Am Ende machte die ERMA (Erfurter Maschinenfabrik) den besten Vorschlag.

DIE MP38

Ausgangspunkt für ERMA war natürlich die EMP. Viele Details der neuen Waffe stammten direkt von der EMP, trotz der äußerlichen Unterschiede. Die MP38 war im Prinzip eine EMP, bei der die hölzerne Schäftung durch eine aus Metall und Kunststoff ersetzt wurde. Der Magazinschacht wurde um 90° versetzt. So bildete er zusammen mit dem 32-Schuss-Kastenmagazin den vorderen Pistolengriff. Zusätzlich konnte der Kolben, jetzt aus simplem Stahlrohr mit einer einfachen Stahlplatte als Schulterstütze, nach hinten unter das Gehäuse geklappt werden. Der Spannhebel saß jetzt links, hatte aber den Sicherheitsrast übernommen, den Schmeisser fast 20 Jahre zuvor entwickelt hatte.

Die MP38 hatte den gleichen einfachen Rückstoßmechanismus wie die MP18 und das ausziehbare Stahlrohr für die Rückholfeder. Es gab keine Vorrich-

Erma M58

Kaliber: 9 mm Parabellum
Gewicht: 3,1 kg
Länge: 405 mm
Lauflänge: 190 mm
Effektive Schussentfernung: 70 m
Ausführung: Rückstoßlader
Feuergeschwindigkeit: 650 Schuss/min
Mündungsgeschwindigkeit: 395 m/sek
Herstellerland: Deutschland

tung für Einzelfeuer. Das Gewicht des Verschlussstücks und die Kraft der Feder begrenzten die Feuergeschwindigkeit jedoch auf ungefähr 350 bis 400 Schuss pro Minute. Ein geübter Schütze konnte den Abzug schnell genug loslassen, um den Mechanismus nach einem Schuss anzuhalten. Anders als die EMP hatte die MP38 keinen Laufmantel mehr, aber einen schwereren Lauf, ähnlich wie die letzten von Vollmer gebauten Waffen, und sogar mit der gleichen Länge, d. h. 230 mm. Die MP38 wurde nur im Kaliber 9 mm Parabellum hergestellt.

DIE MP40

Die MP38 war sicherlich einfacher herzustellen als die EMP. Dank ihrer ergonomischen Konstruktion war sie auch die bessere Waffe. Die abklappbare Schulterstütze sollte ein Standardmerkmal der „modernen" Maschinenpistole werden. Wenn die MP38 einen schwerwiegenden Mangel aufwies, dann war es das einreihige Magazin. Trotzdem hatte auch die MP40 noch das gleiche Bauteil. Es wurde nie ein Versuch unternommen, es zu verbessern, und das trotz seiner Neigung zu Klemmern. Tatsächlich war die neue Maschinenpistole weder billiger noch schneller herzustellen als die EMP, da alle mechanischen Bauteile immer noch geschmiedet wurden. Zwei Jahre später wurde dieser Fehler jedoch im Rahmen umfangreicher konstruktioneller Änderungen korrigiert. Danach bestanden alle mechanischen Bauteile mit Ausnahme des Laufes und des Verschlussblocks aus Formstanzstücken mit einfachen Punktschweißungen. Das vereinfachte die Massenproduktion erheblich. Die einzelnen Bauteile wurden an verschiedenen Orten hergestellt und dann in Erfurt, in Schmeissers C. G. Hänel-Fabrik in Suhl und bei Steyr montiert. Es wird geschätzt, dass insgesamt etwas über eine Million MP40, wie die verbesserte Maschinenpistole bezeichnet wurde, produziert worden sind.

Es gab nur geringfügige Unterschiede zur MP38, z. B. die äußere Form der Verschlusskammer und die Magazinsperre. Im Gefecht war sie aber nicht so haltbar. Man kann sich gut vorstellen, dass die eine oder andere Waffe von Zeit zu Zeit versagte. Trotzdem wurde sie vom Prinzip her für gut befunden, und die Herstellungsphilosophie wurde bald nachgeahmt. Von den Soldaten wurde die MP40 im Allgemeinen sehr geschätzt. Die einzige bedeutende Sonderform war die 1943 gebaute MP40-II. Diese Waffe hatte ein Magazingehäuse für zwei Magazine, die nacheinander verbraucht werden konnten. Trotz dieser willkommenen zusätzlichen Kapazität war diese Waffe nicht sehr beliebt. Der Grund dafür war das zusätzliche Kilo Gewicht zu den üblichen fünf in vollgeladenem Zustand.

DIE MP41

Die MP38 und die MP40 wurden bei den alliierten Truppen als „Schmeisser" bezeichnet. Dabei war Louis schon lange verstorben, und Hugo hatte rein gar nichts mit der Grundkonstruktion zu tun. Er war erst bei der verbesserten Version für die Magazinsperre verantwortlich. Daneben produzierte er eine erfolglose Variante mit einem leichten Lauf und einer hölzernen Schäftung, die erneut eine kürzere Version des Kolbens des Gewehrs und des Karabiners Mauser 98 war, womit die Mehrzahl der deutschen Infanteriesoldaten immer noch bewaffnet war. Die Waffe wurde nur in geringer Anzahl hergestellt und erhielt die Bezeichnung MP41. Sie war nicht so praktisch wie die MP40 aus Metall und Kunststoff und auch längst nicht so beliebt. Es gibt keine Aufzeichnungen darüber, ob sie jemals an die Wehrmacht ausgeliefert wurde. Die Gesamtzahl der hergestellten Exemplare ist sehr klein.

DIE EHRLICHSTE SCHMEICHELEI

Die einzigen anderen Maschinenpistolen, die in Deutschland im Zweiten Weltkrieg (abgesehen von den „importierten" Waffen, insbesondere italienische Berettas) in nennenswerter Zahl hergestellt wurden, waren Kopien der britischen Sten. Zuerst kam die MP3008, auch als Gerät Neumünster bekannt, die in Oberndorf, Suhl, Erfurt und sogar von Handwerksbetrieben und kleinen Werkstätten gebaut wurde, die ansonsten kaum mit Handfeuerwaffen befasst waren. Die MP3008 unterschied sich etwas vom Original. Das Magazin war so befestigt, dass es nach unten herausragte und war nicht wie bei der Sten in einem Ring befestigt, wo es eine Vierteldrehung vollführte. Das Magazin selbst war das gleiche wie für die MP38. Einige Waffen hatten einen einfachen Pistolengriff, während andere den primitivsten hölzernen Kolben hatten, den man sich vorstellen konnte. Die Fertigungsqualität, schon immer ein Streitpunkt für die Benutzer der Sten, war keine Verbesserung gegenüber dem Original. Wenn überhaupt, waren viele der Waffen eher noch schlechter. Es war eine Waffe der Verzweiflung, dazu bestimmt, an jeden ausgehändigt zu werden, der eine Waffe halten konnte. Allerdings kam sie sogar dafür zu spät, da die Fertigung erst im Herbst 1944 befohlen wurde. Die meisten vorhandenen Exemplare verließen nie die Fabriken oder Werkstätten und wurden zum größten Teil erst nach dem Kriegsende zusammengebaut.

TÄUSCHEND ÄHNLICH

Die andere deutsche Kopie der Sten gibt einige Rätsel auf. Warum sie von den Mauser-Werken hergestellt wurde, ist nicht mehr nachvollziehbar und schwer verständlich. Dieses Mal war es eine exakte Kopie des Mark II bis hin zur Prägung des Gehäuses und so gut gemacht, dass sie vom Original nicht unterschieden werden konnte. Die am weitesten verbreitete Theorie war, dass sie an die wenigen deutschfreundlichen Partisanen in Frankreich ausgegeben werden sollte, die nach der Invasion aus ihren Verstecken kommen sollten. Das allerdings erklärt nicht, warum es sich um exakte Kopien der britischen Waffen handelte. Es wurden ungefähr 25 000 Stück in Oberndorf innerhalb von nur sechs Wochen unter größter Geheimhaltung gebaut und an die Wehrmacht ausgeliefert. Allerdings wurde niemals ein authentisches Exemplar vom Gerät Potsdam, wie es genannt wurde, gezeigt. Wahrscheinlich waren die Kopien so gut, dass man sie wirklich nicht von der echten Sten unterscheiden konnte. Ein deutscher Experte meint, dass der Preis für diese Waffen mit 1800 Reichsmark enorm hoch war, im Gegensatz zu den 56 Reichsmark für ein Standardgewehr Mauser 98k. Das deutet darauf hin, dass die Kopien tatsächlich für eine besondere Operation bestimmt waren. Was das genau gewesen sein könnte, ist aber unbekannt.

DEUTSCHE MPis NACH DEM ZWEITEN WELTKRIEG

Nach 1945 war die deutsche Industrie wieder einmal zerstört und noch schlimmer, das Land war in zwei Teile gespalten. Die eine Besatzungsmacht demontierte zunächst alles, was nicht niet- und nagelfest war. Somit war Deutschland keine Macht mehr auf dem Gebiet der Waffenproduktion. Dieses Mal sollte die Unterbrechung aber nicht so lange dauern.

Wenigstens zwei wichtige Waffenhersteller, ERMA und Walther, befanden sich in der sowjetischen Besatzungszone, der späteren DDR und gingen dann in die Bundesrepublik. 1951 wurde ERMA in Dachau in Bayern wieder gegründet und baute bis in die Mitte der sechziger Jahre

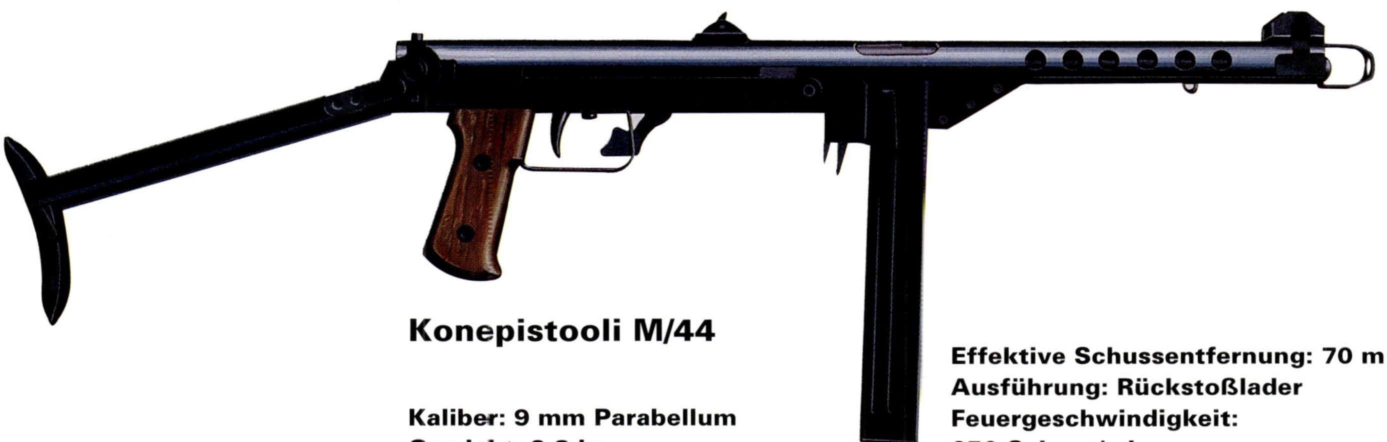

Konepistooli M/44

Kaliber: 9 mm Parabellum
Gewicht: 2,8 kg
Länge: 825 mm (Schulterstütze ausgeklappt)
Lauflänge: 250 mm

Effektive Schussentfernung: 70 m
Ausführung: Rückstoßlader
Feuergeschwindigkeit: 650 Schuss/min
Mündungsgeschwindigkeit: 395 m/sek
Herstellerland: Finnland

Maschinenpistolen. Nun aber hatte ERMA, vor dem Krieg eines der größten Unternehmen, keinen Erfolg mehr damit. Obwohl die Maschinenpistolen gut gemacht waren, wurden sie nirgendwo eingeführt. ERMA konzentrierte sich darauf hin auf Sportwaffen. Walther wurde in Ulm wieder aufgebaut und baute eine einzige Maschinenpistole in zwei Varianten, die in mehreren Ländern von der Polizei übernommen wurde. Mauser baute zwei verschiedene Maschinenpistolen, von denen eine bei ERMA entwickelt worden war. Den wahren Erfolg hatten ehemalige Mitarbeiter von Mauser, die sich in Oberndorf als Heckler und Koch niederließen und mit ihrer MP5 in den verschiedenen Ausführungen de facto einen neuen Standard setzten.

ERMA PM9

Das erste Produkt aus den neuen ERMA-Werken war die französische Maschinenpistole PM9 (Pistole Mitraillette, 9 mm). Diese eigenartige Konstruktion besaß ein Schwungrad statt einer Schließfeder. Der Vorteil war eine beträchtliche Reduzierung der Gesamtlänge auf nur 640 mm bei ausgeklappter Schulterstütze. Das Gewicht betrug ungeladen 2,5 kg. Wie bei der zeitgenössischen französischen MAT 49 kann das Magazin nach vorn unter den Lauf und die Schulterstütze nach hinten neben das Gehäuse geklappt werden, sodass ein handliches Paket entsteht. Die ersten Waffen mit dieser Innovation sind wahrscheinlich in den 30er Jahren bei SIG in der Schweiz produziert worden. Die erfolglose Hotchkiss von 1949 folgte diesem Beispiel. Die PM9 hatte zwar eine hohe Feuergeschwindigkeit von 750 Schuss pro Minute, trotzdem aber eine leichtgängige Mechanik. Sie benötigte aber viele präzise gefertigte Teile und war somit ziemlich teuer, was einem kommerziellen Erfolg entgegenstand.

MPIS VON ERMA

Die PM9 war das Ergebnis der Arbeit von Louis Bonnet de Camillis, und er war auch für ERMAs nächsten Versuch verantwortlich, wieder auf dem Markt Fuß zu fassen. Die MP56 war eine eher konventionelle Waffe mit einem für die Zeit etwas ungewöhnlichen röhrenförmigen Verschluss, der Lauf und Ladungsraum umfasste, wodurch die Gesamtlänge der Waffe erheblich verkürzt wurde. ERMA führte die Entwicklung bis zum Prototypenstadium, gab dann aber auf.

Die Konstruktionspläne für die Waffe wurden an Mauser weitergegeben, das die Waffe als MP57 herstellte. Der nächste Versuch von ERMA war wieder erfolglos. Diesmal handelte es sich um eine Maschinenpistole, die Panzerabwehrgranaten abschießen konnte. Dafür musste es sich um eine aufschießende Waffe handeln. Nach diesem Misserfolg versuchte ERMA genau den Vorgaben der Bundesregierung für eine günstige Waffe zu folgen. Gebaut wurde ein Modell, bei dem in einem Arbeitsgang die meisten Teile aus einem einzigen Stahlblech ausgestanzt werden konnten. Von der Funktionsweise her kehrte die MP58 zu dem Teleskoprohr für die Schließfeder zurück, das schon bei den Vorkriegsmodellen benutzt worden war. So wurde die Waffe zum großen Teil vor dem Eindringen von Sand und Dreck geschützt. Obwohl die Forderungen der Bundeswehr genau eingehalten wurden, wurde die MP58 nicht übernommen.

Es folgte die verbesserte MP59 mit einem eingebauten Dämpfer zur Einstellung der Feuergeschwindigkeit zwischen 100 und 600 Schuss pro Minute. Probleme mit der schnellen Abnutzung der Versiegelung konnten zwar schließlich gelöst werden, waren aber Grund genug, auch dieses Projekt einzustampfen. ERMA gab sich jedoch noch nicht geschlagen und begann sofort mit der Entwicklung einer neuen Waffe, der MP60. Sie war wieder recht konventionell, abgesehen davon, dass der Lauf vollkommen von einer rechteckigen Verlängerung des Gehäuses ummantelt war. Insgesamt wurden ungefähr 30 Stück in Handarbeit gefertigt und der Bundeswehr zur Erprobung überlassen. Wieder einmal wurde kein offizielles Interesse bekundet, obwohl die MP60 hervorragende Leistungen erbrachte, insbesondere in Bezug auf ihre Widerstandsfähigkeit gegen Dreck. So wurde auch dieses Projekt zu den Akten gelegt. ERMA unternahm einen letzten Versuch mit einer abgewandelten MP60, die einen neuen Sicherheitsmechanismus und einen beidhändigen Umschalthebel hatte. Wie ihr Vorgänger, war die MP65 trotz ihrer guten Verarbeitung und Widerstandsfähigkeit genauso erfolglos. ERMA gab schließlich auf.

AUF NACH ULM

Die Carl Walther Waffenfabrik, damals noch in Zella-Mehlis, war in erster Linie für ihre automatischen Pistolen aus der Zwischenkriegszeit bekannt: Die PP (Polizeipistole) und PPK, hauptsächlich im Kaliber 7,65 mm und die P39 in 9 mm Parabellum, die die Luger P08 als Seitenwaffe der Reichswehr ablöste. 1957 fing das Unternehmen in Ulm erneut an, seine erfolgreichen Waffen herzustellen. Bald stieg es auch in andere Bereiche ein, darunter das Entwicklungsprogramm, aus dem die MP-l (für lang) und MP-k (für kurz) hervorgingen. Die unterschiedliche Länge ergab sich durch die Läufe von 260 mm bzw. 173 mm.

Die Walther MP war eine absolut konventionelle Rückstoßwaffe. Ungewöhnlich war nur der Verschluss, der in einem tunnelartigen Gehäuse über dem Lauf lag, weswegen das Gehäuse ziemlich kurz sein konnte, nur 380 mm bei abgeklappter Schulterstütze. Diese Anordnung war vom Prinzip her der ERMA MP56 sehr ähnlich. Die MP-k wurde der Vorreiter für eine ganz neue Gattung kleiner Maschinenpistolen, zu denen sich später die tschechische Skorpion, die israelische Mini-Uzi und die amerikanische Ingram MAC-10 gesellten. Die MP-k hatte eine Menge Verbesserungen zu bieten. Der Spannhebel bewegte sich nicht mit dem Verschluss, konnte aber durch Eindrücken wieder mit ihm verbunden werden, um eine eventuell verklemmte Patrone zu befreien. Die Waffe feuerte aus einem offenen Verschluss und benutzte das Prinzip des gleitenden Abfeuerns, um die Rückstoßkräfte zu verringern. Die Walther MP wurde nie als Dienstwaffe übernommen, aber einige Polizeikräfte und Spezialeinsatzkommandos wurden damit ausgerüstet.

In der Zwischenzeit begann Anschütz, besser bekannt für seine Scheibenbüchsen, nur ein paar Straßen von Walther entfernt mit der Herstellung einer Maschinenpistole. Als Grundlage diente die finnische Konepistooli M/44, die wiederum eine fast exakte Kopie der sowjetischen PPS43 war. Als er am Ende des Zweiten Weltkriegs nach Spanien floh, nahm Willi Daugs, Leiter des Arsenals Tikkakoski, die Konstruktionszeichnungen mit. Er arbeitete dann mit Ludwig Vorgrimler zusammen, der während des zweiten Weltkriegs mit seinem Team bei Mauser an dem halbstarren Rollenverschluss gearbeitet hatte. Vorgrimler hatte sich inzwischen dem Centro des Estudios Tècnicos Materiales Speciales in Madrid angeschlossen, wo er für das Selbstladegewehr CETME M58 verantwortlich war. Später diente dieses Gewehr als Vorlage für die G3-Reihe von Heckler & Koch, sodass der Entwurf schließlich nach Oberndorf zurückkehrte. Daugs und Vorgrimler entwickelten eine Variante des Gewehrs und ließen es im spanischen Oviedo bauen. Der deutsche Zoll kaufte 1000 Exemplare und ließ einige bei Mauser, Sauer und Anschütz überarbeiten, um das Produktionsverfahren zu vereinfachen. Die Vorschläge von Anschütz waren am geeignetsten, und so wurde die Waffe bei Anschütz in Ulm als DUX MP59 gebaut.

MAUSERS MASCHINENPISTOLEN

Mitte der 1860er Jahre hatte Mauser die Königliche Württembergische Gewehrfabrik in Oberndorf am Neckar übernommen und baute dort zunächst Gewehre mit Zylinderverschluss, dann Pistolen und später Selbstladegewehre. Abgesehen von sechs Wochen im Jahr 1945, als Mauser exakte Kopien der britischen Sten Mk II baute, ging das Unternehmen erst 1957 ernsthaft daran, eine Maschinenpistole herzustellen. Man nahm eine vorhandene Konstruktion, obwohl die Stärke des Unternehmens eigentlich in der Konstruktion und Entwicklung lag. Wie bereits oben erwähnt, war die MP57 im Prinzip eine Konstruktion von Camillis, die ERMA als Prototyp gebaut hatte. Die einzigen größeren Unterschiede bestanden in einer Vorrichtung für Einzelfeuer und einem vorderen Pistolengriff direkt unterhalb der Mündung, der bei Bedarf nach hinten unter den Lauf geklappt werden konnte. Wie ihre Schwesterkonstruktion war die MP57 etwas ungewöhnlich für die Zeit, weil sich die Abzugsgruppe vor dem Verschluss befand und das 32-Schuss-Magazin durch den Pistolengriff eingeschoben wurde.

Die MP57 war kein kommerzieller Erfolg. Ebenso ging es dem nächsten Versuch, dem Modell 60. Es wurde von Ludwig Vorgrimler selbst entworfen, der inzwischen wieder aus Spanien zurückgekehrt war. Wie die ERMA-Panzer war die Mauser Modell 60 eine aufschießende Waffe und sollte Panzerabwehrgranaten abfeuern können. Ungewöhnlich war der verdeckte Hahn, der auf den Schlagbolzen wirkte.

DIE HECKLER & KOCH MP5

Die weit und breit erfolgreichste deutsche Maschinenpistole jener Zeit, an der spätere Entwicklungen gemessen werden sollten, war die Heckler & Koch MP5. Sie war wesentlich anspruchsvoller als die meisten Maschinenpistolen und hatte den gleichen halbstarren Rollenverschluss wie das Sturmgewehr G3. Vorgrimler und seine Mitarbeiter Illenberger und Jungemann, angeführt von Wilhelm Stähle, hatten das G3 1942–1943 für den nie gebauten Mauser-Maschinenkarabiner entwickelt, der die schwächere 7,9-mm-Pistolenpatrone verfeuern sollte. Die MP5 war eine aufschießende Waffe, und deshalb entfiel die erste Bewegung des Verschlussstücks in das Gehäuse. Dadurch geriet die Waffe nicht schon beim ersten Schuss aus der Ziellinie. Die MP5 erwies sich als wesentlich präziser als die Konkurrenzprodukte, vor allem beim Einzelfeuer. Dadurch war sie insbesondere bei der Polizei sehr beliebt.

Der Rollenverschluss war ein Meisterwerk. Es hatte seinen Ursprung im Mechanismus des MG42, war aber einfacher und leichter herzustellen. Ein unbekannter Erfinder hatte die geniale Idee, ein flaches pfeilförmiges Steuerstück einzuführen, durch das der Schlagbolzen ging und das als flexible Verbindung zwischen Verschlusskopf und Verschlussblock agierte. Der Gasdruck im Ladungsraum wirkte auf die leere Patronenhülse und

Dux Modell 59

Kaliber: 9 mm Parabellum
Gewicht: 3,5 kg
Länge: 825 mm
Lauflänge: 250 mm
Effektive Schussentfernung: 70 m
Ausführung: Rückstoßlader
Feuergeschwindigkeit: 500 Schuss/min
Mündungsgeschwindigkeit: 395 m/sek
Herstellerland: Deutschland/Spanien

OBEN: Die hochgelobte MP5 von Heckler & Koch. Hier die Version A3 mit der ausfahrbaren Schulterstütze.

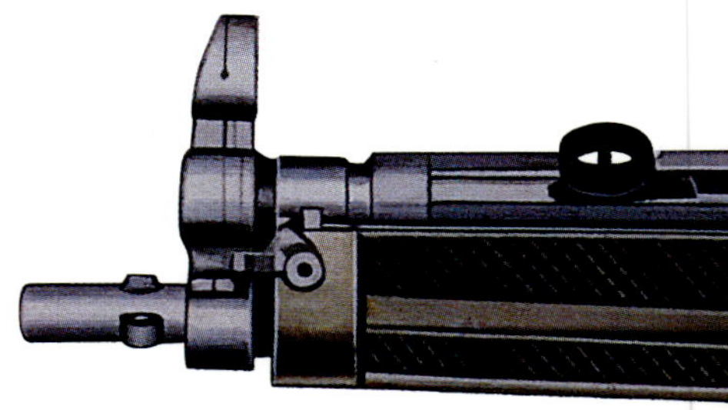

Heckler & Koch MP5A2/A3

Kaliber: 9 mm Parabellum
Gewicht: 2,55 kg
Länge: 660 mm (MP5A3, Schulterstütze ausgefahren)
Lauflänge: 225 mm
Effektive Schussentfernung: 70 m
Ausführung: Verzögerter Rückstoßlader (verriegelter Verschluss)
Feuergeschwindigkeit: 650 Schuss/min
Mündungsgeschwindigkeit: 395 m/sek
Herstellerland: Deutschland

schob Verschlusskopf und Steuerstück rückwärts gegen den Druck einer starken Feder. Dadurch konnten die Rollen im Verschluss, die sich in Feuerstellung in Vertiefungen im Gehäuse befanden, sich wieder in den Verschluss zurückziehen, sodass der gesamte Verschluss gegen die Schließfeder drückte und den Mechanismus in Gang setzte. Der Verschluss war eine komplizierte zweiteilige Konstruktion. Der untere Teil bestand aus dem Verschluss selbst mit den Verriegelungsrollen, dem Steuerstück und dem Schlagbolzen, während der fest damit verbundene obere Teil in einem zweiten Zylinder über dem Lauf lief, wo er auf die Hauptfeder wirkte. Das Spannstück saß über dem Lauf und wirkte auf den oberen Teil des Verschlusses, den Lauf und den Zylinder, in dem der Spannmechanismus unter einem Schutz saß, der einen Vordergriff bildete. Es ist strittig, ob diese Anordnung eine Verriegelung darstellt oder lediglich einen verfeinerten Verzögerungsmechanismus. Wichtig ist aber, dass sie stark genug ausgelegt ist, den Verschluss eines Sturmgewehres oder eines leichten MG im NATO-Kaliber 7,62 mm zu verriegeln. Die gleiche Funktion erfüllte das System auch beim Gewehr G3 und den leichten MGs HK13, -21 und -23.

Die MP5 hatte den gleichen Abzug und Mechanismus wie der Rest der Familie, ebenfalls mit einem Hahn. Wenn der Schalter auf Automatik stand, wurde der Abzug aufwärts bewegt, sodass die Nase des Abzugsstücks beim Feuern so weit heruntergedrückt wurde, dass es nicht wieder in den Hahn einrasten konnte. Stand der Schalter auf Einzelfeuer, ging der Abzugsmechanismus so weit nach unten, dass die Nase des Abzugsstücks in den Hahn eingriff. Stand der Schalter auf „Sicher", ging der Abzug so weit nach unten, dass das Abzugsstück den Hahn vollkommen blockierte. Es gab ein Zusatzgerät für Feuerstöße von zwei, drei oder vier Schuss im Automatikbetrieb, wobei die Zahl beim Aufsetzen des Geräts vorgewählt werden musste. Das Gerät arbeitete mit einer einfachen Ratsche, die das Abzugsstück vom Hahn fernhielt, bis die gewünschte Anzahl Schüsse abgegeben war.

VARIANTEN DER MP5

Die Maschinenpistole MP5 war in zwei fast identischen Grundformen erhältlich. Die MP52 hatte einen festen Hinterschaft aus schwarzem Kunststoff, während die A3 eine ausziehbare Schulterstütze hatte. Diese lief in speziellen Führungsschienen im Gehäuse. Ein einfacher Haltebolzen sicherte Schaft bzw. Schulterstütze am Gehäuse, und die beiden Elemente konnten gegeneinander ausgetauscht werden. Wahlweise gab es auch eine einfache Schaftkappe. Mit der MP5 SD wurde auch eine schallgedämpfte Version angeboten. Der integrierte Schalldämpfer bestand aus einem Zylinder um den Lauf, der entlang seiner Länge Bohrungen hatte. Das Treibgas lief durch diese Schlitze in den Zylinder und strömte durch eine spiralförmige Kurve, bevor es sich verflüchtigte. Dadurch verlor es viel von seiner Geschwindigkeit. Die Geschwindigkeit des Geschosses lag unterhalb der Schallgrenze. Die Maschinenpistole HK53 verschoss Patronen des Kalibers

5,56 mm x 45. Sie war Teil einer umfassenden Waffenfamilie, zu der auch zwei Sturmgewehre und zwei Maschinengewehre gehörten. Viele ihrer Bauteile waren untereinander austauschbar. Diese Eigenschaft sollten fast alle Sturmgewehre der zweiten Generation aufweisen.

BRITISCHE MASCHINENPISTOLEN

Das britische Heer hatte nach dem Ersten Weltkrieg keine taktischen Forderungen für die Maschinenpistole. Es hielt diese Waffengattung für „Gangsterwaffen“ und wollte nichts damit zu tun haben. Erst 1940, als man die Realität eines neuen Krieges, sogar einer neuen Art von Krieg erkennen musste, änderte das Heer seine Meinung. Man griff zunächst auf die einzigen verfügbaren Bestände bei Auto Ordnance zu und bestellte so viele Thompson, wie die Firma liefern konnte.

BSA hatte bereits seit 1926 in England Thompsons hergestellt und dabei sehr eng mit dem Stammunternehmen zusammengearbeitet. Einige von BSA eingeführte Veränderungen fanden ihren Weg in spätere Produkte von Auto Ordnance. Zu diesem Zeitpunkt konnte Auto Ordnance aber den Gesamtbedarf des britischen Heeres noch nicht decken. Das Ministerium musste sich woanders umsehen, und es galt keine Zeit zu verlieren. In gewissem Sinn ist es ein beträchtlicher Vorteil, später in eine Entwicklung einzusteigen. Schließlich kann man mit wenig Aufwand viel aus den Fehlern der Pioniere lernen, die die Vorarbeit geleistet haben. Genau das tat im Prinzip die Royal Small Arms Factory. Dort wurde die Entwicklung einer einfachen Maschinenpistole ohne großartiges Drum und Dran in Auftrag gegeben und in kürzester Zeit verwirklicht.

DIE BERÜCHTIGTE STEN

Nie gab es eine wirksame Kriegswaffe, die so wenig von ihren Schützen geschätzt wurde. Die ursprüngliche Sten bzw. Maschinenkarabiner 9 mm Sten sollte die Standardmaschinenpistole aller britischen Streitkräfte werden, ungeachtet

der Tatsache, dass sie von ihren Schützen verachtet wurde. Der Name der Waffe wurde von den Initialen ihrer beiden Konstrukteure abgeleitet, Projektleiter Major R.V. Sheppard und Konstrukteur H. P. Turpin; das „en" steht für Enfield. Die Soldaten nannten sie jedoch „des Klempners Freude" und „Woolworth Special", um zu zeigen, wie billig sie war. Die anderen Spitznamen sind wirklich nicht druckreif!

Im Großen und Ganzen war die Sten eine Nachbildung der MP40, obwohl sie ihr äußerlich kaum ähnelte. Auch ihre Einzelteile wurden an vielen verschiedenen Stellen produziert und dann zum Zusammenbau zu BSA, in die Royal-Ordnance-Fabriken sowie nach Enfield geschickt. Die Konstruktion war extrem simpel und verfügte über keinerlei Schnickschnack. Die einzigen Teile, die nicht gestanzt waren, waren die Kombination aus Lauf und Ladungsraum, das Verschlussstück und das Magazingehäuse. Der Lauf einiger Modelle war ein einfaches gezogenes Stahlrohr. Es handelte sich um einen gewöhnlichen Rückstoßlader, der abgesehen von der Hauptfeder ohne Verzögerung auskam. Die zuschießende Waffe wurde mit einem Griffstück gespannt, das aus einem Schlitz des röhrenförmigen Gehäuses ragte. Das Griffstück konnte in eine Kerbe eingerastet werden und blockierte dann das Verschlussstück. Ein einfacher Druckschalter ermöglichte die Wahl zwischen Einzel- und Dauerfeuer, indem er eine Arretierung im Abzugsmechanismus schloss oder löste. Im Dauerfeuer war eine Feuergeschwindigkeit von 600 Schuss pro Minute möglich. Die Waffe war primitiv und absolut nicht perfekt. Aber die Geschichte zeigt, dass diese offensichtliche Notlösung ziemlich erfolgreich war. Sie wurde in großer Anzahl produziert – BSA allein baute 20 000 Stück pro Monat; Enfield etwa genauso viel – und die Produktion lief auch nach Beendigung des Zweiten Weltkriegs weiter.

Alles in allem wurden mindestens elf verschiedene Versionen hergestellt, von denen einige nicht über das Experimentierstadium herauskamen. Am weitesten verbreitet war die Mk II. Nach dem Ende des Zweiten Weltkriegs kam eine wesentlich besser gefertigte Mark V auf den Markt, mit hölzerner Schäftung und einem vorderen Pistolengriff, der später wieder weggelassen wurde. Schließlich war es einfacher, das Magazin als Griff zu benutzen. Drei schallgedämpfte Modelle wurden in begrenzter Anzahl gebaut. Die beste davon, wahrscheinlich sogar die beste schallgedämpfte Maschinenpistole ihrer Zeit, war die Mark IIS.

DIE MASCHINENPISTOLE LANCHESTER

Die Sten war aber nicht die einzige britische Maschinenpistole. Die Royal Navy hatte die Lanchester, die in Bezug auf Mechanismus und Fertigungsqualität viel besser war. Sie war kaum mehr als eine originalgetreue Kopie der MP28 von Hugo Schmeisser. Die Lanchester, 1941 eingeführt, wurde bei Sterling Arms hergestellt. Sterling Arms baute später das Nachfolgemodell der Sten unter seinem eigenen Namen. Die wesentlichen Unterschiede zur MP28 lagen in der hölzernen Schäftung und dem Bajonetthalter des SMLE, des britischen Standardgewehrs des Ersten Weltkriegs. Die deutsche MP28 hatte hingegen die Schäftung der Mauser 98K. Selbstverständlich war die Lanchester wie die Sten und andere britische Maschinenpistolen auf die 9 mm Parabellum ausgelegt. Weitere Abweichungen vom deutschen Original fand man beim Magazingehäuse aus massi-

LINKS: Die Heckler & Koch MP5K (K für „kurz") zählt zur neuen Generation der Mini-MPis, die u. a. zur Befreiung von Geiseln eingesetzt werden.

vem Messing und bei der Magazinsperre am Gehäuse. Das mitgelieferte Magazin war eine Nachbildung des Magazins von Schmeisser. Sheppard und Turpin sind sicherlich davon beeinflusst worden, da das für die Sten entwickelte kleinere Kastenmagazin die gleiche Fassung hatte wie das der Lanchester und somit austauschbar war.

Seltsamerweise lag der einzige größere Fehler des Sten in den Magazinlippen und konnte somit Schmeisser zur Last gelegt werden. Fairerweise muss man jedoch sagen, dass die Magazine, die er herstellte, viel robuster in ihrer Konstruktion waren. Verformungen der Magazinlippen, die bei der Sten immer wieder auftraten, kamen, wenn überhaupt, nur selten vor.

QUALITÄT – EIN LUXUS

Der Unterschied zwischen der Sten und der Lanchester hätte nicht krasser sein können. Die Lanchester war eine Waffe höchster Qualität, ordentlich gebaut und gefertigt und angenehm zu handhaben. Die Soldaten und Seeleute waren voll des Lobes. Das galt auch für diejenigen, die die Lanchester auf anderen Wegen in die Hände bekamen, insbesondere die Freischärler, die Einheiten wie die SAS bildeten. Diejenigen, die jedoch mit der Sten vorlieb nehmen mussten, verfluchten ihre schlechte Qualität und Verarbeitung. Dabei war die Sten eine effektive Waffe. Außerdem konnte in Bezug auf Materialkosten und Arbeitsaufwand für eine Lanchester eine ganze Kiste voll Stens hergestellt werden. So gesehen war die Sten bei weitem die bessere Waffe, auch wenn die Truppe davon nichts wissen wollte. Vielleicht hätte man sie etwas aufpolieren oder sorgfältiger herstellen und z. B. die rohen Schweißnähte glätten können. Das alles hätte jedoch nichts an ihrer Leistungsfähigkeit als in Massen produzierte Kriegswaffe geändert, sondern nur die Kosten in die Höhe getrieben und die Produktionsrate gesenkt.

ANDERE ALTERNATIVEN

Es gab in England während des zweiten Weltkriegs auch Alternativen zur Sten und Lanchester. Sie wurden aber nie fertig entwickelt geschweige denn übernommen. Die beste war wohl die Vesely oder V42, benannt nach ihrem Konstrukteur, einem ungarischen Auswanderer, der eng mit BSA zusammenarbeitete. Als die Waffe produziert wurde, war das differenzierte Rücklaufprinzip (gleitendes Abfeuern) das anerkannte Verfahren, den Mechanismus einer Maschinenpistole geschmeidiger zu machen. Die V42 hatte statt dessen eine viel längere Rückholfeder, die sich im Innern des Hinterschaftes befand. Der Nachteil war jedoch, dass die Feuergeschwindigkeit auf 700 Schuss pro Minute stieg. Ein weiteres ungewöhnliches Merkmal war das Magazin, das zwei hintereinander liegende Reihen von Patronen enthielt, wobei die vordere Reihe zuerst abgefeuert wurde. Das erhöhte die Kapazität auf 60 Schuss, ohne die Montage unnötig zu erschweren. Anfangs gab es noch Probleme, die aber schließlich gelöst wurden. Allerdings scheint diese Lösung nie wieder benutzt worden zu sein.

Vesely richtete seine Aufmerksamkeit von Anfang an auf die „Herstellbarkeit" der Waffe. Obwohl äußerlich konventionell und zumindest nach damaligem Standard sorgfältig gefertigt, bestand sie so weit wie möglich aus Stanz- und Prägeteilen sowie einfachen maschinell hergestellten Teilen. Sie war so konstruiert, dass relativ ungelernte Arbeiter sie schnell zusammenbauen konnten. Das aber reichte nicht aus, um die Sten zu verdrängen.

DIE WELGUN

Abgesehen von der Produktion der Sten und der Zusammenarbeit mit Vesely bei der Entwicklung der V42 hatte BSA auch ein eigenes Projekt. Die Welgun benutzte einige Bauteile der Sten: Magazin, Lauf und Schließfeder. Lauf und Schließfeder waren zusammengelegt, um die Gesamtlänge der Waffe zu reduzieren. Dadurch zog die Feder nun das Verschlussstück in die Feuerstellung zurück, anstatt es zu schieben. Es gab keinen Spannhebel. Statt dessen hatte das Gehäuse zwei Schlitze an der Seite, durch die die Finger und der Daumen der linken Hand den Verschluss selbst greifen und vor- und rückwärts schieben konnten. Man war aber ernsthaft besorgt, dass diese Schlitze Dreck und Matsch eindringen lassen könnten, was Ladehemmungen zur Folge gehabt hätte. Das Magazin befand sich am Boden des Gehäuses und führte die Patronen nach oben zu. Der Schlagbolzen wurde von einem Schwinghebel vorwärts bewegt, der sich im Verschlussstück drehte. Das Verschlussstück selbst wurde von einem Stift auf der Stirnfläche betätigt. Im Vergleich zur Sten war diese Anordnung anscheinend komplizierter. Sie ermöglichte aber das Einbauen eines mechanischen Sicherheitsriegels, der sicherlich weitaus durchdachter war als bei den meisten zeitgenössischen Maschinenpistolen.

Die Hauptschwäche der Welgun war die Position der Schließfeder. Da sie den Lauf umgab, wurde sie schnell heiß. Folglich war man der Ansicht, dass sie bei Dauerfeuer wahrscheinlich versagen würde. Bei abgeklappter Schulterstütze war die Welgun 700 mm lang, 6,35 cm kürzer als die Sten. Ungeladen wog sie mit etwas über 3 kg genauso viel wie die etablierte Waffe. Die Feuergeschwindigkeit entsprach der der späteren Sten.

DIE MASCHINENPISTOLE STERLING

Sterling Arms stellte 1942 die Produktion der Lanchester ein, aber Konstrukteur George Patchett hatte bereits einen Prototypen einer neuen leichten Maschinenpistole fertig. Sie war sauberer gefertigt als die Sten, viel durchdachter in ihrer Funktionsweise und wesentlich robuster, aber mit 2,7 kg in ungeladenem Zustand dennoch geringfügig leichter. Selbstverständlich verschoss auch sie die 9 mm Parabellum. Ab 1944 wurde sie bei Sterling als Patchett Mk1 gebaut.

Noch im selben Jahr wurde die verbesserte Patchett Mk2 vorgestellt, die dann als Sterling bekannt wurde. Der einzig bedeutende Unterschied bestand im Magazin. Das frühere Modell hatte ein gerades Magazin, wie das der Sten. Man konnte übrigens beide gegeneinander austauschen. Bei dem späteren Modell war das Magazin leicht gebogen, um das Zuführen der 34 Schuss ein wenig zu erleichtern. 1953 wurde die Waffe als Maschinenkarabiner 9 mm, Sterling L2A1, beim britischen Heer eingeführt und blieb bis zum Ende des Jahrhunderts im Dienst. Allerdings wurden im Lauf der Zeit geringfügige Änderungen vorgenommen. Für geheime Operationen wurde in kleiner Zahl die L34A1 mit eingebautem Schalldämpfer hergestellt.

Die Sterling war ein zuschießender Rückstoßlader, und die Patrone wurde bereits abgefeuert, während sich der Verschluss noch vorwärts bewegte und noch nicht vollständig im Ladungsraum saß. Während der nächsten Millisekunden wurde sie richtig ausgerichtet, sodass die Liderung erreicht wurde und der Druck hinter dem Projektil unverzüglich anstieg. Durch die nun leere Patronenhülse hindurch überwand der Druck die Kraft der Feder und die Trägheit des Verschlusses, brachte ihn zum Halten und drückte ihn zurück gegen die Rückholfeder. Auf diese Art wurde der unerwünschte Rückstoß verringert. Sobald der Ladungsraum leer war, wurde die verbrauchte Hülse, bis zu diesem Zeitpunkt immer noch von der Ausziehkralle an der Stirnfläche festgehalten, von einem einfachen Sporn an der Gehäusewand nach rechts ausgestoßen. Stand der Umschalthebel auf Einzelfeuer oder wurde der Abzug losgelassen, wurde der Verschluss am Ende seines Laufs vom Abzugsstück festgehalten. Wurde der Abzug wieder gedrückt, bewegte sich der Verschluss unter dem Druck der Feder wieder vorwärts, holte eine neue Patrone aus dem Magazin und startete den Mechanismus erneut. Wie bei der Sten saß auch bei der Sterling der Schlagbolzen an der Stirnseite des Verschlusses. Der Umschalthebel arbeitete mit Hilfe eines gefederten „Unterbrechers", der auf das Abzugsstück einwirkte. Stellte man ihn auf Automatik, wurde der Unterbrecher vom Abzugsstück ferngehalten, sodass das System ungehindert so lange laufen konnte, wie das Abzugsstück zurückgehalten wurde. Auch die Sicherung bediente sich dieses Unterbrechers, indem das Abzugsstück so arretiert wurde, dass es sich nicht lösen konnte. Die Feuergeschwindigkeit der Waffe lag mit 550 Schuss pro Minute geringfügig niedriger als bei der Sten, die sie ablöste. Die Sterling war die letzte Maschinenpistole, die in Großbritannien für die Massenproduktion entwickelt wurde. Bei der Truppe wurde sie durch das SA80 (L85A1), ein „Bullpup-Sturmgewehr", abgelöst.

ITALIENISCHE MASCHINENPISTOLEN

Vor der Bergmann MP18 gab es bereits eine italienischen Maschinenpistole. Es handelte sich dabei um die Vilar Perosa, eine äußerst interessant konstruierte Waffe. Einige Fachleute würden sie allerdings überhaupt nicht als Maschinenpistole, sondern eher als leichtes MG klassifizieren, das zufällig auf die ziemlich schwache Patrone 9 mm Glisenti ausgelegt war. Diese Patrone wurde für eine automatische Pistole entwickelt, die erstmals 1905 hergestellt und fünf Jahre später beim italienischen Heer eingeführt wurde. Von ihren Ausmaßen her glich die Glisenti der deutschen 9 mm Parabellum, ihre Mündungsgeschwindigkeit war jedoch ungefähr 20 % niedriger. Die Vilar Perosa war wohl ursprünglich für den Einsatz in Flugzeugen vorgesehen und zwar als flexibel eingebaute Waffe des Beobachters. Ihre Eigenschaften und ursprüngliche Form scheinen diese Theorie zu unterstützen. Sie hatte eine extrem hohe Feuergeschwindigkeit, ideal für eine derartige Nutzung, für den Infanteriesoldaten aber ein erheblicher Nachteil.

Ihr System funktionierte nach dem Prinzip des verzögerten Rücklaufs: Ein Zapfen im Verschlussblock bewegte sich in einer Steuerkurve, die eine Vierteldrehung vollführte, wenn der Block durch den Gasdruck im Ladungsraum und im Lauf zurückgedrängt wurde. Durch die folgende Drehung um 90° wurde die Bewegung des Verschlusses verzögert. Das war der einzige Zweck dieser Drehung. Am Ende des Rücklaufs zwang die Steuerkurve den Verschlussblock selbstverständlich erneut, sich um 90° zu drehen. Erst dann konnte der Schlagbolzen aus seiner Stirnseite heraustreten und gegen das Hütchen stoßen, um die Patrone zu zünden. Dabei lief der Verschlussblock noch vorwärts, wodurch der Rückstoß stark reduziert wurde.

In ihrer ursprünglichen Form wurde

Sten Mark 2

Kaliber: 9 mm Parabellum
Gewicht: 2,95 kg
Länge: 762 mm
Lauflänge: 195 mm
Effektive Schussentfernung: 70 m
Ausführung: Rückstoßlader
Feuergeschwindigkeit: 550 Schuss/min
Mündungsgeschwindigkeit: 395 m/sek
Herstellerland: Großbritannien

OBEN: Das Sten wurde von fast allen Schützen verspottet, dabei war es im Nahkampf äußerst wirksam.

die VP als Zwillingsgeschütz gebaut: Zwei vollständige Waffen Seite an Seite, die durch einen großen Ring an beiden Läufen und eine Verbindungsstange am Ende des röhrenförmigen Gehäuses miteinander verbunden waren. Des weiteren waren sie durch ein Paar Handgriffe miteinander verbunden, wie man sie ansonsten bei schweren Waffen mit Gurtzuführung findet. Jede Waffe hatte zwar ihre eigene Spannvorrichtung, aber die Vorrichtungen waren so miteinander verbunden, dass beide Waffen zusammen geladen wurden. Die getrennten Abzüge waren eigentlich Knöpfe, die mit dem Daumen bedient wurden. Sie saßen nebeneinander innerhalb der Handgriffe, da sie normalerweise zusammen ausgelöst wurden. Senkrecht oberhalb des Gehäuses saßen die gebogenen Kastenmagazine mit jeweils 25 Schuss. Da die Feuergeschwindigkeit etwa 1200 bis 1500 Schuss pro Minute betrug, konnten die 50 Schuss aus den beiden Magazinen mit einem Feuerstoß innerhalb einer Sekunde abgefeuert werden.

Die Waffe wurde gelegentlich als fahrzeuggestützte Waffe, z. B. im Seitenwagen eines Motorrads eingesetzt. Ihre Eigenschaften, ihre Form und die völlig fehlende Zielvorrichtung machten sie ziemlich unbeliebt. Erst nach Ende des ersten Weltkriegs erlangte sie als gewöhnliche MPi eine gewisse Popularität. Sie hatte einen hölzernen Schaft und zwei Abzüge, die hintereinander angebracht waren. Der vordere Abzug war für Einzelfeuer, der hintere für Dauerfeuer. Der Spannhebel war zu einer Hülse um den Lauf geworden. An der Unterseite war ein Ausschnitt für den Abzugsbügel. Die VP wurde in den 20er Jahren an die italienische Infanterie ausgegeben und war während des Zweiten Weltkriegs immer noch im Einsatz.

Sogar als Einzelwaffe war die VP ziemlich schwer und unhandlich. Beladen mit einem vollen Magazin wog sie 4,1 kg. Sie war immer noch 900 mm lang, obwohl der Lauf um 40 mm verkürzt worden war. Als der junge Ingenieur Tulio Marengoni 1918 zu Pietro Beretta SpA kam, lag seine erste Aufgabe in der Verbesserung der VP. Insbesondere das Gewicht musste reduziert werden. Marengoni ersetzte dazu den Abzug durch einen Mechanismus, der nur noch Dauerfeuer schießen konnte. Dieser Mechanismus war für den Karabiner Mannlicher-Carcano, das Dienstgewehr des italienischen Heeres, entwickelt worden. Außerdem baute er eine etwas stärkere Rückholfeder ein, um die Feuergeschwindigkeit etwas zu senken. Das

Ergebnis hieß Beretta Modello 1918, im gleichen Jahr offiziell beim Heer eingeführt. Sie blieb sogar bis zum Ende des Zweiten Weltkriegs im Dienst. Wichtiger ist jedoch wohl, dass Marengoni damit seinen Platz im Unternehmen gefunden und Beretta sich als Hersteller von Maschinenpistolen etablieren konnte. Allerdings sollte es noch zwanzig Jahre dauern, bis diese Partnerschaft zur vollen Reife gelangte.

DIE BERETTA MODELLO 1938

In der Zwischenkriegszeit entwickelte Marengoni, inzwischen Leiter der Abteilung Forschung und Entwicklung, zwei Selbstladekarabiner für die Polizei. Beretta konnte die Waffe zwar gut verkaufen, wandte sich aber Mitte der Dreißiger einer völlig neuen Maschinenpistole zu. Sie war komplexer als die VP oder die Modello 1918, aber wesentlich zuverlässiger und hatte eine realistischere Feuergeschwindigkeit. Die Beretta Modello 1938 sollte von 1938 bis 1960 die Standard-MPi des italienischen Heeres werden und wurde während des Zweiten Weltkriegs in großer Anzahl an die deutschen Truppen ausgegeben. Sie wurde auch beim rumänischen Heer eingeführt und in großer Zahl in weitere Länder exportiert. Die Modello 1938 war ein simpler Rückstoßlader ohne Verzögerungsmechanismus, aber mit einer primären Sicherung. Nur wenn der Verschlussblock in der Feuerstellung war und die Waffe schussbereit war, kam der Auswerferzapfen in Berührung mit einer Nockenbahn, die wiederum den Schlagbolzen nach vorn auf das Hütchen schlagen ließ und die Ladung abfeuerte. Die Rückholfeder war dünn und arbeitete im Innern des Verschlusses, der den Schlagbolzen umgab und von einem Ring in seiner Position gehalten wurde. Sein hinteres Ende saß in einem Rohr, das in eine Aussparung an der Endkappe des Gehäuses passte. Bei dem Abzugsmechanismus kehrte der Konstrukteur zu dem Doppelabzug der modifizierten VP zurück. Der vordere Abzug war für Einzelfeuer, der hintere für Dauerfeuer. Es gab einen einfachen Sicherungsriegel, der das System durch Unterbrechung blockierte.

Beretta stellte die Modello 1938 in drei Versionen her. Die erste hatte ein integriertes Klappbajonett, einen vielleicht etwas zu komplizierten Mündungsfeuerdämpfer und längliche Schlitze im Laufmantel. Die zweite hatte runde Löcher im Mantel und einen abgeänderten Sicherheitsriegel: Das Original wurde zwar übernommen, jedoch um einen Schieber ergänzt, der den hinteren Abzug blockierte und somit verhinderte, dass Dauerfeuer geschossen werden konnte. Das dritte Modell hatte weder Bajonett noch eine Befestigung dafür. Abgesehen davon hatte es einen vereinfachten Mündungsfeuerdämpfer. Mit diesem Modell wurden die Wehrmacht und die Rumänische Armee ausgerüstet. Am Ende ihres

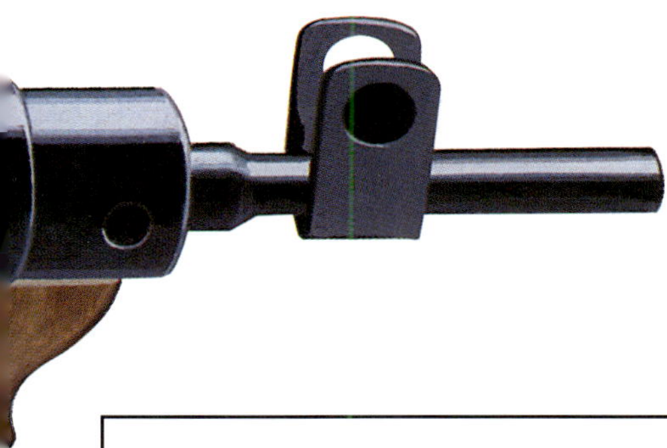

langen Daseins erhielt die Waffe einen einfacheren, aber besseren Querriegel als Sicherung, der eigentlich für das spätere Modell 38/49 entwickelt worden war.

Bei der neuen Waffe wollte Marengoni die stärkere 9 mm Parabellum benutzen. Er plante jedoch eine beträchtliche Sicherheitsspanne ein, die er schließlich ausnutzte, indem er eine noch stärkere Patrone erfand, die M38. Bei gleichen Ausmaßen wie die Parabellum (9 mm x 19), hatte sie eine schwerere Treibladung. Die Form der neuen Patrone unterschied sich durch eine 1 mm große Rille in der Hülse, etwa zwei Drittel oberhalb des Geschossbodens. Dadurch konnte die Patrone durch einmaliges Hinsehen oder Fühlen im Dunkeln identifiziert werden. Sie erreichte eine Mündungsgeschwindigkeit von 420 m/s im Gegensatz zu 365 m/s bei der Parabellum und 320 m/s bei der Glisenti.

1942 modifizierte Marengoni die Waffe mit dem Ziel, sie leichter sowie einfacher und billiger in der Herstellung zu machen. Er ließ den Laufmantel weg und kürzte den Lauf von 315 mm auf 215 mm. Anstelle von Schmiedestücken benutzte er Prägeteile für das Gehäuse und das Magazingehäuse, wodurch das Gewicht in ungeladenem Zustand von 4,2 kg auf 3,3 kg sank. Durch die Kürzung des Laufs wurde die Mündungsgeschwindigkeit geringfügig reduziert, ein geringer Preis angesichts der Tatsache, dass die Waffe sowieso nur für kurze Entfernungen gedacht war.

Der Modello 38/42 folgten die 38/44 mit einem verkürzten Hinterschaft und einer größeren Rückholfeder sowie die 38/49 oder M4 mit einem Sicherungsschieber. Die Waffe verkaufte sich in allen Versionen gut. Bis in die 60er Jahre wurde die M4 beim italienischen Heer, bei den paramilitärischen Carabinieri und bei der zivilen Polizei eingesetzt. Außerdem wurde sie von zahlreichen anderen Staaten für militärische und zivile Zwecke erworben. Kurz bevor Tulio Marengoni sich 1960 zur Ruhe setzte, ging die Verantwortung für die Entwicklung neuer Maschinenpistolen an Domenico Salza. Seine erste Waffe, eine Variante der M4, wurde 1953 fertig.

DIE BERETTA MODELLO 12

Zu dieser Zeit sahen die Maschinenpistolen von Beretta mit ihrer hölzernen Schäftung ziemlich altmodisch aus, obwohl die Modello 38/49 mit falt- oder ausziehbaren Schulterstützen erhältlich war. Dieses Problem musste schnell angegangen werden. Salza begnügte sich nicht damit, das Äußere der Waffe der Zeit anzupassen. Er schuf eine vollkommen neue Waffe, die dank der Verwendung eines um den Lauf angeordneten Verschlusses viel kompakter war. Diese technische Neuerung wurde wahrscheinlich zuerst 1948 mit der Tschechischen CZ48 eingeführt, die auch als Samopal 23 bekannt war. Die neue Beretta wurde 1958 als Modello 12 präsentiert und im darauf folgenden Jahr hergestellt.

In ihrer Erscheinung war die Modello 12 irgendwie ungewöhnlich. Sie hatte zwei geformte Pistolengriffe aus Kunststoff an beiden äußeren Enden; das Magazingehäuse lag dazwischen vor dem Abzugsbügel. Dazu kommt ein Rohr mit großem Durchmesser, das Lauf und Gehäuse gleichzeitig darstellte. Der Spannhebel war permanent am vorderen Ende befestigt und konnte durch einen Schlitz an der linken Seite des Laufmantels bzw. Gehäuses rückwärts bewegt werden. Der Umschalthebel war ein Druckknopf. Der

Sten Mark 2 (S)

Kaliber: 9 mm Parabellum
Gewicht: 3,5 kg
Länge: 908 mm
Lauflänge: 90 mm
Effektive Schussentfernung: 30 m
Ausführung: Rückstoßlader
Feuergeschwindigkeit: 450 Schuss/min
Mündungsgeschwindigkeit: 300 m/sek
Herstellerland: Großbritannien

Owen Mark 1

Kaliber: 9 mm Parabellum
Gewicht: 4,2 kg
Länge: 815 mm
Lauflänge: 245 mm
Effektive Schussentfernung: 70 m
Ausführung: Rückstoßlader
Feuergeschwindigkeit: 700 Schuss/min
Mündungsgeschwindigkeit: 395 m/sek
Herstellerland: Australien

Sicherheitsmechanismus bestand aus zwei Teilen: Eine Griffsicherung unter dem Abzugsbügel, die den Verschluss entweder in offener oder geschlossener Position blockierte und die zum Entsichern gelöst werden musste, sowie ein darüber gelegener konventioneller Sicherungsriegel, der die Griffsicherung verriegelte, damit diese sich nicht löste.

Beretta hatte in Italien praktisch ein Monopol für militärische Handfeuerwaffen, da es die Streitkräfte mit Pistolen, Gewehren und Maschinengewehren belieferte. 1957 jedoch erschien eine Konkurrenz in dem Neuling Luigi Franchi, ebenfalls aus Brescia. Franchi brachte eine Maschinenpistole heraus, die eine große Ähnlichkeit mit der Beretta Modello 6 hatte, 1954 nur für kurze Zeit und in limitierter Stückzahl als Entwicklungsschritt zur Modello 12 produziert. Die LF57 hatte den gleichen überhängenden Verschluss – ein Zwischenstadium in der Entwicklung zum umlaufenden Verschluss. Dieser überhängende Verschluss war wesentlich instabiler im Betrieb, aber ein Schritt in die Richtung, die Mündung bei Feuerstößen unten zu halten. Außerdem war er etwas einfacher herzustellen. Die LF57 hatte auch die gleiche Griffsicherung auf der Rückseite des Pistolengriffs. Allerdings beschaffte nur die italienische Marine diese Waffe. So wurde die Herstellung Mitte der 60er Jahre eingestellt.

DIE SPECTRE

Während der 70er und 80er Jahre wurde Italien vom Terrorismus heimgesucht, der von vielen Seiten des politischen Spektrums und sogar vom organisierten Verbrechen ausging. Es schien, als wären alle Polizisten – und Polizistinnen – zusätzlich zu ihrer Dienstwaffe mit einer Maschinenpistole ausgerüstet. Diese Situation führte zur Entwicklung der Spectre, einer Waffe zur Abwehr von Überraschungsangriffen. Die Spectre war eine revolutionäre Maschinenpistole mit Spannabzug und einem einzigartigen vierreihigen Magazin mit 50 Schuss 9 mm Parabellum. Ihr Aussehen war ebenfalls außergewöhnlich, denn sie hatte einen vorderen und einen hinteren Pistolengriff, ohne dass das Magazingehäuse diese Funktion übernehmen musste. Das ist vielleicht auf die Beretta Modello 12 zurückzuführen. Allerdings war das Magazin ohnehin zu groß, um gut in der Hand zu liegen, und war zu weit am hinteren Ende. Die Spectre war eine aufschießende Waffe, was den Konstrukteuren die Möglichkeit gab, die Art Spannabzug einzubauen, die gewöhnlich bei Pistolen und Revolvern zu finden ist. Die Waffe konnte gespannt und mit einer Patrone im Ladungsraum völlig gefahrlos herumgetragen werden, weil das Schlagstück, das den Schlagbolzen aktivierte, nicht zurück gezogen wurde. Das geschah erst, wenn der erste Druck auf den Abzug aufgebaut wurde. Ein konventio-

RECHTS: Mit dem oben liegenden Magazin sah die Owen etwas ungeschickt aus. Trotzdem war sie effektiv und beliebt. Sie blieb von 1942 bis in die frühen 60er Jahre bei den australischen Streitkräften im Dienst.

neller Sicherheitsriegel war ebenfalls vorhanden. Die Spectre hatte mit ungefähr 850 Schuss pro Minute eine außergewöhnlich hohe Feuergeschwindigkeit. Sie hatte außerdem eine abklappbare Schulterstütze, ähnlich wie bei der Uzi und deren Varianten. Wurde die Schulterstütze nicht gebraucht, lag sie flach auf dem Laufmantel.

AUF DER ANDEREN SEITE DES ATLANTIK

Obwohl Revelli und Schmeisser fast gleichzeitig Maschinenpistolen bauten, kann man kaum daraus schließen, dass die Zeit einfach reif für diese Waffengattung war. Diese allgemein akzeptierte Theorie ist zweifelhaft, da die Zielsetzungen der beiden Konstrukteure völlig unterschiedlich waren.

Um diese Theorie zu belegen, benötigen wir einen weiteren Konstrukteur, der allein für sich und zur gleichen Zeit ebenfalls an Maschinenpistolen arbeitete. Glücklicherweise gibt es diesen Mann: Brigadegeneral John Tagliaferro Thompson. Thompson hatte als Offizier den größten Teil seiner Laufbahn in der Feldzeugabteilung verbracht. Er hatte an der Springfield '03 und der .30-06 Patrone gearbeitet und war auch bei der Einführung der automatischen Pistole Colt .45 als M1911 beteiligt. 1914 ging er in den Ruhestand und wurde beratender Chefingenieur bei der Remington Arms Corporation. Er baute zwei Fabriken für Remington auf, in denen Gewehre für die britische und russische Regierung hergestellt werden sollten. Daneben erdachte er 1914 einen Entwurf für ein Selbstladegewehr. Im darauf folgenden Jahr arbeitete Commander John Blish (auch Bliss genannt), ehemals bei der US Navy, mit Thompson zusammen an einer verbesserten Version, in die ein von Blish entwickelter und 1913 patentierter Verzögerungsmechanismus eingebaut wurde. Der Mechanismus war ein H-förmiger Keil aus Phosphor-Bronze, der in einem abgewinkelten Schlitz im Verschluss saß. Er funktionierte wie von Zauberhand. Tatsächlich nutzte er nur das Phänomen der verstärkten Reibung, das dadurch entsteht, wenn zwei unterschiedliche Metal-

Patchett Mark 1

Kaliber: 9 mm Parabellum
Gewicht: 2,7 kg
Länge: 685 mm (Schulterstütze ausgefahren)
Lauflänge: 195 mm
Effektive Schussentfernung: 70 m
Ausführung: Rückstoßlader
Feuergeschwindigkeit: 550 Schuss/min
Mündungsgeschwindigkeit: 395 m/sek
Herstellerland: Großbritannien

le aneinander gleiten. Hätte man für Bolzen und Verschluss das gleiche Material benutzt, wie zu Beginn der Entwicklung, wäre die Reibung und folglich die Verzögerung nicht so stark gewesen.

Der Verzögerungsverschluss von Blish, wie er fälschlicherweise genannt wurde, wurde später aber aus ökonomischen Gründen wieder verworfen. Daraufhin stieg die Feuergeschwindigkeit des Thompson von 600 Schuss pro Minute auf 850 Schuss pro Minute (siehe unten). Das Selbstladegewehr war jedoch kein Erfolg, obwohl BSA, Thompsons Vertretung in England, ein paar Exemplare im Kaliber .30-06 (7,62 mm) herstellte. Thompson, der die Auto Ordnance Corporation mit Sitz in New York leitete, lenkte seine Aufmerksamkeit auf das, was er seinen „Trench Broom" (Schützengrabenbesen) nannte. Mit weiterer Unterstützung von Thomas Eikhoff baute er die tragbare Maschinenpistole – auch diese Bezeichnung stammte von Thompson. Die Waffe war zunächst auf das Kaliber .45 ACP ausgelegt, das Standardkaliber der US Regierung.

DER SCHÜTZENGRABENBESEN

In der Originalversion hatte die „Trench Broom" eine Gurtzuführung und mit angeblich 1000 Schuss pro Minute eine extrem hohe Feuergeschwindigkeit. Beim Blish-Verschluss war das H-Stück zunächst noch aus Eisen. Spätere Modelle bekamen ein H-Stück aus Bronze, wodurch sie besser funktionierten. Die Waffe hatte keinen Kolben, allerdings ragte das kastenförmige Gehäuse weit über den Abzug hinaus, weil darin die lange Rückholfeder und der Puffer untergebracht waren. Es gab zwei Pistolengriffe. Der vordere Griff war ergonomisch geformt, und der hintere hatte einen Handschutz, der dazu diente, die Hand vor dem Patronengurt zu schützen. Bis 1917 hatte Thompson zu konventionellen Kastenmagazinen gewechselt und den Handschutz am hinteren Griff weggelassen. Dieser Griff war inzwischen auch ergonomisch geformt. Der Spannhebel befand sich in einem Schlitz auf der Oberseite des Gehäuses. Das Magazin wurde von unten zugeführt, direkt vor dem Abzugsbügel, und verbrauchte Hülsen wurden durch eine Öffnung auf der rechten Seite des Gehäuses ausgeworfen. Der vordere Pistolengriff war nicht am Lauf, sondern an einem flachen Verlängerungsstück befestigt, das vorn aus dem darunter liegenden Gehäuse ragte. Im Innern hatte die Waffe einen feststehenden Schlagbolzen und den Verzögerungsverschluss (von Blish). Ansonsten handelte es sich um eine einfache Konstruktion, die jedoch gut genug funktionierte. Eine Befestigung für einen Kolben war nicht vorgesehen, ebenso gab es kein Visier. Bei späteren Modellen wurden hinter dem hinteren Griff Kerben in die Bodenplatte des Gehäuses gefräst, sodass ein Kolben zusammen mit einem einfachen Korn und einer verstellbaren Kimme von Lymann angebracht werden konnte.

1919 erschien das erste Serienmodell, das Thompson der US Army und dem Marine Corps 1920 in Camp Perry vorstellte. Es wurde begeistert aufgenommen, aber leider wurde kein Exemplar bestellt. Dies passierte Thompson auch in der Zukunft immer wieder, wenn er seine Waffen verkaufen wollte. Er hatte aber

Lanchester Mark 1

Kaliber: 9 mm Parabellum
Gewicht: 4,35 kg
Länge: 850 mm
Lauflänge: 205 mm
Effektive Schussentfernung: 70m
Ausführung: Rückstoßlader
Feuergeschwindigkeit: 600 Schuss/min
Mündungsgeschwindigkeit: 395 m/sek
Herstellerland: Großbritannien

RECHTS: Eine ungewöhnliche Zusammenstellung: Lanchester-MPis (Mitte), Browning- und Bren-MGs und Lee-Enfield-Gewehre in den Händen holländischer Soldaten in Indonesien.

die Situation falsch gedeutet und bei Colt 15 000 Exemplare, nun als Modell 1921, bestellt. Es sollte 20 Jahre dauern, bis der Vorrat erschöpft war. Das sagt einiges über den damaligen Markt für Maschinenpistolen in den USA aus; ungeachtet der Bemühungen von Leuten wie Alphonse Capone, „Machine Gun" Jack McGurn, sein Auftragsmörder, „Ma" Barker, Charley „Pretty Boy" Floyd, John Dillinger und sein Partner „Baby Face" Nelson. Die Berichte über die Beliebtheit der Thompson in Untergrundkreisen waren nicht einmal übertrieben. Nur waren die Kreise eben nicht sehr groß. Außerdem war das BAR dort auch ziemlich gefragt.

Abgesehen von dem Kastenmagazin mit 20 Schuss war das Modell 1921 auch mit einem Trommelmagazin zu 50 oder 100 Schuss erhältlich. Der Lauf hatte inzwischen ringförmige Rippen, die für Kühlung sorgen sollten. Auch ein Bajonett konnte nun befestigt werden, außerdem ein Mündungsfeuerdämpfer oder ein von Hiram Maxims Neffen entwickelter Schalldämpfer. Zumindest offiziell war die Waffe in verschiedenen Kalibern, darunter auch 9 mm Parabellum erhältlich.

DIE VERMARKTUNG DER TOMMY

Thompson versuchte alles Erdenkliche, um einen Markt für seine Waffe zu schaffen, allerdings ohne wirklichen Erfolg. Er baute 28 seiner Waffen, Mündung nach unten, in den Boden eines Flugzeuges ein und führte der Luftwaffe das „Protowaffenflugzeug" vor, wieder ohne Erfolg. Die meisten Waffen sollen angeblich durch verbrauchte Patronen blockiert worden sein, was aber nicht sehr wahrscheinlich ist. Auch eine andere Behauptung, nämlich, dass das Flugzeug mit den Waffen viel zu schwer war, hält einer eingehenden Prüfung nicht stand. Sogar mit einem vollen 100-Schuss-Magazin wog die Waffe weniger als 44 kg. Für ein

wollte es, dass McGurn am Ende selbst den Tod durch eine Tommy fand, wie die Waffe inzwischen überall genannt wurde.

DIE TOMMY ZIEHT IN DEN KRIEG

1928 kaufte das US Marine Corps ein paar Waffen für die Expeditionsstreitkräfte in Nicaragua. Die US Cavalry (Panzeraufklärer) folgte auf dem Fuße und be-

Flugzeug jener Zeit war eine Ladung von 1322 kg keineswegs unmöglich. Theoretisch betrachtet hätte das Experiment eigentlich funktionieren müssen. Das Modell 1921 hatte eine Feuergeschwindigkeit von 600 Schuss pro Minute, d. h. 10 Schuss pro Sekunde. Feuert man alle Waffen gleichzeitig ab, ergibt das eine Feuergeschwindigkeit von 280 Schuss pro Sekunde, das heißt 10 Sekunden Feuer mit einem 100-Schuss-Magazin. Bei einer Fluggeschwindigkeit von 180 km/h hätte die 10-Sekunden-Salve ein Gebiet auf einer Länge von 800 m beschossen, wobei jeder laufende Meter 3,5 Schuss abbekommen hätte.

Thompson stellte sogar spezielle Munition mit Vogelschrot her. Damit sollten die Ordnungshüter „schwierige Situationen oder Unruhen auf humanste Weise bewältigen". Thompson annoncierte im „Scientific America" – damals noch nicht das Blatt für gelehrte Schichten, was es heute ist – dass sein Modell 1921 die ideale Waffe für den Schutz großer Ländereien, Viehfarmen oder Plantagen sei. Die Werbung zeigte einen ziemlich seltsamen Cowboy in voller Montur, der eine ganze Bande Desperados abwehrte. Thompson war mehr als willig, seine Waffe an Privatleute für

OBEN: Das britische Heer gab Maschinenpistolen an Soldaten aus, für die ein Gewehr zu sperrig gewesen wäre, wie hier der zweite Mann eines MG-Trupps.

jeden nur denkbaren Zweck zu verkaufen. Mit Remington zusammen entwickelte er ein stärkeres Geschoss im Kaliber .45 (11,43 mm), das als Remington-Thompson bekannt wurde. Statt dem 11,66-g-Geschoss der .45 ACP hatte sie ein Projektil von 16,2 g und erreichte eine Mündungsgeschwindigkeit von 442 m/sek statt 259 m/sek. Allerdings wurde die Waffe dazu erst zwei Jahre später angeboten, als Thompson ein paar Modelle 1923 zusammenbaute. Das Modell 1927 war eine halbautomatische Variante und laut einem Bericht ein weiterer Versuch, Teile des Modell 1921 aufzubrauchen. Al Capone kaufte 1926 vollkommen legal drei M1921, benutzte die Waffen jedoch nicht persönlich. Die Drecksarbeit erledigten McGurn und Fred Burke, indem sie sieben Mitglieder der Gang von „Bugs" Moran am Valentinstag 1929 mit den Waffen erschossen, die Frank Thompson geliefert hatte. Thompson selbst hatte eine davon benutzt, um seine Frau und deren Liebhaber zu erschießen. Die Ironie des Schicksals

stellte 400 Waffen, die sie als M1928A1 bezeichnete. Aber erst 1939 erhielt Auto Ordnance einen richtig großen Auftrag. Die französische Regierung bestellte 3750 Stück vom Modell 1928. Mit dem Krieg kamen auch die Bestellungen. Die britische Regierung orderte Ende Juni 1940, das heißt nach Dünkirchen, bei Auto Ordnance alle verfügbaren Waffen. Diese Bestellung wurde an die Savage Arms Company weiter gegeben. Bei diesen Modellen 1928A2 wurden die vorderen Pistolengriffe entfernt und durch gerade Griffe unter dem Lauf ersetzt. Inzwischen waren die ringförmigen Kühlrippen am Lauf verschwunden, und der Kolben war nun fest installiert. Die Feuergeschwindigkeit wurde durch eine stärkere Rückholfeder gesenkt. Eine Mündungsbremse, die Richard Cutts, Oberst beim US Marine Corps, entwickelt hatte, wurde ebenfalls eingebaut. Sie hatte vier Schlitze am oberen Ende, die einen Teil der Treibgase nach oben lenkten, um die Mündung herunter zu drücken. Bereits für das Modell 1927 war dieses Zubehör erhältlich gewesen. An

Sterling Mark 1 (L2A1)

Kaliber: 9 mm Parabellum
Gewicht: 2,7 kg
Länge: 685 mm (Schulterstütze ausgezogen)
Lauflänge: 195 mm
Effektive Schussentfernung: 70 m
Ausführung: Rückstoßlader
Feuergeschwindigkeit: 550 Schuss/min
Mündungsgeschwindigkeit: 395 m/sek
Herstellerland: Großbritannien

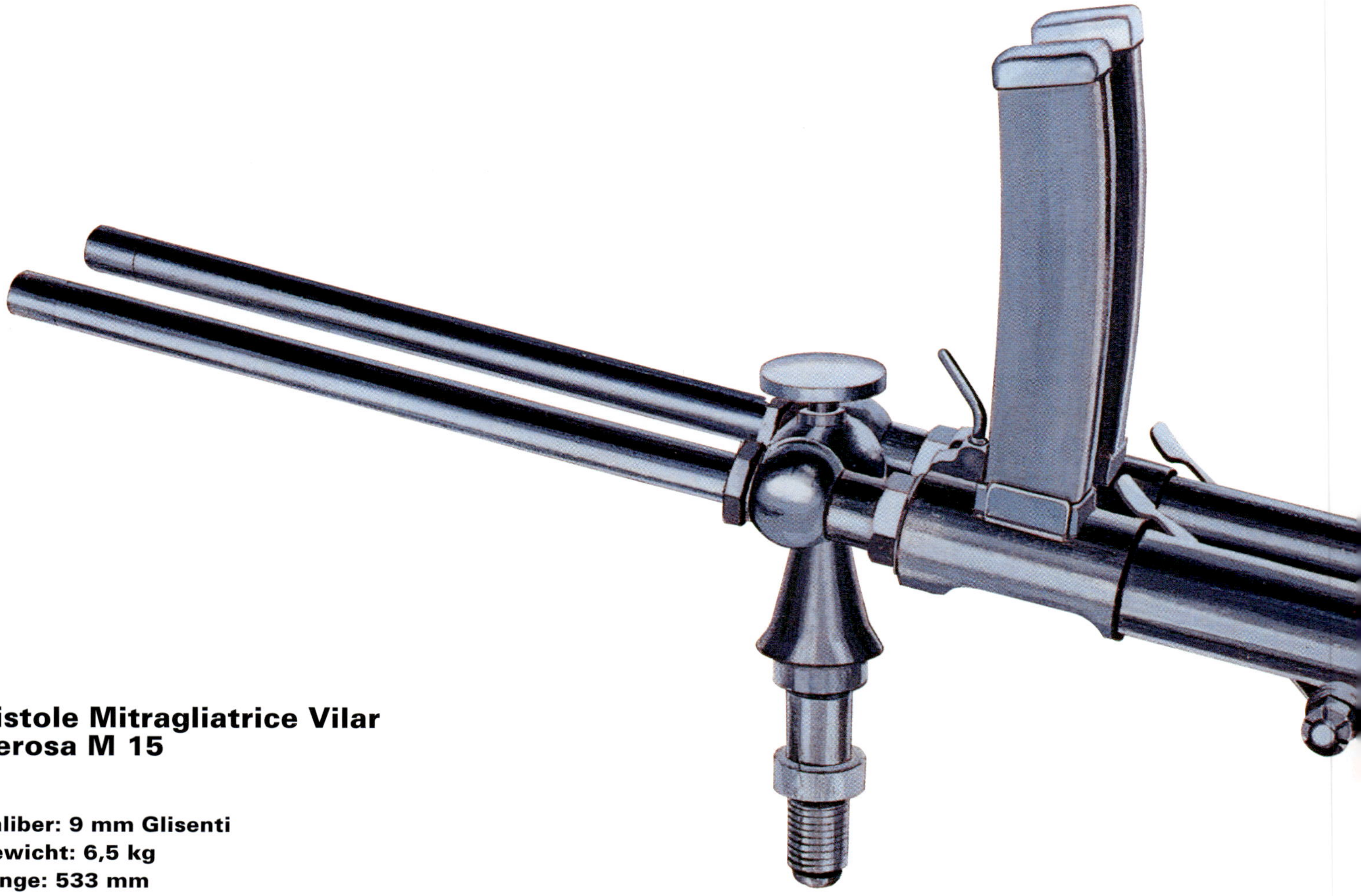

Pistole Mitragliatrice Vilar Perosa M 15

Kaliber: 9 mm Glisenti
Gewicht: 6,5 kg
Länge: 533 mm
Lauflänge: 320 mm
Effektive Schussentfernung: 120 m
Ausführung: Verzögerter Rückstoßlader
Feuergeschwindigkeit: 1200 Schuss/min
Mündungsgeschwindigkeit: 320 m/sek
Herstellerland: Italien

diesem Punkt wurde auch das schwere Trommelmagazin zu 100 Schuss durch ein neues Kastenmagazin zu 30 Schuss ersetzt. Das gleiche Modell wurde auch an die US Army geliefert. Allerdings erforderte die Massenproduktion die Ablösung durch eine einfachere Version. Das Verschlussstück wurde drastisch verändert, der Verzögerungsverschluss von Blish vollkommen entfernt. Dadurch wurde die Thompson ein einfacher Rückstoßlader, und die Feuergeschwindigkeit wurde erheblich erhöht. Der eingebaute fliegende Schlagbolzen wurde durch den Hahn aktiviert, und das Spannstück wurde an die rechte Gehäuseseite verlegt. Die Mündungsbremse von Cutts wurde entfernt. Die in der Herstellung teuren Trommelmagazine wurden aufgegeben, und es wurde eine einfachere Methode entwickelt, die Kastenmagazine zu befestigen. Auch die Kimme von Lyman wurde durch eine einfache Öffnung ersetzt. Später wurden der fliegende Schlagbolzen und der Hahn weggelassen und in Anlehnung an das Original durch ein Verschlussstück mit einem starren Schlagbolzen an der Stirnseite ersetzt. Dies war auch der einzige bedeutende Unterschied zwischen der M1 und der M1A1. Insgesamt wurden 563 000 Exemplare von der M1928A, 285 000 von der M1 und 540 000 von der M1A1 hergestellt. Für jedes Exemplar zahlte die US-Regierung 1939 209 Dollar. Nachdem 1945 ein Gesetz zur Preis- und Gewinnkontrolle verabschiedet worden war, ging der Preis 1945 auf nur 44,85 Dollar einschließlich Zubehör, Magazin und Reinigungsset herunter. Bis zur Ablösung durch die M3 „Grease Gun" im Dezember 1942 war die „Trench Broom" Dienstwaffe bei US Army und US Marine Corps. Sie blieb bis 1945 in der Serienproduktion und war sogar Ende der 90er Jahre noch erhältlich; allerdings nur mit Einzelfeuer.

DIE RIVALEN DER TOMMY

Nachdem die US Army und das US Marine Corps die Maschinenpistole einmal akzeptiert hatten, konnten sie nicht genug davon bekommen. Um die Waffenlieferungen von Auto Ordnance und Savage zu ergänzen, sahen sie sich bei anderen Waffenherstellern um, die ähnliche Waffen anboten. Drei davon wurden übernommen: Die Reising Modell 50/55, die United Defense M42 und die Hyde, von der US Army als M2 bezeichnet.

Moscheto Automatico Beretta (MAB) 38

Kaliber: 9 mm Parabellum
Gewicht: 4,2 kg
Länge: 955 mm
Lauflänge: 320 mm
Effektive Schussentfernung: 120 m
Ausführung: Verzögerter Rückstoßlader
Feuergeschwindigkeit: 600 Schuss/min
Mündungsgeschwindigkeit: 395 m/sek
Herstellerland: Italien

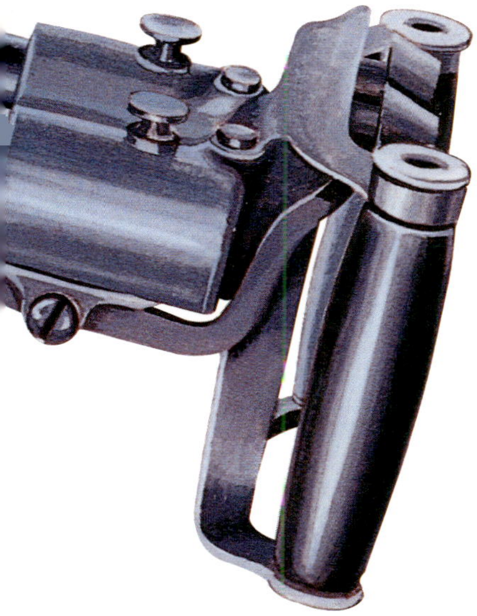

LINKS: Im Zweiten Weltkrieg waren die Beretta-MPis in Italien allgegenwärtig, was diese Aufnahme eindeutig beweist.

DIE REISING

Die Reising Modell 50 stammt von Harrington & Richardson, einem etablierten Hersteller von Revolvern. Die ziemlich komplexe aufschießende Waffe verschoss die .45 ACP. Das Verschlussstück wurde in eine Vertiefung oben im Gehäuse gedrückt, was aber eher eine Verzögerung als eine Verriegelung darstellte. Die mechanische Verbindung zwischen Abzug und Schlagbolzen war unnötig kompliziert. Zwischen 1942 und 1945 wurden ungefähr 100 000 Stück hergestellt, die meisten davon für das US Marine Corps. Dennoch war die Reising niemals wirklich erfolgreich oder beliebt, denn sie hatte die Tendenz zu blockieren, wenn sie nicht gewissenhaft sauber gehalten wurde. Das Modell 55 war im wesentlichen die gleiche Waffe. Lediglich der hölzerne Hinterschaft wurde durch eine leichte abklappbare Schulterstütze aus Metall ersetzt, und sie hatte keine Mündungsbremse.

DIE UD

Die UD M42 wurde vor dem zweiten Weltkrieg von Carl Swebilius entwickelt, der ja bereits den Colt M1895 „Potato Digger“ in die Marlin M1918 umkonstruiert hatte. Sie war im Kaliber .45 ACP erhältlich, sollte aber eigentlich die 9 mm Parabellum verschießen. Das hat wohl auch dazu beigetragen, dass sie fast ausschließlich an die Alliierten ausgeliefert

Beretta Modello 12

Kaliber: 9 mm Parabellum
Gewicht: 3 kg
Länge: 415 mm (Schulterstütze eingeklappt)
Lauflänge: 205 mm
Effektive Schussentfernung: 120 m
Ausführung: Rückstoßlader
Feuergeschwindigkeit: 550 Schuss/min
Mündungsgeschwindigkeit: 395 m/sek
Herstellerland: Italien

RECHTS: Die Beretta M12 wurde Anfang der 60er Jahre bei der Polizei, bei den paramilitärischen Carabinieri und bei den Streitkräften Italiens eingeführt und ist 40 Jahre später immer noch im Dienst.

wurde und nicht an die US-Streitkräfte. Die UD war eine altmodische Waffe, die größtenteils aus maschinell hergestellten Teilen bestand und daher in der Herstellung ziemlich teuer war. Es handelte sich um eine zuschießende Waffe. Der fliegende Schlagbolzen wurde vom Hahn betätigt, und das Spannstück war ein Schieber, der sich nicht mit dem Verschluss zurück bewegte. Dadurch wurde das Eindringen von Schmutz und Staub verhindert. Ungefähr 15 000 Stück wurden hergestellt, einige wenige bei High Standard, die meisten aber bei Marlin.

DIE HYDE M2

Die Hyde M2, die als einzige der drei Waffen eine offizielle Bezeichnung erhielt, wurde nur in geringer Anzahl produziert. Einigen Berichten zufolge waren es sogar nur 500 Stück. Grund waren anscheinend Schwierigkeiten bei der Herstellung. Sie war ein einfacher

Thompson Modell 1928

Kaliber: .45 ACP (11,43 mm)
Gewicht: 4,9 kg
Länge: 860 mm
Lauflänge: 265 mm
Effektive Schussentfernung: 120 m
Ausführung: Verzögerter Rückstoßlader
Feuergeschwindigkeit: 800 Schuss/min
Mündungsgeschwindigkeit: 265 m/sek
Herstellerland: Vereinigte Staaten

Rückstoßlader ohne Verzögerung, aber mit einem schweren Verschluss und einer starken Rückholfeder.

DIE M3 „GREASE GUN"

Keine diese Waffen, nicht einmal die Thompson, war ideal. Sie waren teuer, mussten sorgfältig instand gehalten werden und waren schwer zu tragen. Benötigt wurde etwas ähnliches wie die deutsche MP38/40 oder die britische Sten. Also ließ die Materialverwaltung der US Army eine solche Waffe entwickeln. George Hyde, der die M2 hergestellt hatte, wurde mit dieser Aufgabe betraut. Der erste Versuch war ein leichtgewichtiger Rückstoßlader mit Feuerwahl, der in geringer Zahl als Maschinenpistole T15 hergestellt wurde Bei Erprobungen erwies sie sich als generell zuverlässig, aber zu kompliziert. Also wurde der Umschalthebel wieder entfernt und die Feuergeschwindigkeit auf 400 Schuss pro Minute gesenkt. Ein versierter Schütze konnte somit trotzdem einzelne Schüsse abgeben. Unter der Bezeichnung T20 wurde diese Waffe ausgiebig erprobt und am 24. Dezember 1942 als Maschinenpistole M3 im Kaliber .45 offiziell eingeführt.

Zunächst gab es Herstellungsprobleme. Die Verschlüsse wurden von Buffalo Arms Company hergestellt, der Rest bei der General Motor's Corporation Guide Lamp Division, die auch die kleine Liberator-Pistole baute. Die Koordination war wohl nicht so, wie sie hätte sein sollen. Nur 85 000 Stück wurden im ersten Herstellungsjahr gebaut. Erst im Jahr 1944 stieg die Produktion auf 35 000 Stück pro Monat an.

Genau wie die Sten wurde auch die M3 für eine einfache Herstellung entwickelt und nicht nach den Forderungen der Soldaten. Die Männer mochten sie nicht im Geringsten. Sie gaben ihr den Spitznamen „Grease Gun" (dt. Fettspritze). Trotzdem war sie wie die „Plumber's Delight", das richtige Werkzeug für den Job und kostete in der Herstellung nur 30 Dollar. Das ist der dreifache Preis der Sten, obwohl beide Waffen von ähnlicher Qualität waren.

Wie die britische Maschinenpistole wurde sie aus Stanzstücken zusammengeschweißt und -genietet. Der Lauf war kalt geformt und einfach eingeschoben. Der Verschluss hatte aber Längsbohrungen für ein Paar Führungsschienen, um die die doppelten Rückholfedern liefen. Das bedeutete, dass man nicht so auf die Anpassung des Verschlussstücks an das Gehäuse achten musste. Das Magazin wurde von unten und nicht von der Seite zugeführt. Die M3 hatte im Gegensatz zur Sten einen ziemlich ausgefeilten Sicherheitsmechanismus, obwohl das eigentlich wenig aussagt. Dazu diente nämlich die Abdeckung des Spannstücks auf der rechten Gehäuseseite, die entlang der Mittellinie angelenkt war, wo die beiden Hälften des Gehäuses zusammengeschweißt waren. Bei geschlossener Abdeckung war der Verschluss entweder in geöffneter oder in geschlossener Position blockiert. Erst durch das Öffnen der Abdeckung konnte die Waffe wieder benutzt werden. Natürlich musste die Abdeckung geöffnet sein, damit die Waffe gespannt werden konnte.

DIE „VERBESSERTE" GREASE GUN

Die Materialverwaltung der US Army glaubte, dass die M3 so einfach wie möglich war; lag damit aber falsch. Truppen, die mit der neuen Waffe übten, berichteten von Problemen mit der Spannvorrichtung. Es zeigte sich, dass der gesamte Mechanismus für den Rückholhebel, die Klaue, die ihn aktivierte, und der Spannhebel selbst überflüssig waren. Es reichte, ein Blindloch mit großem Durchmesser nahe der Stirnseite in das Verschlussstück zu bohren, und das System konnte durch einen eingeführten Finger, der den Verschluss zurückzog, gespannt werden. Die britische Welgun, von BSA im Jahr zuvor entwickelt, bediente sich der gleichen Methode, und es ist durchaus möglich, dass sie kopiert wurde. Die derart modifizierte Waffe hieß nun M3A1. Im Einführungsjahr 1945 wurden ungefähr 15 000 Exemplare zu einem Stückpreis von etwa 22 Dollar gebaut. Die M3A1 war im Koreakrieg Anfang der 50er Jahre immer noch im Dienst (wie übrigens auch die M3). Es wurde sogar die Produktion bei der Ithaca Gun Company neu aufgenommen, und bis zum Kriegsende wurden weitere 33 000 Stück gebaut. Wie die Sten litt auch die M3 stets an Problemen mit dem Magazin, die nie ganz gelöst wurden.

DIE MPIS VON INGRAM

Nach dem Zweiten Weltkrieg wurden nur noch wenige MPis in den USA gebaut. Der Pistolenbauer Smith & Wesson bot kurzfristig das Modell 76 mit mäßigem Erfolg an. Die einzige Waffe, die nennenswerte Stückzahlen erreichte, war die von Gordon Ingram entwickelte MAC-10. Ingrams erste MPi war die M6. Sie ähnelte mit den schräg angesetzten Pistolengriffen der Thompson M1928. Technisch war sie kaum anspruchsvoller als die Sten – ein simpler zuschießender Rückstoßlader. Die einzige Neuheit war ein Abzugsmechanismus wie bei der Bergmann MP34, der bei leichtem Druck für Einzelfeuer, bei stärkerem Druck aber für Dauerfeuer sorgte. Die Police Ordnance Company, seinerzeit mit Ingram geschäftlich verbunden, verkaufte die Waffe an einige Polizeidienststellen, die kubanische Marine und das peruanische Heer. Dabei gab es zu jener Zeit wesentlich bessere Waffen aus überschüssigen Armeebeständen zu kaufen.

Das Modell 7 war im Prinzip ähnlich, nun aber eine aufschießende Waffe. Die Modelle 8 und 9 waren Weiterentwicklungen des Modells 6, aber ohne kommerziellen Erfolg. Ingram fing später bei der Military Armament Corporation an und brachte dort die wesentlich bessere MAC-10. Sie bestand nun völlig aus Pressstahlteilen und war sehr kompakt. Dafür sorgten der Teleskopverschluss und das im Pistolengriff untergebrachte 30-Schuss-Magazin. Die Anregung für diese Waffe kam mit Sicherheit von der Beretta Modell 6. Vorausgegangen war ihr eine Entwicklung von John Foote für MAC. Die MAC-10 war nur 265 mm lang und konnte mit einer Hand bedient werden. Da der Schwerpunkt direkt über dem Pistolengriff lag, war die Waffe stabil genug dafür. Bei Dauerfeuer stieg die Mündung trotzdem besorgniserregend, und es war nichts dagegen vorgesehen. Der Spannhebel war ein kleiner gerändelter Zylinder auf der Oberseite des Gehäuses. Er wurde gedreht, um den Verschluss zu verriegeln und damit die Waffe zu sichern. Die MAC-10 wurde in den Kalibern 9 mm Parabellum und .45 ACP (11,43 mm) angeboten. Daneben gab es die leichtere, kleinere MAC-11 für die schwächeren 9-mm-Kurzpatronen. Beide Waffen hatten eine hohe Feuergeschwindigkeit – weit über 1000 Schuss pro Minute. Daher rührte auch der charakteristische Ton, der an einen elektrischen Bohrer erinnerte.

RECHTS: Obwohl die Tommy besonders mit dem Trommelmagazin sehr umständlich zu handhaben war, war sie bei den Schützen sehr beliebt, was vielleicht auch mit ihrem legendären Ruf aus den 20er Jahren zusammenhing.

Thompson Modell 1921

Kaliber: .45 ACP (11,43 mm)
Gewicht: 4,9 kg
Länge: 860 mm
Lauflänge: 265 mm
Effektive Schussentfernung: 120 m
Ausführung: Verzögerter Rückstoßlader
Feuergeschwindigkeit: 800 Schuss/min
Mündungsgeschwindigkeit: 265 m/sek
Herstellerland: Vereinigte Staaten

RUSSISCHE MPis

Bereits 1916 wurde in Russland eines der ersten erfolgreichen Selbstladegewehre gebaut. Die Revolution im folgenden Jahr sollte aber die Weiterentwicklung um ein Jahrzehnt unterbrechen. Mitte der 20er Jahre bauten mehrere sowjetische Konstrukteure, darunter Tokarew, Prototypen von Maschinenpistolen. Zehn Jahre später erschien das verbesserte Selbstladegewehr Simonowa, und gleichzeitig legte Wassilij Degtjarew die Pläne für eine Maschinenpistole vor. Die Pistolet-Pulemjot Degtjarewa oder PPD34/38 verschoss die leichte, schnelle 7,62-mm-Pistolenkugel M1930, die für die Tokarew-Selbstladepistole entwickelt worden war. Sie ähnelte stark der Bergmann MP18, allerdings war der Schlagbolzen in die Stirnseite des Verschlusses eingearbeitet. Äußerlich waren die Vorbilder eher Schmeissers MP28 und besonders Lahtis Suomi von 1926 mit dem schweren geschlitzten Laufmantel und der vollständigen Holzschäftung. Die Endkappe konnte abgeschraubt werden, und dann ließen sich die Rückstoßfeder und der Verschluss entfernen. Wie bei der Suomi konnte ein großes Trommelmagazin benutzt werden. Dieses Merkmal fand sich auch bei den späteren sowjetischen Maschinenpistolen wieder. In der ersten Version hatte die MPi noch genau wie die finnische Waffe eine senkrechte Verlängerung, die in das Gehäuse passte. Spätere Versionen verzichteten auf diese ungeschickte Konstruktion. Daneben gab es auch Kastenmagazine zu 25 Schuss. Der Rückstoßmechanismus war einfach, aber qualitativ hochwertig. Die gesamte Waffe bestand aus Schmiedestücken, und der Lauf war von innen verchromt, um die Lebensdauer zu erhöhen. So war sie in der Herstellung entsprechend teuer. Degtjarew baute 1940 eine überarbeitete Version mit einem verbesserten Verschluss mit fliegendem Schlagbolzen. Ein Hebel im Verschlusskopf sorgte dafür, dass der Mechanismus verriegelt war, bevor der Schuss abgefeuert wurde. Beim Vorgängermodell hatte es gelegentlich vorzeitige Entzündungen gegeben. Beim verbesserten Trommelmagazin passten die Zuführlippen direkt in das Gehäuse. Viele Teile der PPD40 waren mit dem Vorgängermodell austauschbar.

DIE PPSH41

Als die deutschen Truppen 1941 in Russland einfielen, hatte die Sowjetunion bereits den sogenannten Winterkrieg gegen Finnland 1939–40 hinter sich. Dabei waren die auf beiden Seiten in großer Zahl eingesetzten Maschinenpistolen im Nahkampf besonders effektiv gewesen. Als man dann die riesige Armee für den Kampf gegen Deutschland aufrüsten musste, wählte man für die Nachfolge der PPD 40 natürlich eine Maschinenpistole, die schnell und billig herzustellen war. Die Waffe kam von Georgij Schpagin, der später bis zum Generalleutnant aufsteigen sollte. Diese Konstruktion war äußerst simpel – ein Rückstoßlader mit hölzernem Kolben, dessen Gehäuse wie bei der Bergmann am Ende des Vorderschafts aufgehängt war. So war das Zerlegen im Feld besonders einfach. Sobald der Verschlussriegel geöffnet war, klappten Gehäuse und Lauf auf, um Rückstoßfeder und Verschluss zu entnehmen und gaben gleichzeitig den Zugang zum Abzugsmechanismus frei. Das einzige besondere Merkmal war ein Mündungsfeuerdämpfer, der die Mündung bei Feuerstößen unten hielt, bei einer Feuergeschwindigkeit von etwa 900 Schuss pro Minute sicherlich keine schlechte Idee. Auch hier kam das Trommelmagazin zu 71 Schuss zum Einsatz; daneben gab es ein Kastenmagazin zu 35 Schuss.

Anders als das PPD bestanden beim PPSh Gehäuse und Laufmantel aus schweren Stahlstanzteilen. Der Verschluss war immer noch gefräst, allerdings nun mit einem festen Schlagbolzen. Der Lauf war immer noch innen verchromt. Diese Maschinenpistole war die wichtigste Waffe der Roten Armee. Zwischen 1942 und 1945 wurden weit über fünf Millionen PPSh41 gebaut. Die Waffe wurde nach dem Krieg unter verschiedenen Bezeichnungen und teilweise in unterschiedlichen Varianten in vielen Staaten des Warschauer Pakts und verbündeten Nationen gebaut.

Eine ähnliche Konstruktion entstand in Leningrad während der Belagerung 1941–1944. Die PPS 43 (das „S" steht für den Konstrukteur Sudarew) unterschied sich in erster Linie in der Schäftung. Die PPS bestand ganz aus Stahlblech, sogar die auffällige Mündungsbremse war nichts weiter als ein Stahlstreifen, der zu einem „U" gebogen wurde und den Lauf innerhalb des Mantels

LINKS: Sogar mit dem Kastenmagazin war die Thompson nur auf kurze Entfernungen brauchbar. Das lag an den ballistischen Eigenschaften der 11,43-mm-Munition.

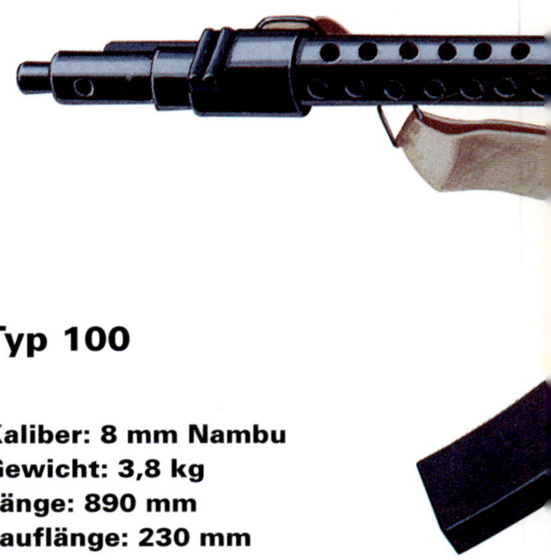

Typ 100

Kaliber: 8 mm Nambu
Gewicht: 3,8 kg
Länge: 890 mm
Lauflänge: 230 mm
Effektive Schussentfernung: 70 m
Ausführung: Rückstoßlader
Feuergeschwindigkeit: 400 Schuss/min
Mündungsgeschwindigkeit: 335 m/sek
Herstellerland: Japan

stützte. Der untere Arm war verschweißt, der obere vernietet. In der Mitte war er perforiert, um das Geschoss durchzulassen, während eine Perforierung oben für den Abzug der Treibgase sorgte. Die klappbare Schulterstütze wurde oben über den Lauf gelegt, wobei dann die Kolbenkappe hinter dem Magazin lag. Dieses war nicht mit dem der PPSh austauschbar. In Form und Fassungsvermögen war es aber fast identisch – ein gebogenes Magazin mit 35 Schuss. Trotz der sowjetischen Praxis, einen Waffentyp innerhalb jeder Gattung zu standardisieren, wurde die Produktion der PPS später ausgeweitet. Dabei entfiel der feste Schlagbolzen, und die Führungsstange der Schließfeder wurde verlängert. Wenn nun der Verschluss nach dem Abfeuern zurückglitt, blieb der Rand der leeren Patronenhülse an der Stange hängen und wurde so ausgestoßen. Von dieser Waffe wurde etwa eine Million gebaut. Viele davon gingen an Panzerbesatzungen, denn sie war im Fahrzeug weniger schwerfällig als die PPSh. Auch diese Waffe wurde in den sowjetischen Satellitenstaaten gebaut und in Finnland als M/1944 sogar im Kaliber 9 mm Parabellum.

MODERNE RUSSISCHE MPis

In den 80er Jahren war das Ansehen der MPi beim Militär stark gesunken. Die neuen Sturmgewehre übernahmen ihre Aufgabe erfolgreich und dienten gleichzeitig als Infanteriegewehre. Sogar für Panzerbesatzungen und Fernmelder waren sie kurz genug. Das einzige Gebiet, wo sie noch gefragt waren, lag in den sogenannten Sondereinsätzen, wobei der Übergang zu Polizeieinsätzen eher fließend ist. So kam es, dass kaum noch Neuentwicklungen erschienen – außer in der Sowjetunion. Anfang der 90er Jahre gab es nicht weniger als sechs neue MPis in Russland, zwei mit recht innovativen Merkmalen, die anderen dagegen eher konventionell. Zwei dieser Waffen wurden speziell für die Verbrechensbekämpfung entwickelt und hatten zu diesem Zweck Rotpunkt-Laserzielfernrohre. Die innovative PP-90M war besonders bemerkenswert. Sie ließ sich zu einer rechteckigen Schachtel mit den Maßen 250 x 90 mm zusammenklappen, wobei die glatte Form nur durch den hakenförmigen Spannhebel gestört wurde, der hinten aus dem Gehäuse ragte. Die Waffe wog mit einem vollen 30-Schuss-Magazin knapp über 1,6 kg und war eindeutig nicht für militärische Einsätze bestimmt. Wie alle neueren sowjetischen MPis verschoss sie die für die Makarow-Pistole entwickelte Patrone 9 mm x 18. Sie erreichte eine Mündungsgeschwindigkeit von 350 m/sek und galt daher als zu schwach. Allerdings ging man davon aus, dass sie die stärkste Patrone war, die ein unverriegelter Rückstoßlader gefahrlos abfeuern konnte, und genau für diesen Zweck war sie ja entwickelt worden. In den 80er Jahren erschien eine verbesserte Version mit einer Mündungsgeschwindigkeit von 470 m/sek. Einige der neueren MPis, besonders für die Streitkräfte, gab es auch in diesem Kaliber. Am interessantesten war wohl die „Bizon“, die über ein neuartiges Magazin verfügte – ein Zylinder mit schneckenförmiger Zuführung, der unter Lauf und Gehäuse lag und sich auch gut als Vordergriff verwenden ließ. Das Magazin fasste 50 Schuss. Als ob sechs Maschinenpistolen nicht genug wären, baute Russland auch noch ein Miniatur-Sturmgewehr für die verbesserte 9-mm-Patrone. Die Vikhr war eigentlich überhaupt kein Sturmgewehr. Verwirrend war die Tatsache, dass eine kurze Version des echten Sturmgewehrs, des AKS47U, die die wesentlich stärkere Patrone 5,45 mm x 39 verschoss (und auch in den Kalibern 5,56 mm und 7,62 mm erhältlich war, in der offiziellen Literatur ebenfalls als Maschinenpistole geführt wird.

FRANZÖSISCHE MPis

Die erste französische Maschinenpistole war die MAS35 aus der staatlichen Waffenfabrik St. Etienne. Sie wurde in geringer Anzahl hergestellt, eher als Stilübung und weniger für die Serienproduktion. Daraus wurde später die Dienst-Maschinenpistole MAS38 entwickelt. Sie ver-

Reising Modell 55

Kaliber: .45 ACP (11,43 mm)
Gewicht: 2,9 kg
Länge: 790 mm (Schulterstütze ausgezogen)
Lauflänge: 265 mm
Effektive Schussentfernung: 120 m
Ausführung: „Halbverriegelter" Rückstoßlader
Feuergeschwindigkeit: 550 Schuss/min
Mündungsgeschwindigkeit: 265 m/sek
Herstellerland: Vereinigte Staaten

schoss die etwas schwach geratene lange Pistolenpatrone 7,65 mm, die wie die russische 7,62-mm-Pistolenpatrone ein leichtes Geschoss mit hoher Geschwindigkeit abfeuerte. Die Waffe an sich wurde zwar sehr geschätzt, aber die Patrone galt stets als leicht suspekt. Das ungewöhnlichste Merkmal der MS38 war die (nicht vorhandene) Ausrichtung zwischen Gehäuse mit Verschluss und dem Lauf. Die beiden stießen in einem Winkel von ca. 8° aufeinander, und die Stirnseite des Verschlusses war entsprechend gearbeitet. So konnte die Schulterstütze, die mit der Laufachse auf einer Linie lag, in einer ähnlichen Linie zur Energie des Verschlusses stehen. Das Ergebnis war eine gut beherrschbare, akkurate Waffe, die bei allen Schützen sehr beliebt war. Bei neueren Maschinenpistolen hat man wieder auf dieses Prinzip zurückgegriffen. Ansonsten war die MAS38 eher konventionell. Sie war aus dem Vollen gearbeitet, wobei sorgfältig darauf geachtet wurde, so viel Metall wie möglich abzutragen. Das und der fehlende Vorderschaft (die vordere Hand umfasste das Magazin) sorgten dafür, dass die MAS38 mit nur 2,85 kg wesentlich leichter war als die Sten Mark II, die ganz aus Stahl bestand. Hätte man die MAS38 im gebräuchlicheren Parabellum-Kaliber gebaut, wäre ihr nach 1945 wohl ein größerer Erfolg beschieden gewesen. Sie blieb bis 1949 in der Produktion und wurde dann durch ein konventionelleres Modell abgelöst. Diese MAT49 wurde in der staatlichen Waffenfabrik in Tulle gebaut.

MAT49 UND HOTCHKISS „UNIVERSAL"

Neben der MAS35 setzte das französische Heer auch Thompsons aus den USA ein, und nach dem Fall von Frankreich 1940 erhielten die Soldaten des Freien Frankreich sogar Stens. Drei verschiedene Maschinenpistolen mit unterschiedlicher Munition sorgten natürlich für einen logistischen Alptraum. So legte sich Frankreich 1948 bei seiner neuen Maschinenpistole auf das Kaliber 9 mm Parabellum fest. Die MAT49 war eine absolut konventionelle Konstruktion, bei der soweit wie möglich Formstanzstücke eingesetzt wurden. Sie hatte ein kurzes Gehäuse mit quadratischem Querschnitt, eine ausfahrbare Schulterstütze, einen kunststoffummantelten hinteren Pistolengriff mit Handballensicherung und einen Vordergriff um das Magazingehäuse. Das war auch das einzige ungewöhnliche Merkmal, denn er konnte nach vorn geklappt werden und lag bei Nichtbenutzung flach unter dem Lauf. Das Magazin wurde von der Sten kopiert und wies alle bekannten Schwächen auf. Auch die ungewöhnliche PM9 von Erma hatte dieses Merkmal, ebenso die Hotchkiss-MPi „Universal", die im gleichen Jahr herauskam. Die letztere hatte, ungewöhnlich für eine Polizeiwaffe, keine Vorrichtung für Feuerstöße und konnte nur Einzelfeuer schießen. Welche Waffe nun als erste dieses Klappmagazin hatte, lässt sich nicht mehr mit Sicherheit feststellen. Anders als die MAT49 hatte die Hotchkiss ein röhrenförmiges Gehäuse und eine ähnlich geformte ausziehbare Schulterstütze. Sie ließ sich auf die halbe Länge zusammenschieben und unter das Gehäuse klappen. Dort bildete sie mit der Kolbenplatte hinter dem Magazingehäuse einen stabilen Griff. Selbst der Lauf ließ sich zusammenschieben. Dann war die gesamte Waffe nur noch etwas über 440 mm lang. Das machte aber die Herstellung sehr kompliziert. Da wäre es einfacher gewesen, nach dem italienischen Vorbild einen überhängenden oder umfassenden Verschluss einzubauen. Der Mechanismus selbst war aber eher konventionell. So war die Hotchkiss vom Preis her durchaus konkurrenzfähig. Allerdings war sie im Feld schwer zu warten und instand zu halten, sodass in den 50er Jahren die Produktion wieder eingestellt wurde.

TSCHECHISCHE MASCHINENPISTOLEN

Die etablierten Waffenfabriken in Böhmen hatten sich vor dem Ersten Welt-

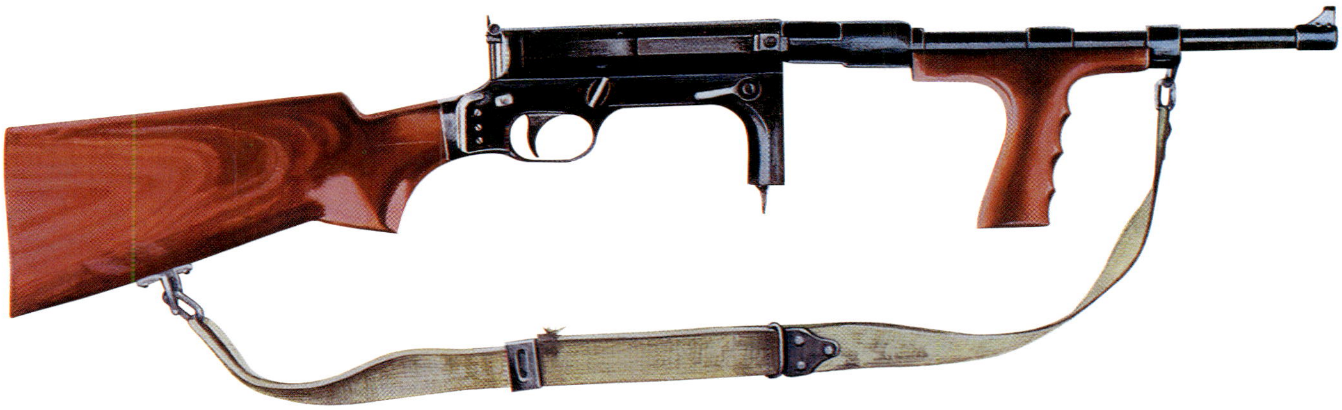

UD M42

Kaliber: .45 ACP (11,43 mm)
Gewicht: 4,1 kg
Länge: 820 mm
Lauflänge: 280 mm
Effektive Schussentfernung: 120 m
Ausführung: Rückstoßlader
Feuergeschwindigkeit: 700 Schuss/min
Mündungsgeschwindigkeit: 265 m/sek
Herstellerland: Vereinigte Staaten

krieg kaum an der Entwicklung des MG beteiligt. In der Zwischenkriegszeit haben ihre Nachfolger in der neu gegründeten Tschechoslowakei eine wichtigere Rolle bei der Entwicklung leichter MGs gespielt. In dieser Zeit erschien auch die erste tschechische Maschinenpistole, die ZK383, eine Konstruktion der Brüder Josef und Frantisek Koucky. Die Waffe hatte einige ungewöhnliche Merkmale. Sie war serienmäßig mit einem Zweibein ausgestattet, verfügte über austauschbare Läufe, und der Verschlussblock hatte ein herausnehmbares Gewicht von 170 g. Wenn man es herausnahm, stieg die Feuergeschwindigkeit von 500 auf 700 Schuss pro Minute. Die Waffe wurde an das bulgarische Heer und einige deutsche Truppenteile ausgegeben und soll bis 1960 im Dienst geblieben sein. 1948 stellten die Brüder Koucky zwei weitere Waffen vor. Die ZK466 ähnelte der amerikanischen M3, allerdings konnte das Magazingehäuse wie bei den zeitgenössischen französischen Maschinenpistolen unter den Lauf geklappt werden. Die ZK467 hingegen war eine aufschießende Waffe mit einem halb umfassenden Verschluss. Alle Koucky-Waffen waren im Kaliber 9 mm Parabellum. Nach dem Zweiten Weltkrieg wandte sich der begabteste Konstrukteur von Csekoslovenska Zbrojovka, Vaclav Holek, auch der MPi zu und baute die Samopal VZ23 (auch bekannt als CZ48a), die ebenso revolutionär und einflussreich war wie das Bren 20 Jahre zuvor. Wir hatten ja die VZ23 bereits als Vorgänger der Beretta Modell 12 erwähnt (tatsächlich war sie ein Modell aus einer Reihe von vier fast identischen Waffen). Sie hatte das Kaliber 9 mm Parabellum, während die VZ24 (CZ48b) die russische 7,62-mm-Patrone M1930 verschoss. Beide hatten hölzerne Kolben. Die VZ25 und VZ26 verfügten dagegen über klappbare Metall-Schulterstützen. Der größte Unterschied zwischen beiden Modellen lag in ihren Magazinen. Die Waffen im Kaliber 7,65 mm hatten ein Kastenmagazin mit 32 Schuss, die im Kaliber 9 mm eines mit 24 oder 40 Schuss. Die VZ23 hatte drei neuartige Merkmale. Der Verschluss war ausgehöhlt und als Teleskopverschluss ausgelegt, der den hinteren Teil des Laufs umgab. So konnte die Waffe kurz gehalten werden und wurde trotzdem nicht zu leicht. Das Gewicht ist schließlich wichtig, um die Feuergeschwindigkeit auf einem vernünftigen Niveau zu halten. Gleichzeitig lag der Schwerpunkt weiter vorn und gab der Waffe bei schnell aufeinander folgenden Feuerstößen mehr Stabilität. Außerdem brachte Holek das Magazin im Pistolengriff unter. Damit lag der Schwerpunkt fast unmittelbar über der Abzugshand des Schützen. Das hatte nicht nur wichtige Folgen für die Stabilität der Waffe, sondern auch für die Tendenz, einen natürlichen Zielpunkt zu entwickeln. Drittens führte er ein keilförmiges Magazin mit zwei Reihen Munition ein, das viel zuverlässiger war als alle anderen Formen.

Im gleichen Jahr, d. h. 1948, stellte die staatliche schwedische Waffenfabrik Carl Gustav Stads Gvarfaktori ein ähnliches Magazin für die eingeführte MP45 vor. Man weiß nicht, ob es sich um ein Plagiat handelt oder um einen Zufall. Carl Gustav war allerdings für seine Plagiate bekannt, und die MP45 war bis auf das Magazin eher unauffällig. Die Waffe war im ursprünglichen Kaliber 9 mm Parabellum wesentlich besser als im späteren Kaliber 7,62 mm, weil die Eigenschaften der Parabellum ganz einfach besser waren. Trotzdem wurde die VZ23/25 beim tschechischen Heer 1952 durch die VZ24/26 abgelöst. Das einzige Zugeständnis der Sowjets lag darin, dass die Tschechen eine stärkere Ladung in die 7,62-mm-Patrone einbauen durften. Diese Naboj 48 widerlegte damit den Grundsatz der Einheitlichkeit im Warschauer Pakt. Sie war nämlich für die anderen Waffen, die die ursprüngliche M1930 verschossen, viel zu kräftig, insbesondere für die Tokarew-Pistole.

DIE SKORPION

Bis in die 60er Jahre gab es kaum Unter-

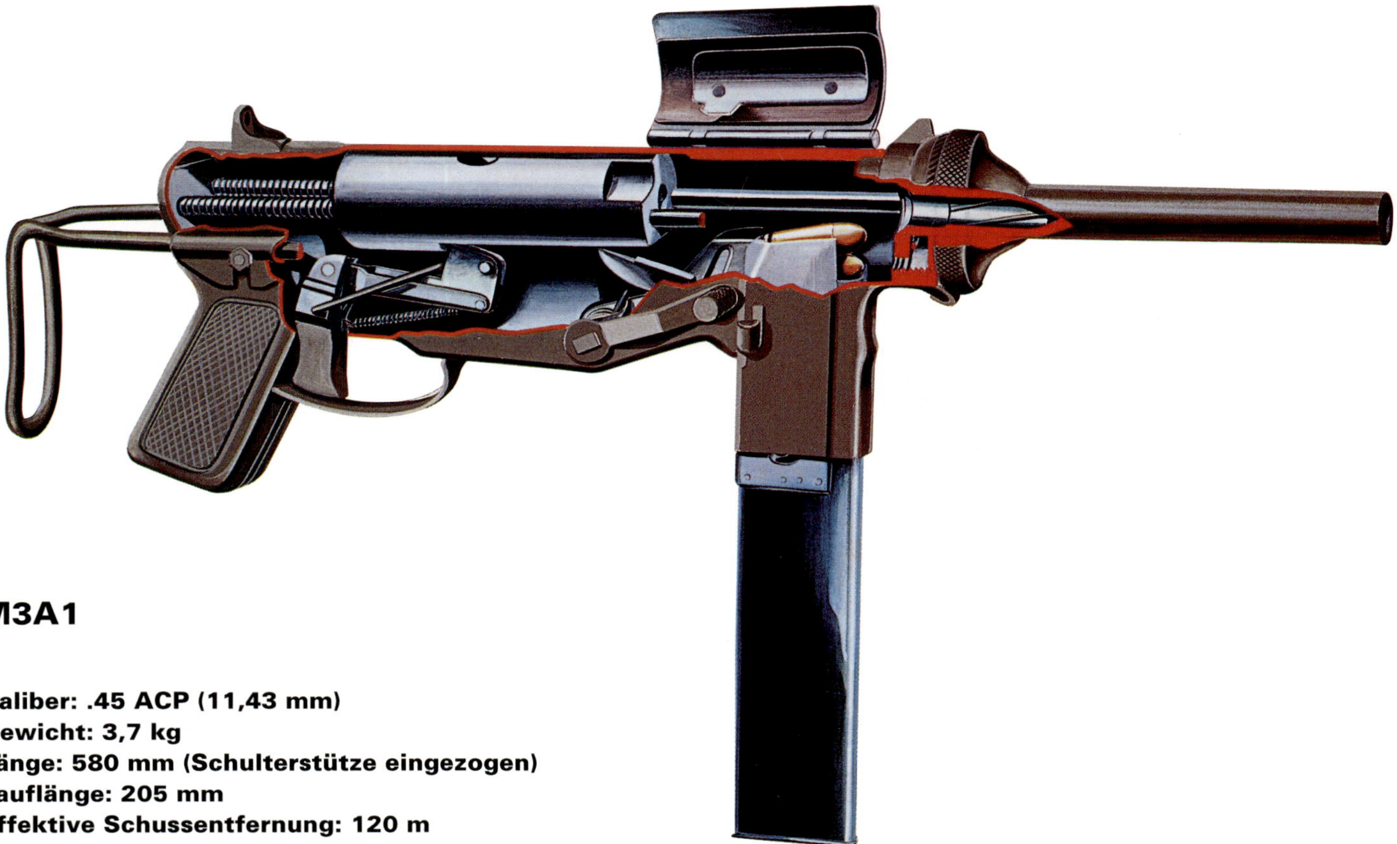

M3A1

Kaliber: .45 ACP (11,43 mm)
Gewicht: 3,7 kg
Länge: 580 mm (Schulterstütze eingezogen)
Lauflänge: 205 mm
Effektive Schussentfernung: 120 m
Ausführung: Rückstoßlader
Feuergeschwindigkeit: 450 Schuss/min
Mündungsgeschwindigkeit: 285 m/sek
Herstellerland: Vereinigte Staaten

schiede zwischen MPis und kleinen MGs (abgesehen von eigenwilligen Konstruktionen wie den vollautomatischen Versionen der Mauser C96, der berüchtigten Schnellfeuer-Selbstladepistole, der spanischen Star Modell A und der späteren Stetschkin). Mitte der 60er Jahre jedoch kamen die Klein-Maschinenpistolen, die bequem – wenn auch nicht sehr präzise – mit einer Hand bedient werden konnten. Zu dieser Gattung zählen die Walther MP(k), die MAC-10 und (eher noch) die MAC-11 sowie die Mini-Uzi. Der Prototyp aber war die tschechische Skorpion, die in unterschiedlichsten Kalibern gebaut wurde. Die Skorpion ist nicht ganz einfach einzuordnen. Sie wurde zunächst wohl für die Besatzungen von Panzerfahrzeugen gebaut, was auch Sinn macht. Sie fand sich aber ganz schnell bei den zeitgleich entstandenen Terroristengrup-

LINKS: Die M3 und die M3A1 wurden im Zweiten Weltkrieg in großer Zahl gebaut und viele waren auch 30 Jahre später noch bei den „inoffiziellen" Kunden der USA im Einsatz.

pen. Später wurde sie mit noch mehr Begeisterung von Drogenhändlern und anderen Nachfolgern von Al Capone aufgenommen, im Kino jedenfalls. Dabei war die Skorpion eine echte Maschinenpistole mit einer hohen Feuergeschwindigkeit von etwa 850 Schuss pro Minute. Der nur 112 mm kurze Lauf sorgte trotz der Vorteile des Teleskopverschlusses dafür, dass die Kugeln überall in der Umgebung einschlugen. In dieser Beziehung war die Skorpion wirklich furchterregend. Die hohe Feuergeschwindigkeit war natürlich die Folge des leichten Verschlusses und einer schwachen Schließfeder. Platz für stärkere Ausführungen gab es nicht. Es hätte noch schlimmer kommen können, aber ein raffinierter Verzögerer im Griffstück bremste die Waffe etwas. Es handelte sich dabei um ein federbelastetes Gewicht, das nach unten gedrückt wird, wenn der Verschluss zurück läuft. Der Verschluss wird dann durch eine Sperre festgehalten, bis das Gewicht wieder oben angekommen ist. Ein Experte konnte dazu nur noch folgendes sagen: „Man sollte vielleicht annehmen, dass der Schütze etwas von diesem Mechanismus bemerkt, aber er geht neben dem Rückstoß und der steigenden Mündung einfach unter.“ Die erste Skorpion, das Modell 61, war auf die sowjetische 7,62-mm-Pistolenpatrone ausgelegt; das Modell 64 hatte wie die MAC-11 das Kaliber 9 mm kurz. Das Modell 65 verschoss die ungewöhnliche sowjetische 9-mm-Patrone, die für die Makarow-Pistole entwickelt worden war. Abgerundet wurde das Programm durch das Modell 68 im Kaliber 9 mm Parabellum.

WEITERE MASCHINENPISTOLEN

Vor und kurz nach dem Zweiten Weltkrieg wurden noch in vielen anderen Ländern Maschinenpistolen gebaut. In einigen Ländern nahmen sie sogar den Großteil der nationalen Waffenproduktion in Anspruch. Leichte und mittlere MGs, ja sogar Gewehre und Pistolen (die ja alle aufwändiger in der Herstellung sind als die Maschinenpistolen der zweiten Generation wie die Sten oder die amerikanische M3) wurden dann importiert. Einige dieser MPis waren nichts weiter als direkte Plagiate oder lizenzierte Kopien von Modellen, die woanders entwickelt worden waren. Daneben gab es auch „handgestrickte“ Konstruktionen. Der einfache Aufbau der Maschinenpistole sorgte dafür, dass auch „neue“ Waffen den vorhandenen Modellen stark ähnelten und in der Regel über bereits bekannte Komponenten verfügten. Natürlich gab es auch sinnvolle Innovationen, manchmal aus Ländern, wo man es nicht vermuten würde.

ARGENTINISCHE MPis

Argentinien, das vor dem zweiten Weltkrieg keine nennenswerte Waffenindustrie hatte, war ein gutes Beispiel. Es gab dort viele Immigranten aus Italien, sodass die erste argentinische Maschinenpistole starke Einflüsse der Beretta Modello 38 aufwies. Die Waffe wurde 1943 bei Halcon gebaut und wies zum Teil sogar recht eigenständige Merkmale auf. Der Lauf hatte eine ringförmige Verrippung vom Gehäuse bis zur Mündung. Dazu kamen eine große, auffällige Mündungsbremse/-feuerdämpfer und ein Bajonetthalter. Das Magazingehäuse unter dem Gehäuse war als Pistolengriff ausgeformt. Selbst die Krümmung des Kolbens war so stark ausgeprägt, dass er als zweiter Pistolengriff diente. Wie bei der Beretta konnte die Endkappe des Gehäuses abgeschraubt werden, um die Schließfeder und den Verschluss zur Reinigung zu entnehmen. Es gab diese MPi im amerikanischen Kaliber .45 ACP (11,43 mm) und in 9 mm Parabellum. Die Kastenmagazine fassten 17 oder 30 Schuss. 1946 erschien eine leichtere Version mit einer metallenen Schulterstütze statt des Holzschaftes. Die Schulterstütze entsprach fast genau der der M3. Der komplizierte Mündungsfeuerdämpfer wich einer einfacheren Konstruktion, wie sie Cutts für die Thompson baute. Es gab auch eine wesentlich simplere Version aus Stahlstanzstücken mit einem auffälligen gebogenen Magazin für 40 Schuss. Sie wurde ab 1957 gebaut und drei Jahre später bereits überarbeitet. Dabei war sie stets nur im Kaliber 9 mm erhältlich.

Eigentlich hätte ein Land wie Argentinien mit kaum mehr als 15 Millionen Einwohnern, das in erster Linie von der Landwirtschaft lebte, seinen Bedarf bei einem einzigen Hersteller decken können. Trotzdem gab es drei Firmen, die Maschinenpistolen bauten! In den ersten

Ingram Modell 10, schallgedämpft

Kaliber: .45 ACP (11,43 mm)
Gewicht: 2,85 kg
Länge: 265 mm
Lauflänge: 145 mm
Effektive Schussentfernung: 70 m
Ausführung: Rückstoßlader
Feuergeschwindigkeit: 1150 Schuss/min
Mündungsgeschwindigkeit: 285 m/sek
Herstellerland: Vereinigte Staaten

fünf Jahren nach dem Krieg bauten nicht nur die beiden etablierten Hersteller Halcon in Buenos Aires und Domingo Matheu in Rosario Maschinenpistolen, auch Armas y Equipos in Cordoba fing damit an. Wenn man sich die PAM1 und PAM2 von Matheu näher betrachtet, sieht man den Einfluss der amerikanischen M3, obwohl sie etwas kürzer und leichter sind und nur im Kaliber 9 mm Parabellum erhältlich waren. Bemerkenswert war eine zweite Sicherung, die auf den Abzug wirkte. Das waren die ersten „MPis der zweiten Generation", die in Argentinien gebaut wurden.

Die spätere PM3 war wesentlich ausgereifter. Sie wurde Mitte der 70er Jahre vorgestellt und hatte einige Merkmale mit der Uzi gemeinsam – den vergrößerten Vorderschaft aus Kunststoff mit dem Spannhebel daneben auf der linken Seite. Die Abzugsgruppe war so weit nach vorn gerückt, dass das Magazin in den Pistolengriff geschoben werden konnte. Gebaut wurden zwei Versionen: Eine feste Schulterstütze aus Kunststoff wie die der Heckler & Koch MP5 und eine ausziehbare Schulterstütze aus Metall wie bei den früheren Modellen. Mit dem Teleskopverschluss war die Version mit einziehbarer Schulterstütze nur 525 mm lang, wovon allein der Lauf 290 mm beanspruchte. Armas y Equipos baute 1952 seine erste Maschinenpistole. Entwickelt wurde die Waffe von dem argentinischen Ingenieur Miguel E. Manzo Sal, nach dessen Initialen die Waffe benannt wurde: MEMS. Es handelte sich um einen recht konventionellen Rückstoßlader. Die Treibladung wurde vorab gezündet, um den Rückstoß zu reduzieren, und die gesamte Auslegung erinnerte an die deutsche MP40. Die Läufe ließen sich leicht wechseln. Sie wurden mit Hilfe einer großen Überwurfmutter am Gehäuse gehalten, die auf einen Flansch wirkte. Die Konstruktion wurde in den 50er, 60er und 70er Jahren gründlich überarbeitet. Unter anderem erhielt der Lauf neue Züge, und es gab einen Mechanismus für die Abzugsbetätigung und die Feuerwahl, die beide patentiert wurden. Die letzte Version M75 hatte ein keilförmiges Magazin mit zwei Reihen von Patronen, das 40 Schuss von der 9

OBEN: Die 1938 von Degtjarew entworfene PPD war die erste brauchbare MPi der Sowjetunion. Sie war aber teuer in der Herstellung und wurde schon bald von der PPSh41 abgelöst.

UNTEN: Die PPS43 wurde in Leningrad während der Belagerung gebaut. Als einzige sowjetische MPi aus dieser Zeit hat sie kein Trommelmagazin.

PPSh 41

Kaliber: 7,62 mm M1930
Gewicht: 3,6 kg
Länge: 840 mm
Lauflänge: 265 mm
Effektive Schussentfernung: 120 m
Ausführung: Rückstoßlader
Feuergeschwindigkeit: 900 Schuss/min
Mündungsgeschwindigkeit: 490 m/sek
Herstellerland: Sowjetunion

LINKS: Die PPSh wurde in riesiger Zahl gebaut – zwischen 1941 und dem Kriegsende waren es mit Sicherheit mehr als 5 Millionen. Sie war primitiv, aber wirksam und zuverlässig.

mm Parabellum fasste. Um die metallene Schulterstütze, die oberhalb des Pistolengriffs angelenkt war, wegklappen oder abnehmen zu können, musste erst das Magazin abgenommen werden, denn in diesem Fall lag die Schaftkappe unmittelbar unter dem Lauf. Auf die MEMS konnten ein Bajonett oder ein Granatwerfer montiert werden. In den 70er Jahren waren die argentinischen Maschinenpistolen in ganz Südamerika zu finden.

Unter den vielen restlichen Ländern, in denen Maschinenpistolen gebaut wurden, ist etwa ein halbes Dutzend erwähnenswert, weil sie in der Regel wenigstens eine bemerkenswerte Maschinenpistole gebaut haben. Belgien war für die hohe Qualität seiner Feuerwaffen bekannt, und das sogar bevor die Fabrique Nationale d'Armes de Guerre (FN) 1889 in Herstal gegründet wurde. Später kamen von dort drei interessante Maschinenpistolen: Die übermäßig komplizierte RAN, die als komplettes Waffensystem angepriesen wurde, es aber nicht war und nie über das Prototypenstadium hinauskam; die Vigneron M2, die nicht so ambitioniert und deshalb um so erfolgreicher war (sie wurde beim belgischen Heer eingeführt und in Portugal und Luxemburg fast originalgetreu kopiert), und in den letzten Jahren die FN P90, einer der wenigen Versuche, eine ganz

Oben: Die MAT49 begleitete das französische Heer durch fast alle Gefechte in Indochina und Algerien. Ihre einzige echte Schwäche war das einreihige Magazin.

neue Maschinenpistole zu bauen, die den modernen Forderungen entsprach.

FN P90 – DIE BULLPUP-MASCHINENPISTOLE

Die P90 war die erste Waffe für die neue „mittelkleine" Patrone von FN, die SS190 im Kaliber 5,7 mm. Diese Patrone hatte wesentlich mehr Durchschlagskraft als die allgegenwärtige 9 mm Parabellum und dabei nur zwei Drittel des Rückschlags. Die FN P90 war für die Maschinenpistole das, was das Steyr AUG oder das FN MAS für das Sturmgewehr waren, und deshalb sah sie anders aus als alle Maschinenpistolen vor ihr. Es handelte sich um eine Bullpup-Konstruktion, wobei der Verschluss weit hinter der Abzugsgruppe lag. So konnte man trotz eines wesentlich längeren Laufs die Gesamtlänge kurz halten. Das Magazin aus durchsichtigem Kunststoff lag oben auf Lauf und Gehäuse, und die 50 Schuss lagen im rechten Winkel zum Verschluss. Daher mussten sie beim Laden um 90° gedreht werden. Ein Laser-Zielmarkierungsgerät unter dem Lauf unmittelbar vor der Kombination aus Abzugsbügel und Vordergriff ersetzte die konventionellen Visiere. Trotzdem gab es ein optisches Visier ohne Vergrößerung mit einem beleuchteten Fadenkreuz aus Tritiumniobat für den Einsatz bei schlechten Lichtbedingungen. Mit Ausnahme des Verschlusses mit den beiden Führungsschienen und des Laufs bestand praktisch die ganze Waffe aus Spritzguss-Kunststoff. Alle Komponenten waren untereinander austauschbar.

Mit 50 Schuss beladen wog die Waffe knapp über 3 kg und hatte eine Feuergeschwindigkeit von 900 Schuss pro Minute bei Feuerstoß. Auf eine Entfernung von 50 m konnte ein erfahrener Schütze bei einem Feuerstoß von 10 Schuss jeden Schuss in einen Zielkreis von 200 mm bringen. Mit den anderen zeitgenössischen Maschinenpistolen wäre das schlichtweg unmöglich gewesen. Die P90 hat das gesamte Konzept der Maschinenpistole aufgewertet, als es gerade schien, ihre Tage als wirkungsvolle Gefechtswaffe seien bereits gezählt.

MPis VON MADSEN

Das dänische Maschinengewehr Let Maskingevaer von Madsen zählte zu den Pionieren seiner Zunft. Aus dem ursprünglichen Hersteller Dansk Rekylriffel Syndikat AS wurde in der Zwischenkriegszeit das Dansk Industri Syndikat (DISA). Das leichte MG wurde aber in überarbeiteter Form unter dem neuen Namen weiterhin gebaut. Erst in den 50er

Samopal M25

Kaliber: 9 mm Parabellum
Gewicht: 3 kg
Länge: 685 mm
Lauflänge: 285 mm
Effektive Schussentfernung: 120 m
Ausführung: Rückstoßlader
Feuergeschwindigkeit: 600 Schuss/min
Mündungsgeschwindigkeit: 395 m/sek
Herstellerland: Tschechoslowakei

Jahren wurde die Produktion auf das Allzweck-MG Madsen-Saetter umgestellt. Gleichzeitig wurde ab 1945 eine Reihe neuer Maschinenpistolen mit innovativen Merkmalen gebaut.

Die erste Maschinenpistole von 1945 sah mit ihrem hölzernen Kolben noch richtig antiquiert aus. Es handelte sich um einen konventionellen Rückstoßlader; allerdings war der Verschluss mit einem Schlitten und nicht mit einem Spannhebel verbunden. Dieser Schlitten ragte vorn über den Lauf hinaus und umgab ihn. Dabei formte er einen Griff und war mit Rillen versehen. Er enthielt die Rückstoßfeder, die ebenfalls den Lauf umgab. Die Waffe wurde gespannt, indem der Schlitten nach hinten gezogen wurde, ähnlich wie bei einer Handrepetierflinte. Im folgenden Jahr brachte DISA eine völlig neue Konstruktion, bei der besonders auf den leichten Zugang zu den beweglichen Teilen geachtet wurde. Dazu baute man den Kern der Waffe – Gehäuse, Magazinhalter, Lauflager und Pistolengriff – aus zwei symmetrischen Hälften. Eine Hälfte war an Stiften an der Endplatte des Gehäuses aufgehängt, die andere Hälfte in einer senkrechten Linie dazu an der Rückseite des Sockels des Pistolengriffs. Die Schulterstütze aus Metall war an den gleichen Stiften befestigt und konnte dort verriegelt werden oder aber umgeklappt werden und lag dann rechts neben dem Gehäuse. Der Lauf wurde einfach in die Halterung geschoben und mit einer großen gerändelten Mutter befestigt, die gleichzeitig auch die beiden Gehäusehälften zusammenhielt. Reinigung und Instandhaltung waren mit diesem System sehr einfach.

Bei den Verbesserungen von 1950 und 1953 wurde das grundlegende System beibehalten. Der größte Unterschied lag in der Form der Magazine: Die ersten Ausführungen waren gerade, später dann kamen leicht gebogene Magazine zum Einsatz, mit denen die 9 mm Parabellum besser zugeführt werden konnte, denn alle Madsen-MPis verschossen diese Munition.

DIE FINNISCHE LAHTI

Es gab zwei finnische Maschinenpistolen, von denen eine weit über Finnland bekannt wurde und oft kopiert wurde, zumindest in ihrem wichtigsten Merkmal. Diese MPis – die Konepistooli M/26 und M/31, beide als Suomi bekannt, nach dem Eigennamen von Finnland – waren die Arbeit von Aimo Johannes Lahti, der als Chefingenieur beim staatlichen Arsenal in Sakara, dem Oy Tikkakoski, tätig war. Die M/26 war wohl sowohl im Kaliber 7,63 mm Mauser als auch 7,65 mm Parabellum erhältlich. Sie hatte einen großen Rückstoßpuffer am Ende des Gehäuses und ein stark gekrümmtes Magazin, um die stark gekröpften Patro-

LINKS: Wie das britische Heer gab auch das schwedische Heer Maschinenpistolen – hier vom Typ M/45 – an die Besatzungen der gepanzerten Fahrzeuge aus.

nenhülsen unterzubringen. Es wurden nicht allzu viele Exemplare gebaut, weil die Munition in ihren ballistischen Eigenschaften durchaus akzeptabel, aber mit ihrer Form nur schwer zuzuführen war. 1931 brachte Lahti ein überarbeitetes Modell, diesmal für die wesentlich zuverlässigere 9 mm Parabellum. Die M/31 wurde ein beachtlicher Erfolg und wurde später auch bei Husqvarna in Schweden und bei Hispano-Suiza in Spanien gebaut. Die Waffe war ein Kind ihrer Zeit, die Teile waren aus dem Vollen gearbeitet oder geschmiedet. Die Schäftung war aus Holz, und der lange Lauf war durch einen geschlitzten Mantel geschützt. Es handelte sich um einen traditionellen Rückstoßlader ohne jegliche Verzögerung. Gespannt wurde die Waffe durch ein Stück, das einem Gewehrverschluss ähnelte. Es war praktisch identisch mit dem Mechanismus, den Bergmann später in der MP34 verwendete.

Das wichtigste Merkmal der M/31 war aber das Magazin. Es wurde von Lahti immer wieder kopiert und überarbeitet, wobei er als Ausgangspunkt das Magazin der Thompson nahm. Es handelte sich um ein Trommelmagazin für 71 Schuss, das beladen knapp 2,5 kg wog. Es war aber so geschickt in der Nähe des Schwerpunkts der Waffe angebracht, dass die Waffe nicht aus dem Gleichgewicht geriet. Schpagin kopierte dieses Magazin in allen Einzelheiten für seine PPSh-41.

Die M/31 war so hochwertig und zuverlässig, dass sie noch lange nach dem Zweiten Weltkrieg beim finnischen Heer eingesetzt wurde. Allerdings machte das große Magazin im Frieden keinen rechten Sinn, und so wurden die verbliebenen Exemplare auf das zweireihige keilförmige Magazin umgestellt, das bei Carl Gustav im benachbarten Schweden gebaut wurde. Nun war die beladene Waffe auch wesentlich leichter.

ISRAELISCHE MASCHINENPISTOLEN

Die Geschichte des Waffenbaus im modernen Israel begann schon vor der Staatsgründung im Jahr 1948. Bewaffnete Widerstandsgruppen wie die Hagganah bauten sich vor der Unabhängigkeit primitive Kopien der Sten. Damit nicht genug, sie kombinierten auch noch vier

arl Gustav M/45

aliber: 9 mm Parabellum
ewicht: 3,45 kg
änge: 805 mm (Schulterstütze usgezogen)
auflänge: 205 mm
ffektive Schussentfernung: 120 m
usführung: Rückstoßlader
euergeschwindigkeit: 600 Schuss/min
lündungsgeschwindigkeit: 395 m/sek
erstellerland: Schweden

Samopal 62 „Skorpion"

Kaliber: 7,65 mm
Gewicht: 1,3 kg
Länge: 270 mm (Schulterstütze eingeklappt)
Lauflänge: 115 mm
Effektive Schussentfernung: 50 m
Ausführung: Rückstoßlader
Feuergeschwindigkeit: 700 Schuss/min
Mündungsgeschwindigkeit: 295 m/sek
Herstellerland: Tschechoslowakei

Stück dieser Waffen und hatten damit ein notdürftiges Flugabwehrgeschütz gegen Tiefflieger. Kurz nach der Unabhängigkeit versuchte die neu entstandene Waffenindustrie sich an ausgefeilteren Konstruktionen und stellte 1951 ihr unbestrittenes Meisterstück vor, die Uzi.

Sie war das Werk von Major Uziel Gal vom israelischen Heer, zeigte allerdings starke Einflüsse der zeitgenössischen tschechischen Produkte. Dazu zählten die Modelle 23 und 26 von Havel und die ZK476 der Brüder Koucky. Kopiert wurde der Teleskopverschluss, der den Lauf umgab und damit den Schwerpunkt nach vorn brachte. Diese Tendenz wurde dadurch noch unterstützt, dass die Abzugsgruppe vorn im Gehäuse lag und das Magazin durch den Pistolengriff zugeführt wurde. Ein Großteil des Laufs lag verdeckt im Gehäuse, nur die Mündung ragte heraus. Der Lauf wurde durch eine Überwurfmutter gehalten, die ihn in seinem Lagerrohr hielt und einen einfachen Laufwechsel ermöglichte. Der untere Teil des vorderen Gehäuses hatte einen Handgriff aus Kunststoff. Hinten war ein Pistolengriff aus dem gleichen Material. Dort saß auch die auf den Verschluss wirkende Handballensicherung. Die Hauptsicherung war Teil des Feuerwahlhebels und wirkte direkt auf die Abzugsstange. Die beiden Sicherungen arbeiteten unabhängig voneinander. Die Uzi war auf das Kaliber 9 mm Parabellum ausgelegt und hatte eine Feuergeschwindigkeit von 550 Schuss pro Minute. Der Rückstoß wurde abgedämpft. Die Waffe war sehr populär bei Kunden in aller Welt, sodass Israeli Military Industries als Hersteller des Originals bald schon Schwierigkeiten hatte, die Nachfrage zu befriedigen. In den 60er Jahren erhielt FN eine Lizenz zum Nachbau der Uzi und stellte die Waffe dann in großer Zahl her. Gegen Ende der 60er Jahre erschien die noch kleinere Mini-Uzi, die als Konkurrenz zur Ingram MAC-10 und MAC-11 wie auch zur Skorpion auftrat. Sie war so klein und leicht, dass sie mit einer Hand bedient werden konnte, war aber wie alle Vertreter des Genres wegen der hohen Feuergeschwindigkeit und des kurzen Laufs alles andere als präzise.

SPANISCHE MASCHINENPISTOLEN

Wegen seiner leidvollen Geschichte mit den politischen Unruhen und Aufständen, die in den 30er Jahren in den Bürgerkrieg mündeten, wurde Spanien zum Erprobungsfeld für Waffen und Taktiken. Die rebellischen Nationalisten unter General Francisco Franco wurden von Deutschland und Italien unterstützt, während ihre Gegner Hilfe von der Sowjetunion erhielten. Beide Interessengruppen nutzten den Krieg, um ihre neuen Waffen unter echten Gefechtsbedingungen zu erproben, vom Bomber und Jäger bis hin zu Panzern, aber auch automatische Waffen. Das Spektrum reichte vom leichten MG und dem Allzweck-MG bis zu den Maschinenpistolen. Die deutschen MP28 und MP34, die italienische Beretta Modell 18 und die sowjetische PPD waren aber nicht die einzigen Maschinenpistolen in Spanien. Besonders die Regierungstruppen setzten auch einheimische Waffen ein, die von den Büchsenmachern im Baskenland und in Katalonien gebaut wurden.

Die erste spanische Maschinenpistole war wohl die Star S135, die bei Bonifacio Echeverria in Eibar im Baskenland gebaut wurde. Sie verschoss die 9 mm Largo, die ursprünglich von Bergmann für die erste Generation seiner Selbstladepistolen entwickelt worden war. Sie war zwar schwächer als die Parabellum, hatte aber viele Anhänger in Spanien. Die S135 war eine höchst komplizierte Waffe, die aus einem Selbstladegewehr entwickelt wurde. Der Rückstoßlader wurde über einen Riegel im Verschluss verzögert, der in eine Vertiefung im Gehäuse einrastete. Ein spezieller Mechanismus hielt den Verschluss zurück, wenn das Magazin leer war (was man in der Regel eher bei Selbstladegewehren und -pistolen findet). Dazu kam ein fast einzigartiges Merkmal – die Feuergeschwindigkeit konnte zwischen 300 und 700 Schuss pro Minute eingestellt werden. Trotz dieser unnötig komplizierten Konstruktion funktionierte die Waffe gut. Sie wurde in

Großbritannien und in den USA beim Heer erprobt, allerdings abgelehnt, weil die „traditionelle“ Konstruktion eine zu aufwendige Herstellung mit sich brachte. Die Labora-Maschinenpistole, die zum Ende des Bürgerkrieges in Katalonien gebaut wurde, verschoss ebenfalls die 9 mm Largo. Sie war auf den ersten Blick höchst ungewöhnlich. Zu einer Zeit, als man eher mit primitiven und behelfsmäßigen Waffen rechnen musste, war sie ein wunderschönes Objekt. Alle Komponenten waren aus dem Vollen gearbeitet, der Lauf hatte eine aufwändige Riffelung, und die Schäftung war aus Holz. Es gab aber einen ganz bestimmten Grund dafür: Im Nationalistischen Spanien gab es damals wenig Industrie, aber zahlreiche Büchsenmacher mit ihren traditionellen Werkzeugen. Von der Konstruktion her war die Labora eher unkompliziert – ein einfacher unverzögerter Rückstoßlader. Die Kombination aus starker Schließfeder und leichtem Verschluss sorgte für eine hohe Feuergeschwindigkeit. Der Bürgerkrieg endete kurz vor

LINKS: Seit ihrer Einführung Anfang der 50er Jahre ist die israelische Uzi in aller Welt gefragt. So ist sie denn auch in großer Zahl verkauft worden.

Uzi

Kaliber: 9 mm Parabellum
Gewicht: 3,5 kg
Länge: 635 mm (Schulterstütze ausgezogen)
Lauflänge: 260 mm
Effektive Schussentfernung: 120 m
Ausführung: Rückstoßlader
Feuergeschwindigkeit: 600 Schuss/min
Mündungsgeschwindigkeit: 395 m/sek
Herstellerland: Israel

Mini-Uzi

Kaliber: 9 mm Parabellum
Gewicht: 2 kg
Länge: 305 mm
Lauflänge: 125 mm
Effektive Schussentfernung: 50 m
Ausführung: Rückstoßlader
Feuergeschwindigkeit: 600 Schuss/min
Mündungsgeschwindigkeit: 395 m/sek
Herstellerland: Israel

dem Zweiten Weltkrieg, und in diesem größeren Krieg blieb Spanien, nun unter der Herrschaft von Francos Nationalisten, trotz des starken Drucks aus Deutschland entschlossen neutral. Das Land lag ohnehin in Ruinen, und die Waffenindustrie kam erst Mitte der 40er Jahre wieder auf ihre Füße. Echeverria SA zählte zu den ersten und fing bereits 1944 damit an, eine Kopie der deutschen MP 40 (mit einigen eigenen Verbesserungen) zu bauen. Zu diesen Verbesserungen zählte eine Verriegelung des Verschlusses, die ein versehentliches Abfeuern ausschloss, falls die Waffe senkrecht auf den Kolben fiel (was gar nicht so selten vorkam). Wichtiger aber war ein neuer Abzugsmechanismus ähnlich dem der Bergmann MP34, der bei leichtem Druck Einzelfeuer und bei vollem Durchdrücken Feuerstöße schoss. Die Z45 war wohl auch die erste Maschinenpistole, die zum leichteren Ausziehen der Patronen über einen geriffelten Ladungsraum verfügte. Dieses Merkmal findet man sonst eher bei Gewehren und schweren Waffen. Sie war mit einem festen Holzkolben oder einer klappbaren Schulterstütze aus Metall erhältlich. Gegenüber der MP40 war die Z45 zwar eine Verbesserung, mit der modernen Konkurrenz konnte sie aber nicht mithalten und wurde deshalb wahrscheinlich um 1950 eingestellt. Auch die Z45 wurde im Kaliber 9 mm Largo für die spanische Polizei und in 9 mm Parabellum für den Export gebaut.

SCHWEIZER MASCHINENPISTOLEN

Es ist bereits berichtet worden, wie die deutschen Waffenhersteller ihre Waffen in der Schweiz bauen ließen. Nachdem aber Hitler den Vertrag von Versailles aufgekündigt hatte, wurden diese Waffen wieder in Deutschland gebaut. Die Schweizer Firmen bauten dann wieder Militärwaffen für die eigenen Streitkräfte und für den Export, allerdings lief die Produktion erst 1940 wieder richtig an.

Die wichtigsten Hersteller von Ma-

Fürrer MP41

Kaliber: 9 mm Parabellum
Gewicht: 5,2kg
Länge: 775 mm
Lauflänge: 245 mm
Effektive Schussentfernung: 70 m
Ausführung: Rückstoßlader
Feuergeschwindigkeit:
900 Schuss/min
Mündungsgeschwindigkeit:
395m/sek
Herstellerland: Schweiz

schinenpistolen waren die Waffenfabrik Bern und die Schweizerische Industriegesellschaft (SIG). Aber auch Hispano-Suiza, besser bekannt als Hersteller von Flugzeugkanonen, stieg in diesen Markt ein und baute die finnische M/31 in Lizenz. Das geschah im Jahr 1943, als die beiden großen Hersteller nicht in der Lage waren, ihre 1940 beim Schweizer Bundesheer erprobten Waffen tatsächlich auch zu bauen. Das Produkt von SIG, später auf anderen Märkten als MP41 angeboten, war die Weiterentwicklung zweier mäßig erfolgreicher Waffen aus den 30er Jahren, des verzögerten Rückstoßladers MK33 und der MK37, die ohne diese Verzögerung auskam. Die SIG MP41 verschoss wie die meisten Maschinenpistolen die 9 mm Parabellum. Es handelte sich um einen simplen Rückstoßlader mit radialen Kühlrippen auf dem Lauf, mit Vorderschaft, Pistolengriff und Kolben aus Holz, verbunden mit einem Gehäuse, das aus Schmiedestahl gefräst wurde. Die Waffe war schwer und hässlich, und das beste daran war wohl die Methode zum Herausnehmen von Schließfeder und Verschlussblock, die allerdings von der Beretta M1938 kopiert wurde. Das Schweizer Bundesheer lehnte die Waffe ab und entschied sich statt dessen für die unmöglich komplizierte Maschinenpistole, die Adolf Furrer für die Waffenfabrik Bern entwickelt hatte. Die Furrer war ein echter Anachronismus, ein Rückstoßlader mit kurzem Rücklauf und starr verriegeltem Kniegelenkverschluss. In ihrer Art ähnelte sie den MGs von Maxim und Vickers, aber auch den Selbstladepistolen von Mauser und Luger. Warum man ihr den Vorzug vor der simplen SIG MP41 gab, ist schwer zu verstehen, aber sie wurde tatsächlich als MP41/44 eingeführt. Es sind aber wohl weniger als 5000 Exemplare gebaut worden, denn die Waffe ließ sich einfach nicht in der geforderten Menge bauen und war obendrein extrem teuer. Das Bundesheer wandte sich in seiner Not an Hispano-Suiza, das sich die Rechte an der finnischen Suomi gesichert hatte, und beschaffte dort seine Maschinenpistolen. Die MP43/44, wie die finnische MPi in der Schweiz nun hieß, blieb bis 1948 im Dienst und wurde dann bei den Kampftruppen durch die SIG MP48 abgelöst.

SIG MP48 UND MP310

Die MP48 war im Prinzip eine modernisierte MP41 ohne die hölzerne Schäftung und den teuren Lauf mit den Kühlrippen. Auch das Herstellungsverfahren wurde rationalisiert. SIG ging dabei noch einen Schritt weiter als die Konkurrenz und setzte präzise Gussteile – eine Technologie, die damals noch in den Kinderschuhen steckte – statt gestanzter oder gefräster Teile ein. Diese Teile sind so exakt gefertigt wie gefräste und billiger als gestanzte Teile. Die Schulterstütze aus Stahlrohr kann in zwei Röhren unter dem Gehäuse geschoben werden. Auch das Klappmagazin kam wieder zum Einsatz. Dieses Merkmal wurde auch bei der 1953 vorgestellten MP310 beibehalten. SIG baute keine weitere Sicherung ein und behauptete, dass die Unterbrechung der Munitionszufuhr bei hochgeklapptem Magazin die sicherste Alternative wäre. Zweifelhaft ist aber, ob man damit verhindern kann, dass eine bereits im Ladungsraum befindliche Patrone versehentlich abgefeuert wird. Das Magazingehäuse wurde durch einen Deckel verschlossen, wenn das Magazin weg-

RECHTS: Fabrique Nationale hoffte, dass der überwiegend aus Kunststoffspritzguss bestehenden P90 5,7-mm-Maschinenpistole, die Mitte der 90er Jahre eingeführt wurde, die Zukunft gehören würde.

geklappt war. Der einzige echte Fortschritt bei der MP310 war der zweistufige Abzug, den auch die Suomi und die Bergmann MP34 hatten.

HAT DIE MASCHINENPISTOLE EINE ZUKUNFT?

In vielen Kreisen galt diese Frage in den 80er Jahren bereits als überholt. Mit der Einführung der Bullpup-Sturmgewehre im kleineren Kaliber, die kaum größer oder schwerer als die meisten Maschinenpistolen waren, auf der anderen Seite aber Dauerfeuer und bis 500 m die Präzision eines konventionellen Gewehrs boten, gab es auf dem Gefechtsfeld kaum noch Bedarf an diesen kleinen automatischen Waffen. Die 9 mm Parabellum, die außerhalb des Warschauer Pakts allgegenwärtig war, erschien den Militärs für ihre Zwecke wenig geeignet. Gleichzeitig war die Maschinenpistole aber ideal für die Polizei, wo man auch darauf achten musste, Nebenschäden möglichst gering zu halten. Der Einsatz von Militärmunition, die Mauern durchdringt und dann immer noch tödlich ist, kam nicht in Frage. Sicher spielten die „konventionellen“ 9-mm-Maschinenpistolen auch eine Rolle in der Terroristenbekämpfung, aber auch hier gelten eher die Grundsätze für den Polizeieinsatz und nicht die für die militärische Gefechtsführung. Wie wir im letzten Kapitel sehen werden, gab es kürzere Versionen der neuen Sturmgewehre, oft sogar ganze „Waffenfamilien“ mit Allzweck-MGs und leichten MGs, die die Rolle der Maschinenpistole im Gefecht vollkommen abdeckten. So blieb der Maschinenpistole gerade ein Lebensalter nach ihrer Einführung nur noch der Platz bei den Sondereinsatzkommandos und bei paramilitärischen Polizeieinheiten.

RECHTS: Die spanische Star Z70. Eine konventionelle Maschinenpistole, die preiswert produzierbar und leicht reparierbar ist.

Kapitel 5

DAS MODERNE MG

Wie ja bereits beschrieben, hatten sich bis zum Zweiten Weltkrieg vier Kategorien von automatischen Waffen herauskristallisiert: Schwere, mittlere und leichte MGs sowie Maschinenpistolen. Die leichten und mittleren MGs verschossen die gleiche Gewehrmunition und waren allmählich schwer voneinander zu unterscheiden – in einem berühmten Fall gab es gar keinen Unterschied mehr. Trotzdem bildete das leichte MG immer noch eine eigene Klasse – eine attraktive Alternative zum Sturmgewehr im Nahkampf. Das schwere MG war ebenfalls ein Fall für sich und blieb den ganzen Krieg über praktisch unverändert.

Selbstladegewehre sollten sich während des Krieges überall durchsetzen. Sie verschossen aber immer noch Patronen, die auf 1800 oder sogar 2700 m tödlich wirkten, und das war wirklich zu viel des Guten, denn selbst im Ersten Weltkrieg waren die Gefechtsweise und die üblichen Kampfentfernungen längst auf 1000 m oder weniger beschränkt. Die erste Generation der Selbstladegewehre war schwer, vielleicht sogar schwerer als die alten Repetiergewehre. Das Gewicht der erforderlichen Munition – in der Regel 200 Schuss – hatte sich auch nicht verändert, jedenfalls nicht außerhalb des Ostblocks, wo zusammen mit einer neuen Waffengeneration die so genannte „mittlere" Patrone eingeführt wurde. Das Selbstladegewehr konnte allerdings das leichte MG ersetzen, wenn man für den Angriff eine Unterstützungswaffe benötigte. Nur das britische Heer rüstete die erste Generation seiner Selbstladegewehre nur mit Einzelfeuer aus. Dann kamen die kleineren Kaliber – 5,56 mm bei der NATO und 5,45 mm beim Warschauer Pakt. Die dazu passenden Gewehre machten schließlich das leichte MG auf dem Gefechtsfeld überflüssig. Damit veränderte sich auch das Aussehen der Standard-Infanteriewaffe. Bald schon gab es „Familien" von Infanteriewaffen, die alle eine gemeinsame Basis (Gehäuse und Abzugsgruppe) hatten. Alle anderen Komponenten waren austauschbar. Das Spektrum reichte von Unterstützungswaffen für Dauerfeuer über leichte MGs, Sturmgewehre und Karabiner bis hin zu Maschinenpistolen. Endlich gab es eine echte Allzweckwaffe. Aber das Konzept konnte sich nicht so recht durchsetzen, und die Konstrukteure mussten eine neue und flexiblere Unterstützungswaffe entwickeln.

LINKS: Das deutsche MG34 auf dem Dreibein Lafette 34 und mit der optischen Zielvorrichtung war bis zu einer Schussweite von über 3000 m wirksam.

DAS EINHEITSMASCHINENGEWEHR

Im Jahr 1916, als Deutschland Alternativen für sein MG08 suchte, entwickelte das Arsenal Erfurt eine Waffe mit dem verstellbaren Vickers-Verschluss von 1901. Sie war leichter als das alte MG08, aber der wahre Unterschied lag im Einsatzverfahren: Das neue MG war von vornherein auch auf ein Zweibein ausgelegt, ähnlich wie das leichte MG08/15. Natürlich gab es auch ein Dreibein für Dauerfeuer. Diese Waffe blieb stets ein Prototyp und wurde mit Sicherheit nie eingesetzt, aber sie war dennoch zweifellos zukunftsweisend.

DAS MG34

Das viel versprechende MG16 konnte nicht mitten im Krieg serienreif gemacht werden. Nach dem Ersten Weltkrieg verbot der Vertrag von Versailles die Weiterentwicklung. Daher wurde erst 1932 in Deutschland ein Entwicklungsprogramm ins Leben gerufen mit dem Ziel, eine völlig neue Klasse von automatischen Waffen zu bauen. Sie sollte flexibler und an die Notwendigkeiten der mechanisierten Kriegführung anpassbar sein – ein moderneres Einheitsmaschinengewehr. Zu jener Zeit befassten sich sowohl Rheinmetall als auch die Mauser-Werke mit einem leichten luftgekühlten MG. Beide waren der Wehrmacht schließlich nicht gut genug, lieferten aber Ansätze für die Weiterentwicklung. Beim Projekt von Rheinmetall handelte es sich um das Steyr-Solothurn S2-200, ein Serienmodell des so genannten Söda-MG, das Louis Stange im Rheinmetall-Werk Sömmerda entwickelt hatte. Die Weiterentwicklung erfolgte bei Solothurn in der Schweiz und die Produktion bei Steyr in Österreich.

Mauser arbeitete zur gleichen Zeit an einem leichten MG von Ernst Altenburger. Dieses LMG32 war dem S2-200 ebenbürtig. Altenburgers Konstruktion wies zwar einige interessante Merkmale auf, war aber im Großen und Ganzen unbrauchbar. Mit einer Unverschämtheit, wie sie seinerzeit bei der Beschaffung auf dem Rüstungssektor noch nicht gang und gäbe war, zwang die Wehrmacht Louis Stange, das Projekt unter der Leitung von Major (Dipl.Ing.) Ritter von Weber im Rheinmetall-Werk Düsseldorf zu überwachen und dabei auf die von Altenburger in Oberndorf entwickelte Verschlussverriegelung und das Verfahren zum Wechseln der Läufe zurückzugreifen. Deshalb behaupteten einige Experten später sogar, dass das daraus entstandene MG34 von Mauser stammt. Das stimmt nicht: Es handelte sich um eine Rheinmetall-Entwicklung mit einigen Komponenten von Mauser. Dafür erhielt Mauser später Lizenzgebühren von Rheinmetall-Borsig, wie die Firma ab 1936 hieß.

DAS BAUKASTENSYSTEM

Die Grundlage des ganzen Projekts war ein systematischer Ansatz zu einer Waffe, die sowohl ein leichtes als auch ein schweres MG sein sollte, d. h. eine Handfeuerwaffe für den Sturmangriff, aber auch eine mannschaftsbediente Dauerfeuerwaffe. Da auf keiner Seite Kompromisse eingegangen werden durften, waren sogar das Zubehör und die Zuführungsmethoden unterschiedlich.

Das MG08/15 hatte gezeigt, dass ein leichtes MG im Sturmangriff keinen Gurt haben sollte, und so wurde die für das MG15 entwickelte Doppeltrommel 15 mit 75 Schuss eingesetzt. Die Patronen

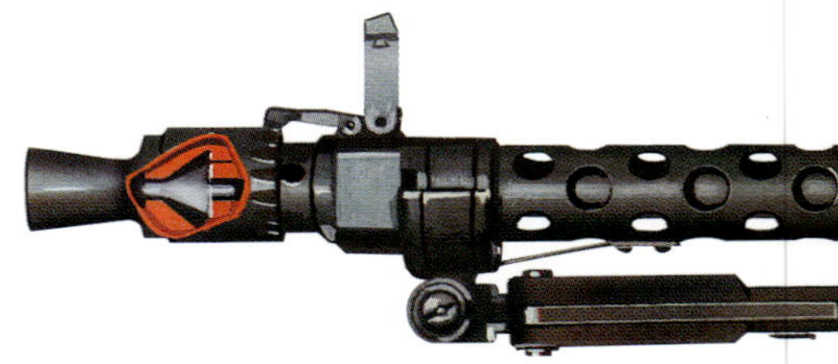

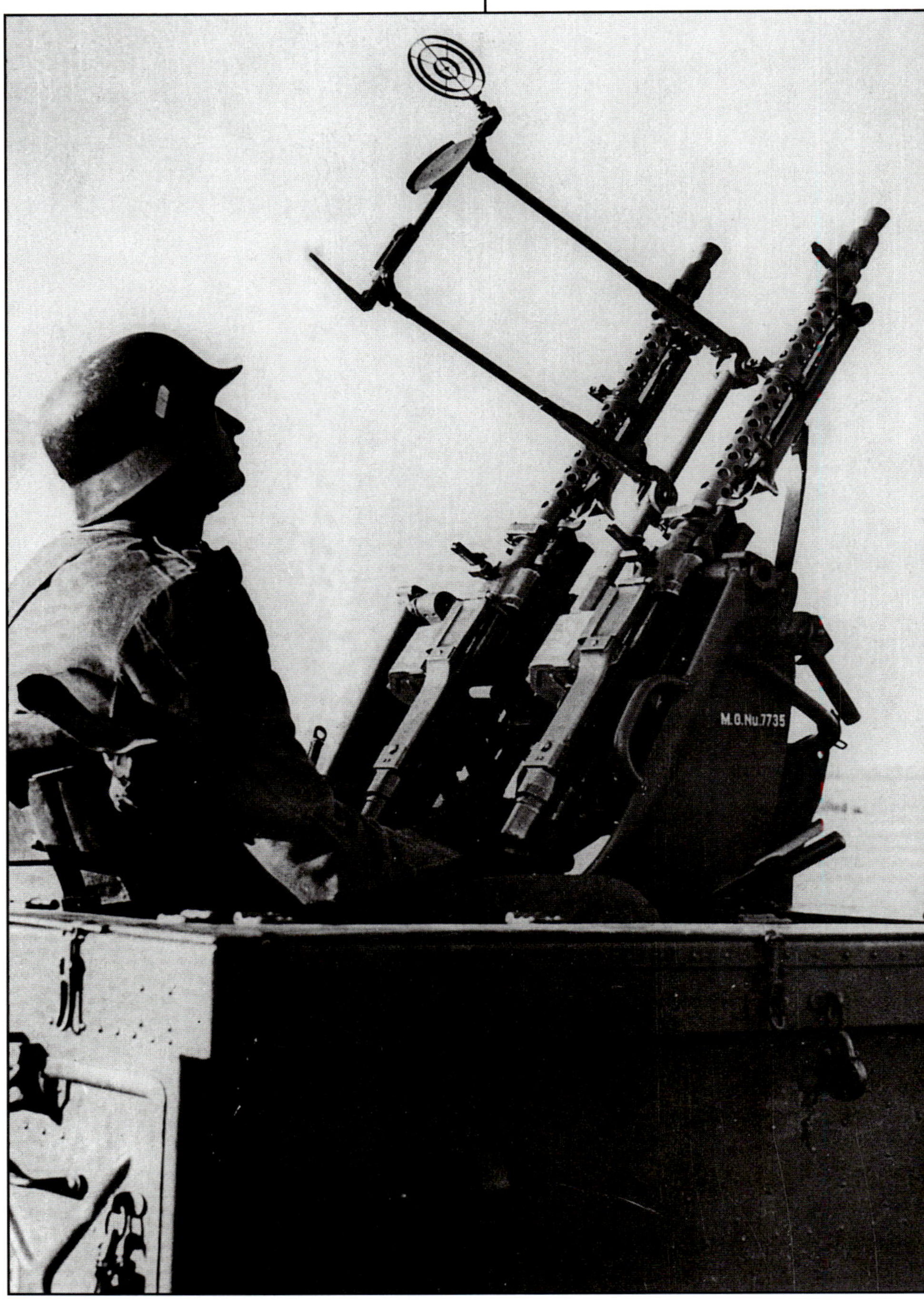

RECHTS Das MG34 wurde normalerweise auf Panzern und anderen Fahrzeugen wie auch als leichtes Fla-MG eingesetzt. Oft kam wie hier eine Zwillingslafette zum Einsatz.

MG34

Kaliber: 7,92 mm
Gewicht: 12,1 kg
Länge: 1220 mm
Lauflänge: 625 mm
Effektive Schussentfernung: 3000 m
Ausführung: Rückstoßlader mit kurzem Rücklauf, Gurt oder Trommelmagazin
Feuergeschwindigkeit: 900 Schuss/min
Mündungsgeschwindigkeit: 800 m/sek
Herstellerland: Deutschland

wurden von jeder Seite abwechselnd zugeführt, um stets das Gleichgewicht zu halten. Diese Patronentrommel 34 blieb bis etwa 1940 im Dienst. Sie war recht kompliziert, und die Schützen benötigten ein ganzes Arsenal an Werkzeug zum Beladen und Entleeren. Unter anderem mussten die Abdeckung der Gurtzuführung und der Patronenzuführer entfernt werden. Da war der Gurt zu 50 Schuss einfacher konzipiert. Er saß in der Gurttrommel 34, die links am Gehäuse befestigt und ganz simpel mit Riegel und Haken gesichert wurde. Die 12 kg schwere Waffe konnte mit Hilfe des Trageriemens aus der Hüfte abgefeuert werden. Normalerweise benutzte man aber das Zweibein, das entweder in der Nähe der Mündung oder in der Nähe des Gehäuses befestigt wurde. Daneben gab es ein leichtes Dreibein, den Dreifuß 34, für den Einsatz als leichtes MG. Für Dauerfeuer musste es aber die Lafette 34 sein, bei der die Waffe in einer gefederten Halterung saß. Sie war ein wahres Meisterwerk der Ingenieurskunst, eine Kombination aus geringem Gewicht (nur 21 kg) und einem Höchstmaß an Stabilität, Verstellbarkeit und Flexibilität. Mit dieser Lafette konnte nur der Munitionsgurt benutzt werden, was aber bei Dauerfeuer kein Nachteil war. Die Gurte hatten jeweils 50 Schuss, um in die Trommel zu passen, konnten aber zu längeren Einheiten zusammengefügt werden.

Für den Einsatz im Fahrzeug ließ sich der Kolben abnehmen. Dafür gab es eine Halterung mit Kugellager, die über dem Laufmantel saß und mit Hilfe eines Zapfens befestigt wurde. Außerdem gab es Einfach- und Zwillings-Sockellafetten für die Flugabwehr. Bei der letzteren musste eine der Waffen auf Zuführung von rechts umgestellt werden und ein zentrales Magazin für die Gurte montiert werden. Es gab optische Visiere für Steil- und Flachfeuer. Sie wurden auf die Lafette, nicht auf das MG, montiert und reichten bis 3000 m bei Flachfeuer und 500 m bei Steilfeuer. Hier war das MG34 ausnahmsweise seinen Vorgängern unterlegen, obwohl es die gleiche Munition verschoss. Das fest eingebaute Metallvisier bestand aus einem Kornbalken und einer Kimme, die bis zu 2000 m einstellbar waren.

SCHNELL WECHSELBARE LÄUFE

Die Entwickler einigten sich auf ein vorsichtiges Intervall von 250 Schuss zum Wechseln der Läufe. Dafür war das Verfahren schnell und einfach, wenn auch zunächst etwas ungewöhnlich. Der Mechanismus wurde gespannt, der Verschluss hinten festgehalten, der Sicherungshebel auf „Sicher“ gestellt, und dann wurde die Gehäusesperre hinter der Kimme gelöst und das gesamte Gehäuse auf einer versetzten Achse um knapp 180° gedreht. Dann ging die Rückseite der Waffe nach unten, und der gesamte Lauf rutschte einfach nach hinten heraus, um – zumindest laut Vorschrift – von einem Schützen mit Asbesthandschuhen aufgefangen zu werden. Dann wurde ein kalter Lauf eingeschoben und mit der Mündung in einem Halterohr befestigt, das zum Rückstoßdämpfer/Mündungsbremse gehörte und einen festen Teil des Laufmantels bildete. Danach wurde das Gehäuse zurück gedreht. Auf der Lafette war das Verfahren im Prinzip ähnlich, nur dass in diesem Fall der Laufmantel gegen den Uhrzeigersinn gedreht wurde und der freie Lauf mit irgendeinem Haken (z. B. einem Gurtglied) herausgezogen wurde, denn das MG konnte ja nicht nach unten gekippt werden. Jede Waffe hatte zwei Reserveläufe. Der heiße Lauf wurde mit dem gekühlt, was zur Verfügung stand. Man konnte ihn auch einfach in kaltes Wasser werfen.

DER KOMPLIZIERTESTE VERSCHLUSS ALLER ZEITEN

Der Mechanismus des MG34 war komplizierter als bei jedem anderen MG. Das war zusammen mit den erforderlichen feinsten Toleranzen auch seine größte Schwäche. Das MG war im Prinzip ein kleines Artilleriegeschütz, und das Verriegelungssystem war bereits 70 Jahre alt. Es funktionierte nach dem Prinzip des kurzen Rücklaufs. Der Lauf lief etwa 2 cm zurück, entriegelte innerhalb der

RECHTS: Trotz seiner Leistungsfähigkeit war das MG34 sehr handlich. Es konnte selbst unter schwierigsten Bedingungen von einem Mann getragen werden.

ersten 1,5 cm den Verschlusskopf und stieß dann gegen den Laufpuffer. Am Lauf war ein kurzer Verriegelungsring, aus dem zwei gegenüber liegende Viertel ausgeschnitten waren. Die beiden restlichen Viertel hatten unterbrochene Gewinde. Auf dem Ring saß ein Paar von Zapfen, die in Schlitzen am Gehäuse liefen und verhinderten, dass der Lauf selbst sich drehte. Nach hinten ragten zwei Nocken heraus, die zwei Funktionen hatten: Sie ver- und entriegelten den Verschlusskopf und trugen auch zur Beschleunigung des Rücklaufs bei. Der Verschluss bestand aus Kopf und Verschlussstück. Das Verschlussstück lief im Gehäuse, geführt von einfachen seitlichen Zapfen. An der Unterseite saß ein dritter Zapfen, der in die Abzugsvorrichtung einrastete, und auf der Oberseite war ein Paar Bolzen, die den Gurtzuführmechanismus betätigten. Die Rückseite des Verschlusses war die Fläche, auf die die Schließfeder wirkte. Das Verschlussstück hatte eine Bohrung von vorn nach hinten, in der das rohrförmige Hinterteil des Kopfes saß. So konnte der Kopf sich zusammen mit dem Lauf unabhängig vom Verschluss drehen. Die Schulter des Verschlusskopfes hatte unterbrochene Gewinde, die in die des Verriegelungs-

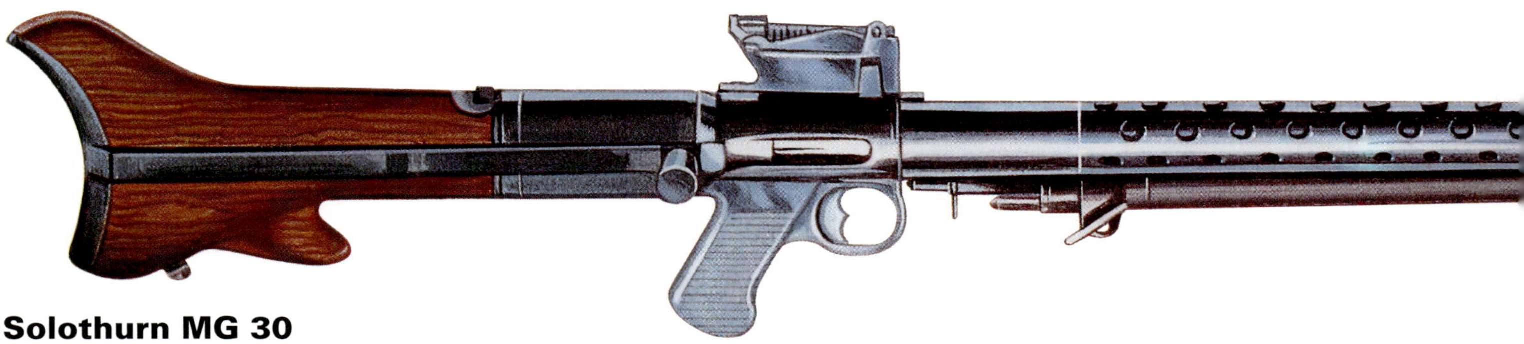

Solothurn MG 30

Kaliber: 7,92 mm
Gewicht: 7,7 kg
Länge: 1175 mm
Lauflänge: 595 mm
Effektive Schussentfernung: über 2000 m
Ausführung: Rückstoßlader mit kurzem Rücklauf, Gurtzuführung
Feuergeschwindigkeit: 500 Schuss/min
Mündungsgeschwindigkeit: 800 m/sek
Herstellerland: Deutschland/Schweiz

Rechts: Das Rheinmetall MG15 wurde ursprünglich in Flugzeugen eingesetzt. Diese Waffe stammt aus einem abgestürzten deutschen Bomber und wurde dann gegen andere deutsche Flugzeuge eingesetzt.

rings passten. Gesichert wurde die Verriegelung durch eine Vierteldrehung. Dafür saßen zwei Rollenpaare auf zwei Bolzen, die aus dem Verschlusskopf ragten und auf Nocken hinten im Laufring wirkten. Das innere Paar verriegelte den Verschlusskopf, und das äußere Paar entriegelte ihn anschließend wieder. Diese Rollen ver- bzw. entriegelten den Verschlusskopf nicht unmittelbar; sie drehten ihn lediglich um 90° und befreiten ihn aus oder verriegelten ihn mit dem unterbrochenen Gewinde im Verriegelungsring. Die Stirnseite des Verschlusskopfes nahm das Patronengehäuse auf und enthielt auch die simplen Auszieher- und Auswerfermechanismen. Das Verlängerungsrohr hinten am Verschlusskopf enthielt den Schlagbolzen und seine Feder. Während der Entriegelung des Verschlusskopfs wurde der Mechanismus gespannt und durch einen beweglichen Hebel rechts am Verschlusskopf gehalten. Wenn die Verriegelung abgeschlossen war, stieß das Ende des Hebels auf eine geneigte Fläche am Verschlussstück und gab damit den Schlagbolzen frei. Wenn der Verschluss wieder entriegelt war und der Lauf nach vorn lief, wurde die Beschleunigung des vollständigen Verschlusses durch die Wechselwirkung zwischen den Rollen am Verschlusskopf und ein System von Steuerkurven am Verriegelungsring und im Gehäuse bewirkt. Und das Ganze lief mindestens 15 Mal pro Sekunde ab!

HOHE FEUERGESCHWINDIGKEIT

Die ersten MG34 hatten den Doppelabzug des MG13. Die Feuergeschwindigkeit lag bei etwa 900 Schuss pro Minute, variierte aber stark zwischen den einzelnen Waffen, und die gefederte Patronentrommel sorgte für eine wesentlich höhere Feuergeschwindigkeit als der Gurt. Speziell modifizierte Versionen erreichten bis zu 1650 Schuss pro Minute, allerdings bei extrem hohem Verschleiß. Die kurzlebige Leichtbauversion MG34/41 konnte 1200 Schuss pro Minute verschießen und wurde an der Ostfront erprobt. Sie wurde aber nicht eingeführt, denn das MG34 stand ja bereits kurz vor der Vollendung.

Es war zwar alles andere als perfekt, zweifellos aber erfolgreich. Das Grundprinzip diente als Basis für spätere Allzweckwaffen vom MG42 bis zum modernen MG3. Das MG34 war mit Sicherheit in Qualität und Leistung eine ausgezeichnete Waffe, aber eben auch ein Kind seiner Zeit. Es war viel zu aufwändig gebaut und vor allen Dingen viel zu kompliziert, und das war sein entscheidender Fehler. Bereits 1935 hatte die Wehrmacht ernste Zweifel an seiner Einsatzfähigkeit und vor allen Dingen daran, ob die fünf Werke genügend Waffen produzieren konnten. Im Februar 1937 wurden schließlich drei Firmen – Großfuß aus Dohlen, Rheinmetall-Borsig aus Sömmerda und Stubgen aus Erfurt – um Vorschläge für einen Nachfolger gebeten. Dabei musste das Zubehör vom MG34 passen. Letztendlich wurde aber ein anderes Verfahren zum Wechseln der Läufe eingeführt.

EINE UNGEWÖHNLICHE HERKUNFT

Der wohl chancenloseste unter den drei Bewerbern, die Paul Kurt Johannes Großfuß Metall- und Lackierwarenfabrik – die Firma hatte überhaupt keine Erfahrung im Waffenbau und bis dahin nur Blechlaternen gebaut – stellte ein Demonstrationsmodell vor, dessen Gehäuse nur aus zwei gestanzten Blechhälften bestand und ein neuartiges Verschlusssystem hatte. Der drehbare Verschlusskopf und die Verriegelungszapfen des MG34 wurden so umkonstruiert, dass sie auf einer flachen Ebene arbeiteten. Die Konstruktion wurde am 26. Oktober

MG 42

Kaliber: 7,92 mm
Gewicht: 11,5 kg
Länge: 1220 mm
Lauflänge: 535 mm
Effektive Schussentfernung: über 3000 m
Ausführung: Rückstoßlader mit kurzem Rücklauf, Gurtzuführung
Feuergeschwindigkeit: 1200 Schuss/min
Mündungsgeschwindigkeit: 800 m/sek
Herstellerland: Deutschland

1937 vorgestellt, und im April 1938 war ein Probeexemplar fertig. Das Verfahren zum Wechseln der Läufe war genau so wenig annehmbar wie das Gehäuse, aber die Rollenverriegelung des Verschlusses war auf ihre Weise genial. Sie war simpel und unempfindlich gegen Schmutz und Staub. Der Konstrukteur soll Dr. Ing. Gruner gewesen sein, der genau so wenig Erfahrung im Waffenbau hatte wie seine Firma. Wilhelm Stähle entwickelte die gleiche Konstruktion bei den Mauser-Werken, allerdings erst im Dezember 1942, und da war das MG42 bereits im Dienst. Wegen des hervorragenden Verschlusssystems wurden die beiden anderen Vorschläge zu den Akten gelegt. Nun machte man sich mit Hochdruck an die Arbeit am MG39/41. Gegen Ende 1941 gab es bereits groß angelegte Truppenversuche mit etwa 1500 der neuen MGs. Es gab nur positive Stellungnahmen, und so wurde es zum Anfang des folgenden Jahres als MG42 eingeführt. Der erste Einsatz fand im Mai 1942 in Afrika statt.

DIE PRODUKTION DES MG42

Der genaue Umfang der Kriegsproduktion in Deutschland ist nicht bekannt, da viele Unterlagen vernichtet wurden. Man kann von etwa 400 000 Exemplaren des MG42 ausgehen. Die einzelnen Komponenten wurden überall im Deutschen Reich gefertigt, unter anderem auch bei den Maget- und Mauser-Werken in Berlin und bei Steyr-Daimler-Puch, natürlich auch bei Großfuß. Diese Waffe war laut Aussage eines Experten „eine der besten unter den besten Waffen des Zweiten Weltkriegs und sie bewies ihre Zuverlässigkeit im heißen Sand von Afrika ebenso wie in den gefrorenen Steppen Russlands." Nach 1945 wurden die bei Wehrmacht und Waffen-SS sichergestellten MGs wieder ausgegeben, unter anderem auch an die Bundeswehr, die sie von den anderen Ländern zurückkaufen musste. Gebaut wurde es aber nicht mehr und schlimmer noch, die Originalzeichnungen waren verloren gegangen. Da das MG42 kurz nach dem Ende des Krieges in Jugoslawien als Modell 53 wieder in die Produktion ging, kann man sich vielleicht denken, wo die Unterlagen geblieben waren.

Rheinmetall fertigte die Zeichnungen auf der Grundlage einer vorhandenen Waffe neu an und nahm einige Detailänderungen vor. Das Grundprinzip blieb aber stets erhalten. Die wichtigsten Änderungen betrafen die Verschlussgruppe. Zunächst wollte man verhindern, dass die Waffe im Feld falsch zusammengebaut wurde. Bei der ursprünglichen Version konnten Verschlusskopf und Verschlussstück verkehrt herum eingebaut werden. So passte die Waffe zwar auch noch zusammen, funktionierte aber nicht mehr. Eine kleine Änderung genügte in diesem Fall. Außerdem wurde eine Sperre in das Verschlussgehäuse gebaut, um ein vorzeitiges Entriegeln zu verhindern. Das war sehr ungewöhnlich, aber auch der einzige größere Fehler der ursprünglichen Konstruktion. Diese Verbesserung war bereits 1944 vorgesehen und ist vielleicht auch vorgenommen worden, allerdings gibt es keine Unterlagen mehr darüber. Neben der Umrüstung auf das NATO-Kaliber 7,62 mm bestand die wichtigste Änderung aus der Möglichkeit, die Feuergeschwindigkeit durch den Austausch von Verschluss und Puffer zu variieren: Der Verschluss V 550 (550 g) zusammen mit dem Puffer N brachte je nach Zustand der Waffe und der benutzten Munition eine Feuergeschwindigkeit zwischen 1150 und 1350 Schuss pro Minute, während der Verschluss 950 (950 g) mit dem Puffer R eine vernünftigere Feuergeschwindigkeit zwischen 750 und 950 Schuss pro Minute ermöglichte.

EINE NEUE VERSION

Die Waffe ging als MG42/58 in die Serie; bei der Bundeswehr als MG1 bezeichnet. Von nun an wechselten die Namen zwischen MG42/59 (Rheinmetall) und MG2, später MG3 (Bundeswehr). Kleinere Änderungen wurden mit einem Suffix (-A1, -A2 usw.) bezeichnet. Sie wurde nicht nur bei Rheinmetall in Düsseldorf

gebaut, sondern auch im Iran, in Italien, Pakistan, Spanien und der Türkei. Eine sehr ähnliche Waffe, ebenfalls auf der Basis des alten MG42, wurde in Schweiz bei der Eidgenössischen Waffenfabrik Bern gebaut und beim Schweizer Bundesheer als MG51 im Schweizer Kaliber 7,5 mm x 54 eingeführt. Versionen dieser Waffe wurden auch bei Hispano-Suiza und SIG gebaut.

Das SIG MG710 war wohl die beste Version des MG42. Im NATO-Kaliber 7,62 mm wurde es beim britischen Heer erprobt, aber zu Gunsten des FN MAG abgelehnt. Am Ende des Zweiten Weltkriegs erzählten die Entwicklungsleiter der Mauser-Werke und von Großfuß etwas von einem MG45. Man fand aber weder eine Waffe noch Zeichnungen. Im Jahr 1961 stellte SIG das 710-3GPM vor, das „in fast jeder Hinsicht mit den bekannten Details des MG45 übereinstimmt", wie ein Experte berichtet. Allerdings wurde es nicht einfach kopiert. Das SIG 710-3 hatte ein wesentlich besseres Verfahren zum Platzieren und Wechseln der Läufe. Man musste nur den Sperrhebel rechts am Laufmantel in der Nähe des Gehäuses lösen, dann konnte man den Lauf anheben und nach hinten herausziehen. Das Korn saß auf dem Laufmantel und nicht auf dem Lauf selbst, sodass es immer richtig justiert war. Um den Auswurf zu erleichtern, wurde der Ladungsraum geriffelt, und auch das Rollenverriegelungssystem wurde noch verbessert. Dabei sank die Feuergeschwindigkeit auf 550 Schuss pro Minute.

Trotz der hervorragenden Eigenschaften des MG1/MG3 hatten Heckler und Koch die Arbeiten am StG45 weitergeführt, das auch die Grundlage des französischen AAT 52 bildete. Heckler und Koch wurde später von British Royal Ordnance, Nachfolger der Royal Small Arms Factory, übernommen. Diese war inzwischen von Enfield nach Nottingham umgezogen. Die deutsche Firma arbeitete mit Konstrukteuren des spanischen Staatsunternehmens Centro de Estudios Tècnicos de Materiales Especiales (CETME) zusammen. Die erste gemeinschaftliche Entwicklung war das Fusil d'Assalto Modello 58, das später zum Sturmgewehr G3 der Bundeswehr wurde. Damit waren aber weder CETME noch

OBEN: Das MG42 gilt weithin als die beste Waffe ihrer Art im Zweiten Weltkrieg; es war leicht, zuverlässig und bot trotzdem verheerende Feuerkraft.

Heckler und Koch am Ende der Entwicklung. Sie bauten das HK11, ein leichtes MG mit Magazinzuführung (im Prinzip ein G3 mit auswechselbarem Lauf) für die NATO-Patrone 7,62 mm; das HK12, ein ähnliches leichtes MG für die russische Patrone 7,62 mm kurz und das HK13 für die Patrone 5,56 mm x 45, die de facto zum neuen NATO-Standard werden sollte. Daneben gab es auch Versionen dieser Waffen mit Gurtzuführung (die Bezeichnung hat stets eine 2 an der ersten Stelle, also HK21, HK22 und HK23), die für Dauerfeuer mit einem Dreibein ausgeliefert wurden. Experten halten diese Waffen für sogar noch schlechter als das M60 (siehe unten),

Oben: 50 Jahre nach der Einführung des MG42 war das MG3 als sein Nachfolger, im Prinzip bis auf das Kaliber unverändert, wieder beim deutschen Heer im Einsatz.

obwohl an den Versionen mit Magazin nichts auszusetzen war. CETME experimentierte auch mit der Verriegelungsvorrichtung einer unvollendeten Version des alten MG42 und baute ein Versuchsmodell unter der Bezeichnung leichtes MG Mauser-CETME (im NATO-Kaliber 7,62 mm) und das CETME-SPAM (Spezial-Sturm-MG), das auch als AMELI bekannt war. AMELI ist im Spanischen eine Abkürzung für Ametrallador Ligera (leichtes MG). Diese Waffe hatte das Kaliber 5,56 mm.

DAS JIMPY

Großbritannien griff nicht auf eine Weiterentwicklung des MG42 zurück, obwohl man unbedingt einen Nachfolger für das Vickers benötigte. Die Briten wandten sich an den Hersteller ihrer Selbstladegewehre und führten eine Konstruktion der belgischen Fabrique Nationale in Herstal-lez-Liège ein. Obwohl die Fabrique Nationale zweimal in ihrer Geschichte vom Feind besetzt war, blieb sie ihrer 1900 eingegangenen Verbindung zu John Browning treu. So stimmt der Mechanismus des MAG (Mitrailleuse d'Appui Générale, manchmal auch Mitrailleuse à Gaz) mit dem des BAR überein, den Browning vor dem Ersten Weltkrieg entwickelt hatte. Die Briten führten diese Waffe 1957 als Allzweck-MG L7 ein, von den Soldaten schon bald als „Jimpy" bezeichnet. FN drehte den Verschluss um und setzte die Verriegelungsschulter in den Gehäuseboden, sodass oben nun eine Rolle saß, die den Gurtvorschub bewirkte. Dazu kam die für das MG42 entwickelte Munitionszuführung. Das Ganze wog dann knapp über 10 kg. Diese Waffe eignete sich ohne Zubehör als leichtes MG; wenn man den Kolben entfernte, ein Schiebevisier aufsetzte und sie auf ein Dreibein setzte, konnte sie Dauerfeuer bzw. Steilfeuer schießen. Außerdem konnte die Waffe auf ein Fahrzeug oder einen Hubschrauber montiert werden.

AUSWECHSELBARE LÄUFE

Bei der FN wurde der Lauf mit Hilfe eines Verriegelungsrings am Gehäuse befestigt. Er ließ sich in Sekundenschnelle wechseln, indem man den Tragegriff um 90° drehte, eine Sperre löste und Lauf mit Gasregler von Gehäuse und Zylinder trennte, übrigens genau wie beim Bren. Zum Wechseln des Laufs musste die Waffe nicht entladen werden, es genügte, sie zu spannen, um sie zu sichern (als Sicherung diente ein sehr wirksamer Bolzen, der durchgeschoben wurde). Der Gasregler war einstellbar. Wenn sich Ablagerungen gebildet hatten oder man die Feuergeschwindigkeit einstellen wollte (bei einer sauberen Waffe zwischen 600 und 1000 Schuss pro Minute), wurde einfach mehr Gas in den Zylinder gelassen. Schwere Läufe mit teilweiser Stellitbeschichtung wie beim M60 wurden für den Dauerfeuereinsatz erprobt, aber wegen Produktionsschwierigkeiten nicht eingeführt. Es gab genügend feine Unterschiede zwischen dem Allzweck-MG von Royal Ordnance, dem Nachfolger der Royal Small Arms Factory, und dem MAG von FN Nouvelle (heute FN Herstal SA und im Besitz der belgischen Provinzregierung von Hainault), sodass die Teile für die beiden Waffen nicht austauschbar waren.

Viele Experten halten das Allzweck-MG MAG für das beste mittlere MG der dritten Generation, besser als das deutsche MG3 und die anderen Abkömmlinge des MG42, das Schweizer SIG 710 und das französische AAT 52, aber auch besser als das oft völlig überschätzte amerikanische M60 und die russische PK-Reihe (Pulemjot Kalaschnikowa). Auch dem Heckler und Koch HK21 war es weit überlegen. Was den Markterfolg anbelangt, so kann man den Zusammenhang zwischen Qualität und Erfolg durchaus erkennen, denn das MAG war noch erfolgreicher als das Vickers, und wurde in 75 Ländern beschafft. 40 Jahre nach seiner Einführung wurde es in Indien, Israel, Schweden und den USA immer noch gebaut, natürlich auch in Belgien und England.

DAS SCHWEIN

Um von einer exzellenten Waffe auf eine allenfalls mittelmäßige Waffe zu kommen, müssen wir uns nur dem größten NATO-Partner zuwenden. Das Maschinengewehr M60 hat viel ungerechtfertigtes Lob erfahren, hauptsächlich wohl, weil man es nur mit dem M1919 Browning verglich und seine modernen Konkurrenten völlig außer Acht ließ. Diese Waffe war nie so gut wie behauptet und in ihrer ersten Ausführung kaum gefechtstauglich. Von den Soldaten wurde sie denn auch als „Schwein" bezeichnet. Die ersten Fehler hatten dabei gar nichts mit dem Konstruktionsprinzip zu tun, denn es handelte sich um eine sinnvolle Weiterentwicklung des deutschen Sturmgewehrs FG42. Dazu hatte man den Gurtvorschub aus dem zeitgenössischen MG42 genommen. Die Fehler lagen eher im wenig durchdachten Zusammenwirken der einzelnen Komponenten.

Das M60 war aber keine völlige Fehlkonstruktion. Es hatte zum Beispiel eine ausgezeichnete Stellitbeschichtung in den ersten 15 cm des Laufs (der Rest war verchromt), mit der man ohne böse Folgen immer weiter schießen konnte, selbst wenn der Lauf schon glühend rot war. Stellit, eine patentierte Mischung aus Kobalt, Chrom, Molybden und Wolfram, die durch ein Polymer zusammengehalten wird, wurde von der Haynes Stellite Corporation entwickelt und stellte einen großen Fortschritt in der Waffentechnik dar. Bei einem besonders harten Test in Fort Benning, Georgia, im Jahr 1967 wurde mit einem ganz normalen M60 ein 50 m langer Gurt in einem Feuerstoß abgefeuert. Der Lauf wurde rotweiß vor Hitze, und bei den letzten paar hundert Schüssen flogen die Funken von seiner Oberfläche. Eine gründliche Untersuchung ergab hinterher, dass die Waffe im Prinzip keine Schäden aufwies.

UNPRAKTISCHE VERFAHREN

Die ungewöhnliche Haltbarkeit und Widerstandsfähigkeit des Laufs war aber unbedingt erforderlich, denn das Wechseln eines Laufs war bei den ersten M60 eine Aufgabe, die man im Gefecht besser ließ. Zunächst hatte der Lauf keinen Griff. Das heißt, dass der zweite Soldat den Lauf ergreifen musste. Dafür gab es in der Ausrüstung einen Asbesthandschuh, der sehr teuer war und fast immer verloren ging. Zweitens war das Zweibein der Waffe direkt am Lauf befestigt (es handelte sich um den vorderen Teil des Gaszylinders). So musste die Waffe beim Laufwechsel entweder in die Luft gehalten werden, was aus taktischen Gründen nicht sehr ratsam war, oder aber auf den Boden gelegt werden. So aber konnten Schmutz und Staub in die Munitionszuführung und sogar in das Gehäuse selbst eindringen. Diese dürftige Konstruktion war entstanden, weil das Zweibein aus Stabilitätsgründen so weit vorn wie möglich sitzen sollte. Ähnliches fand man auch beim französischen AAT 52 und beim russischen PM. Die russische Waffe wurde bei der US-Infanterie probegeschossen und als einfacher und zuverlässiger als das M60 bewertet.

Das M60 hatte eine lange Geschichte. Die ersten Schritte zur Ablösung des veralteten Browning M1919 wurden bereits 1944 unternommen, als die Ingenieure in der Waffenfabrik Springfield die Munitionszuführung des MG42 mit dem Mechanismus des FG42 kombinierten und daraus die Versuchswaffe T44 machten, noch im alten Kaliber 7,92 mm x 57. Die neue Waffe sollte allerdings keinen

MG3

Kaliber: 7,62 mm NATO
Gewicht: 11,5 kg
Länge: 1220 mm
Lauflänge: 535 mm

Effektive Schussentfernung: über 3000 m
Ausführung: Rückstoßlader mit kurzem Rücklauf, Gurtzuführung
Feuergeschwindigkeit: wählbar zwischen 750 und 1350 Schuss/min
Mündungsgeschwindigkeit: 825 m/sek
Herstellerland: Deutschland

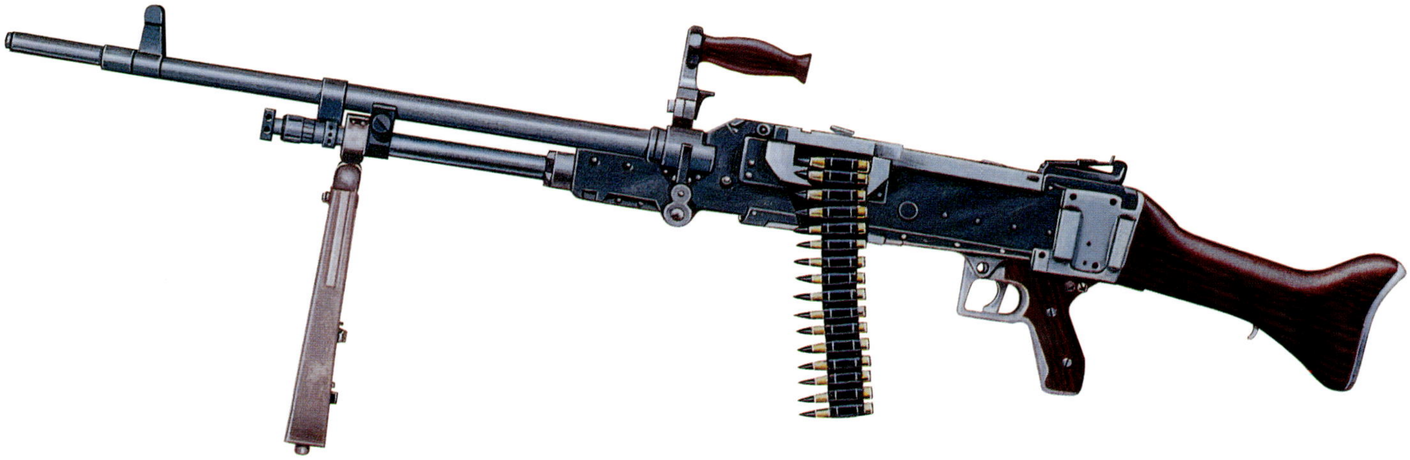

FN MAG (Mitrailleuse d'Appui Générale)

Kaliber: 7,62 mm NATO
Gewicht: 10,15 kg
Länge: 1250 mm
Lauflänge: 545 mm
Effektive Schussentfernung: über 3000 m
Ausführung: Gasdrucklader mit Gurtzuführung
Feuergeschwindigkeit: 850 Schuss/min
Mündungsgeschwindigkeit: 825 m/sek
Herstellerland: Belgien

einstellbaren Gasregler erhalten, eine ungewöhnliche Lösung für ein Problem, das die Entwickler von Gasdruckladern von Anfang an beschäftigte. Die Gaskanäle dieser Waffen setzen sich schnell mit den Abfallprodukten der Verbrennung zu, und um dieses auszugleichen, benutzte man normalerweise einen Gasregler, der mehr Gas in den Zylinder ließ, wenn die Ablagerungen stärker wurden. Das FG42 setzte an diese Stelle auf das so genannte Konstantdrucksystem: Das Gas drang wie gewöhnlich über eine Bohrung vom Lauf in den Zylinder, aber auch über eine zweite Bohrung im langen hohlen Kolbenboden. Die Trägheit dauert nur ein paar Millisekunden, und zwar den Zeitraum, in dem das Geschoss von der Bohrung bis zur Mündung fliegt. Dann ist genügend Druck aufgebaut, um die Trägheit zu überwinden; der Kolben geht nach hinten und setzt den Mechanismus in Gang. Als erstes wird die Bohrung im Kolbenboden gegenüber der Bohrung im Zylinder verschoben, und damit wird die Gaszufuhr unterbrochen. Theoretisch ist so ein System idiotensicher, in der Praxis aber anfällig gegen Schmutz und Staub. Gerade in dieser Hinsicht war das M60 extrem empfindlich.

Trotz dieser und anderer Nachteile wurde das T44 an die Bridge Tool and Die Company zur Weiterentwicklung gegeben, ein langes, zähes Verfahren mit unzähligen kleinen Schritten, aber ohne nennenswerte Verbesserungen. Schließlich wurde unter der Bezeichnung T161E3 eine Version im NATO-Kaliber 7,62 mm x 51 gebaut, und aus dieser Waffe wurde dann das M60 entwickelt. Im Jahr 1959 wurde die Ausgabe genehmigt. Das M60 war nicht nur missraten; es war in seiner Grundform auch noch viermal so teuer wie das wesentlich bessere MG42/59. Das M60 wurde im Vietnamkrieg eingesetzt und auf Grund der Gefechtserfahrungen zwölf Mal umfangreich verbessert, um eine brauchbare Infanteriewaffe zu erhalten. So musste zum Beispiel das gesamte Vorderteil der Waffe umkonstruiert werden. Bevor diese modifizierte M60E1 eingeführt wurde, überprüfte die US Army das ganze Konzept des Infanterie-MGs im Kaliber 7,62 mm und lehnte es ab. So wurde das M60 von 1986 an allmählich ausgemustert, und man führte das SAW (automatische Gruppenwaffe) im Kaliber 5,56 mm ein.

Das M60 blieb aber als Dauerfeuerwaffe mit dem Dreifuß im Dienst. Es gab auch verschiedene Varianten mit flexibler Halterung für den Einsatz in Fahrzeugen und Hubschraubern. Das US Marine Corps, das sich immer schon für etwas Besonderes hielt, führte die Version Echo ein, aber in einer Ausführung, die der Hersteller Saco Defense in Eigeninitiative entwickelt hatte: das um fast 2 kg leichtere M60E3. Saco baute auch eine Version mit schwerem Lauf. Diese Version hatte die positiven Merkmale des aufgegebenen M60E1 und dazu eine Reihe weiterer Verbesserungen, unter anderem einen Pistolengriff vorn, damit die Waffe besser als Sturmgewehr eingesetzt werden konnte.

DAS VERBESSERTE M60

Die wichtigste Änderung des M60E3 zeigte einen schlimmen Konstruktionsfehler des M60 auf. Das ursprüngliche Korn der M60 war ein simples Blatt gewesen, ohne Schutz und Einstellvorrichtung. Daher musste die Waffe jedesmal an der Kimme justiert werden, wenn der Lauf gewechselt wurde. Natürlich hatten die meisten Trupps Besseres zu tun, und erst recht, wenn sie im Gefecht unter Feuer standen. So nahmen sie eben die Ungenauigkeit in Kauf, obwohl das

MG für die Unterstützung über größere Entfernungen absolut nicht mehr zu gebrauchen war. Die von Saco für das M60E3 gebauten Läufe hatten ein Korn mit Höhen- und Seiteneinstellung. Alle Läufe, die zu einer bestimmten Waffe gehörten, konnten vorab auf diese Waffe abgestimmt werden. Somit war die Quelle dieser Ungenauigkeit beseitigt. Natürlich passten diese Läufe nicht an die ursprünglichen Versionen des M60.

So ist es nicht verwunderlich, dass das M60 im Ausland kaum Abnehmer fand. Die wenigen Kunden waren politisch von den Vereinigten Staaten abhängig, wie Korea oder Taiwan. Aber auch Australien beschaffte eine geringe Stückzahl. Taiwan ging sogar so weit, die Waffe ab 1968 als Typ 57 selbst zu bauen. Später stellte man sich auf ein modifiziertes FN MAG mit der Bezeichnung Typ 74 um, obwohl hierfür der Marktpreis zu entrichten war.

ANDERE ALLZWECK-MGs

Das belgische MAG, die verschiedenen Überarbeitungen des MG42 und das M60 hatten außerhalb des Warschauer Pakts, der Volksrepublik China und deren Satellitenstaaten praktisch ein Monopol.

Unten: Das britische Heer setzt das FN MAG als Allzweck-MG GPMG L7 ein. Für Dauerfeuer gibt es ein Dreibein.

Oben: Das Allzweck-MG ist mit dem integrierten Zweibein auch als leichtes MG einzusetzen. Da es nur knapp über 10 kg wiegt, lässt es sich gut tragen.

Ceskoslovenska Zbrojovka legte zwar eine eigene Konstruktion vor, wurde aber von den Sowjets gezwungen, im Rahmen der Standardisierung eine völlig ungeeignete Munition zu benutzen. In Dänemark baute DISA das Madsen-Saetter, die Franzosen gingen natürlich mit dem unorthodoxen Rückstoßlader AAT 52 ihren eigenen Weg, und der japanische Konstrukteur Kawamura Masaya baute nach dem Krieg eine Reihe von Waffen, die im Modell 62 gipfelte. Die Sowjetunion baute das RP-46, im Prinzip ein DPM mit Gurtzuführung. In China und Nordkorea wurde diese Waffe bis ins Detail kopiert und später durch die Reihe PK abgelöst.

DAS TSCHECHISCHE VZ59

Das Vz59 war nichts weiter als eine Neuauflage des zuverlässigen und erfolgreichen Vz52, etwas vereinfacht und leichter herzustellen. Es wurde in zwei Versionen gebaut – mit einer konventionellen Abzugsgruppe für Infanterieeinheiten und mit einem Abfeuermagneten für den Einsatz in gepanzerten Fahrzeugen. Es gab leichte und schwere Läufe und auf

Wunsch ein integriertes Zweibein. Die Waffe hatte zunächst das unpraktische sowjetische Kaliber 9,62 x 54R, wurde später aber auch im NATO-Kaliber 7,62 mm x 51 geliefert. Eine Wahl zwischen Magazin- und Gurtzuführung wie beim Vz52 gab es nicht mehr; das Vz59 hatte nur noch Gurte mit Schlaufen, die nach dem Feuern nicht zerfielen. So konnten auch die sowjetischen Patronen mit Rand durchgeschoben werden. Sie mussten nicht wie beim PK und anderen sowjetischen Waffen nach hinten herausgezogen werden, was die Munitionszuführung beträchtlich vereinfachte.

DAS MADSEN-SAETTER

In den 50er Jahren war das leichte Madsen-MG endgültig überholt. Leider war die Konstruktion des Nachfolgers nicht von der gleichen Qualität, lediglich die Fertigungsqualität war immer noch ausgezeichnet. Die Waffe hatte einen großen Nachteil: Der Mechanismus wurde durch zwei Zapfen verriegelt, die aus dem Verschlussstück in zwei Vertiefungen in den Gehäusewänden gedrückt wurden. Es war allerdings möglich, die Waffe beim Zusammenbau nach dem Reinigen ohne die beiden wichtigen Zapfen zusammenzusetzen. Noch schlimmer, sie konnte sogar abgefeuert werden.

DAS FRANZÖSISCHE AAT52

Die nationalbewussten Franzosen haben zwar gelegentlich im Ausland gebaute oder entwickelte Waffen bei ihrem Heer eingeführt, aber immer nur dann, wenn es nicht anders ging. So war es im Ersten Weltkrieg, als Darne unter Lizenz Lewis-MGs in St. Etienne baute und das staatliche Arsenal in Châtellerault ein paar tausend luftgekühlte Vickers-MGs montierte. Ähnliches gab es im Zweiten Weltkrieg, als das Heer und die Luftwaffe des Freien Frankreich keine eigenen Produktionsmittel hatten. Nach dem Krieg kamen in schneller Folge eine neue Maschinenpistole, die MAT49, und ein neues Selbstladegewehr, das MAS49. Bei dieser Waffe handelte es sich um einen höchst ungewöhnlichen Gasdrucklader: Man ließ den üblichen Kolben mitsamt Zylinder weg, und die Gase wirkten unmittelbar auf die Verschlussfläche. So gab es zahlreiche Probleme mit Ablagerungen. Drei Jahre später erschien bereits das Arme Automatique Transformable, Modèle 52 (AAT52), ein Allzweck-MG, das sich wie das M60 stark an die deutschen Waffen anlehnte. Beim AAT stammte der Mechanismus aus dem unvollendeten Sturmgewehr StG45, das bis zum Kriegsende bei Mauser entwickelt wurde und die schwächere Kurzpatrone verschießen sollte. Das Verfahren der Munitionszuführung war wiederum eine modifizierte Version des Verfahrens aus dem MG42.

Die Frage ist, ob es sinnvoll war, den Mechanismus des Sturmgewehrs zu diesem Zweck einzusetzen, und man fühlt sich an die Zweifel erinnert, die auch bei den Waffen von Heckler und Koch mit Gurtzuführung aufkamen. Ungewöhnlich für ein modernes Allzweck-MG – ja sogar für ein leichtes MG – war der Mechanismus: Das AAT52 ist ein in zwei Stufen verzögernder Rückstoßlader. Dieses System hätte bestimmt besser zu einer Waffe gepasst, die eine schwächere Patrone verfeuerte als die zunächst eingesetzte 7,5 mm 54 M1929 oder die später verwendete 7,62-mm-NATO-Patrone. Diese Umstellung wurde in den 60er Jahren vorgenommen, obwohl Frankreich sich 1957 ja teilweise aus der NATO zurückgezogen hatte. Die meisten Experten sind der Ansicht, dass dieser Mechanismus sich hart an der Risikogrenze bewegt, und es stimmt mit Sicherheit, dass die Einstellung des Verschlussabstands von entscheidender Bedeutung ist. Sogar bei korrekter Einstellung neigte das AAT52 dazu, die Patronenhülsen zu zerreißen, was öfter zu Ladehemmungen führte. Trotzdem gab es auch einen schweren Lauf und ein Dreibein für Dauerfeuer. Als in Frankreich die alte 7,5-mm-Version von der neuen Version für die NATO-Munition abgelöst wurde, lautete die Bezeichnung AAT52/mle NF-1.

JAPANISCHE ALLZWECK-MGs

Dr. Kawamura war wohl ein viel beschäftigter Mann. Er war Geschäftsführer von NTK, das 1946 von seinem Dachunternehmen, der Japan Special Steel Company, getrennt wurde, und groß in den Markt für Traktoren einstieg. Als die japanischen Selbstverteidigungskräfte aufgestellt wurden, konnte sich NTK einen Auftrag für die Instandsetzung von Automatikwaffen sichern. 1956 wurde die Firma gebeten, ein neues Allzweck-MG zu konstruieren, das als Modell 5M auf den Markt kam. Es war ein konventioneller luftgekühlter Gasdrucklader im US-Kaliber .30-06 (7,62 mm). Das beste Merkmal war der einfache Wechsel der Gurtzuführung von einer Seite auf die andere. Es gab leichte und schwere Läufe, jeweils mit ringförmigen Kühlrippen und auf Wunsch ein recht schweres Dreibein. Der Kolben konnte durch doppelte Spatengriffe ersetzt werden, die über einen Daumenabzug verfügten. Die Ausführung als leichtes MG ähnelte noch stark seinem Vorgänger, dem Modell 99. Kawamuras nächstes Modell war dann weniger erfolgreich. Das Modell 7M war eine Kuriosität. Der Gaszylinder, nicht mehr als ein schmales, kurzes Rohr, saß über dem Lauf, und der lange Kolben, der auf den Verschlussblock wirkte, lief im Freien. Dieser Versuch blieb im Prototypenstadium stecken. Das Modell 9M, bei seiner Einführung im Jahr 1962 zum Modell 62 umbenannt, war wieder wesentlich erfolgreicher. Hier handelte es sich wieder um einen konventionellen Gasdrucklader, allerdings mit einer ungewöhnlichen Verriegelung. Sie verfügte

Heckler & Koch HK21

Kaliber: 7,62 mm NATO
Gewicht: 6,6 kg
Länge: 1015 mm
Lauflänge: 450 mm
Effektive Schussentfernung: 2000 m
Ausführung: verzögerter Rückstoßlader mit Trommel oder Gurt
Feuergeschwindigkeit: 750 Schuss/min
Mündungsgeschwindigkeit: 825 m/sek
Herstellerland: Deutschland

über einen Kippverschluss, der vom Verschlusskopf in eine Vertiefung der Kolbenverlängerung gedrückt wurde. Daraufhin gingen zwei seitliche Zapfen in Vertiefungen in der Gehäusewand und wurden dort durch die Rückwärtsbewegung der Kolbenverlängerung verriegelt. Auch die Methode zum Ausziehen der leeren Hülsen war ungewöhnlich. Die meisten Waffen haben einen gefederten Haken, der in der Stirnseite des Verschlusses sitzt und entweder in den Rand oder in die Ausziehrrille der Patrone greift. Das Modell 9M hingegen hatte einen gefederten Bolzen unten im Ladungsraum, der beim Einlegen der Patrone in die Ausziehrrille gedrückt wurde. Wenn das vordere Ende des Verschlusses wieder ausgerichtet war, griff ein fest eingebauter Auswerferhaken von der Oberseite der Verschlussfläche in die Ausziehrrille und hielt die Hülse fest, schob sie nach hinten und warf sie aus. Die Waffe war aber trotz ihres komplizierten Aufbaus genau und zuverlässig.

ALLZWECK-MGs AUS DEM WARSCHAUER PAKT

Das erste Mehrzweck-MG aus der Sowjetunion, das RP-46, war zwar noch kein echtes Allzweck-MG, aber ein guter Schritt in die richtige Richtung. Es handelte sich um einen hastigen Umbau des DPM von Degtjarew, wobei das Trommelmagazin durch eine zweistufige Gurtzuführung ersetzt wurde. Diese Zuführung war auf Grund der Patrone mit Rand erforderlich. Sie funktionierte gut genug und hatte den Vorteil, dass der unhandliche Gurt beim Sturmangriff wieder gegen das Trommelmagazin getauscht werden konnte.

Anfang der 50er Jahre erschien als Nachfolger das PK (Pulemjot Kalaschnikowa), bei dem die Verriegelungsmethode von Michail Kalaschnikow benutzt wurde. Wie das RP-46 und alle anderen sowjetischen mittleren MGs verschoss es die Patrone 7,62 mm x 54R M1891, da man die mittlere 7,62-mm-Patrone für zu schwach hielt. Da man wieder den Gurt mit den engen Schlaufen benutzte, musste man erneut auf die zweistufige Gurtzuführung zurückgreifen.

Der Zuführmechanismus lag über dem Gehäuse und zog die Patrone beim Rücklauf des Verschlussblocks aus dem Gurt, brachte sie auf die Höhe des Laufs und legte sie bei der Rückkehr in den Ladungsraum ein. Dies war ein Rückschritt gegenüber dem 80 Jahre alten System von Maxim. Der Lauf konnte zwar gewechselt werden, aber das Verfahren war längst nicht so schnell und einfach wie bei anderen zeitgenössischen Waffen. Das MG musste entladen und die Abdeckung der Munitionszuführung aufgestellt werden, um den Lauf freizugeben. Der merkwürdig geformte Kolben konnte abgenommen werden.

Die Version für Dauerfeuer unterschied sich nur durch den schwereren Lauf und das starke Dreibein, das auch für die Flugabwehr verwendet werden konnte.

M60

Kaliber: 7,62 mm NATO
Gewicht: 10,4 kg
Länge: 1110 mm
Lauflänge: 645 mm
Effektive Schussentfernung: 3000 m
Ausführung: Gasdrucklader mit Gurtzuführung
Feuergeschwindigkeit: 600 Schuss/min
Mündungsgeschwindigkeit: 800 m/sek
Herstellerland: Vereinigte Staaten

DIE REIHEN PK UND AK

Als Michail Kalaschnikow 1941 einen Genesungsurlaub von der Roten Armee genehmigt bekam, konstruierte er den Mechanismus für eine Reihe von Sturmgewehren und Maschinenpistolen. Das waren sicherlich die erfolgreichsten Handfeuerwaffen in der zweiten Hälfte des 20. Jahrhunderts und nicht nur allein in Bezug auf ihre weltweite Verbreitung – obwohl daran überhaupt kein Zweifel besteht – sondern auch in Bezug auf die ausgezeichnete Technik. Die auf die schwächere Patrone 7,62 mm x 39 M1934 ausgelegten AK (Awtomat Kalaschnikowa), AKM (AK Modernisirowannij) und AKMS (AKM Skladiwajuschtschimsja) mit klappbarer Schulterstütze wurden die Standard-Handfeuerwaffen der Infanterie, und zwar nicht nur bei der Roten Armee und im Warschauer Pakt, sondern in fast der gesamten kommunistischen Welt, einschließlich der Volksrepublik China, Nordkorea und Vietnam. Auch bei Guerillakämpfern in aller Welt standen sie hoch im Kurs. Um genau zu sein, schießen AK und AKM (eine leichtere, einfacher herzustellende Version) zwar Dauerfeuer und sind in dieser Rolle durchaus nicht fehl am Platz, aber sie fallen dennoch aus dem Rahmen dieses Werks. Die kurze AKMS hingegen, die im Ostblock zum größten Teil die Maschinenpistolen ersetzte, passt aus genau diesem Grund wieder hinein. Für uns sind besonders das System der Gasregelung und der zweiteilige Drehkopfverschluss interessant, die auch beim leichten MG RPK (Rutschnoi Pulemjot Kalaschniko-

DER MECHANISMUS VON KALASCHNIKOW

Das System von Michail Kalaschnikow war eigentlich recht einfach. Das Gas wurde über eine Bohrung in der Nähe der Mündung in den oben liegenden Zylinder abgezapft und schob Kolben und Verschlussträger (beide in einem Teil integriert) um etwa 8,5 mm nach hinten. Während dieser Zeit fiel der Gasdruck im Ladungsraum auf ein ungefährliches Maß. Das überschüssige Gas im Zylinder wurde durch eine Reihe von kleinen Löchern in der Zylinderwand abgelassen; einen Gasregler gab es nicht. Ein Schlitz

UNTEN: US Army und Marine Corps benutzen das M60 zur Feuerunterstützung auf Truppebene. Nach einem schlechten Anfang wurde noch eine annehmbare Waffe daraus.

wa) und im Allzweck-MG PK (Pulemjot Kalaschnikowa) zum Einsatz kamen, obwohl es sich bei ihnen trotz des ähnlichen Namens um völlig andere Waffen handelte.

im Verschlussträger griff einen Zapfen im Verschluss, und die Rückwärtsbewegung wurde in eine Drehbewegung von 35° umgesetzt, wobei die Verriegelungszapfen gelöst wurden. Während dieser Vorgänge wurde die Patrone noch nicht aus dem Ladungsraum gehoben. Statt dessen hatte der Verschlusskopf eine übergroße Ausziehklaue, und der Ladungsraum war von innen geriffelt. Verschluss, Träger und Kolben liefen nun frei nach hinten und zogen die verbrauchte Hülse heraus, die über eine Auswurföffnung auf der rechten Seite des Gehäuses ausgeworfen wurde, sobald sie den Auswerfer passiert hatte, der in der Führungsschiene saß. Dabei spannten sie den Hahn und die Schließfeder. Der Verschluss kam schließlich hinten im Gehäuse zum Stehen. Die Verriegelung erfolgte auf den letzten 8,5 mm, die der Verschlussträger lief, und zwar durch einfache Umkehr des Verriegelungsverfahrens. Dann liefen Verschlussträger und Kolben um etwa 5 mm nach vorn, um die Möglichkeit auszuschließen, dass der Verschluss teilweise entriegelt wurde, wenn er vom Anschlag zurückprallte. Der Spannhebel war ebenfalls Teil des Verschlussträgers und lief mit ihm zurück.

Es gab allerdings keine Anzeige, dass das Magazin leer war; der wohl schwerwiegendste Mangel bei dieser Waffe. Das gebogene 30-Schuss-Magazin konnte nicht an der Waffe beladen werden, sondern musste dazu abgenommen werden. Das AK hatte eine Feuerwahl; mit Hilfe eines langen Wahlhebels an der rechten Gehäuseseite, hinter der Auswurföffnung und unmittelbar über dem Abzugsbügel, konnte zwischen Einzel- oder Dauerfeuer gewählt werden. Dieser Mechanismus diente gleichzeitig als Sicherungsriegel, indem er den Abzug sperrte und den Verschluss daran hinderte, über die Spitze der obersten Patrone im Magazin hinaus zu laufen. Dieser Hebel ist ebenfalls oft genug kritisiert worden. Das AKM hatte einen Begrenzer für die Feuergeschwindigkeit, der aber kompliziert und nicht sehr wirksam war. Er nutzte die Trägheit während des Zyklus.

Die Unterschiede zwischen dem AK und dem AKM waren beträchtlich, aber nicht auf den ersten Blick erkennbar. Das Gehäuse des AK aus gefrästem Massivstahl wurde beim AKM durch 1 mm starken Pressstahl abgelöst. Er wurde zu einer U-Form gebogen und mit Einlagen vernietet, die die Vertiefungen für die Verriegelung, das Lager für den Lauf und den vorderen und hinteren Block bildeten. Das reduzierte das Gewicht erheblich – von 4,3 kg auf 3,15 kg – wobei die Ver-

AAT M'52 (Arme Automatique Transformable)

Kaliber: 7,62 mm NATO
Gewicht: 9,9 kg
Länge: 990 mm
Lauflänge: 490 mm
Effektive Schussentfernung: über 3000 m
Ausführung: verzögerter Rückstoßlader mit Gurtzuführung
Feuergeschwindigkeit: 700 Schuss/min
Mündungsgeschwindigkeit: 800 m/sek
Herstellerland: Frankreich

sion mit der klappbaren Schulterstütze noch leichter war. Der Drehkopfverschluss von Kalaschnikow wurde auch beim leichten MG, dem Rutschnoi Pulemjot Kalaschnikowa (RPK) benutzt, das praktischerweise das gleiche Magazin benutzte wie das Sturmgewehr, sowie beim anders aufgebauten PK mit Gurtzuführung. Dieses verschoss die alte Patrone 7,62 mm x 54R M1891 lang. Als Ende der 70er Jahre die kleine Patrone 5,45 mm x 39 eingeführt wurde, entschieden die Politiker vernünftigerweise, beim Bewährten zu bleiben. Sie behielten den Mechanismus der automatischen Waffe bei und passten ihn einfach an die neue Patrone an. Daraus entstanden das AK-74 (mit allen Versionen, u. a. das weit verbreitete AKS-74) und das leichte MG RPK-74.

DIE ANTWORT AUS AMERIKA

Die US Army hatte zwei Generationen von Selbstladegewehren im Kaliber .30-06 (7,62 mm): Das M1 und das leicht modifizierte M14. Mitte der 50er Jahre wollte man dann eine kleinere, leichtere

Links: Es ist erstaunlich, dass sich das AAT M'52 nach dem Zweiten Weltkrieg durchsetzen konnte, denn der verzögerte Rückstoßlader war unzuverlässig und schwergängig.

Patrone. Diese Entwicklung ist hauptsächlich der Arbeit eines Mannes zu verdanken: Eugene Stoner, ein US Marine im Ruhestand, hatte 1954 bei der Armalite Corporation als Chefingenieur angefangen. Er hatte bereits mit der Arbeit an einem militärischen Selbstlader im NATO-Kaliber 7,62 mm begonnen, der schließlich als AR-10 erscheinen sollte. Er verzichtete auf Gaszylinder und Kolben und ließ wie bei den zeitgenössischen französischen Waffen das Gas unmittelbar auf den Verschlussträger wirken. Das wichtigste Element war der vorn verriegelnde Drehverschluss mit den vielen Verriegelungszapfen, der sowohl beim Gewehr AR-15 als auch bei halbautomatischen Schrotflinten zum Einsatz kam. Er fand sich auch in der Mehrzweckwaffe Modell 63, die Eugene Stoner entwickelte, nachdem er Armalite verlassen hatte, und beim Armalite AR-18. Später gab es eine Reihe von Variationen zu diesem Thema, u. a. die Bullpup-Waffen SA-80 aus England und AUG aus Österreich. Dieser Verschluss war Stoners wichtigster Beitrag zur modernen Waffentechnik, basierte aber teilweise auf der Arbeit, die Melvin Johnson zwei Jahrzehnte zuvor geleistet hatte. Johnson hatte ein Selbstladegewehr und ein leichtes MG gebaut, die beide in bescheidenen Stückzahlen eingeführt wurden.

DER MECHANISMUS VON STONER

Beim Mechanismus von Stoner wurde das Gas nach etwa zwei Dritteln des Weges zwischen Verschluss und Mündung über ein Edelstahlrohr oben im Lauf in einen zylindrischen Hohlraum des Verschlussträgers abgezapft und schob diesen nach hinten. Nach etwa 3 mm freiem Rücklauf fiel der Druck im Ladungsraum auf ein sicheres Maß, und ein Steuerschlitz auf der Innenseite des Verschlussträgers rastete in einen Bolzen im Verschluss ein. Dabei drehte er den Verschluss um 22,5° um seine Achse, sodass die sieben Verriegelungszapfen auf dem Verschlusskopf auf einer Höhe mit den sieben Nuten in der Laufverlängerung standen. Eine weitere Nut nahm den Auszieher auf, der die Stelle des achten Verriegelungszapfens einnahm. Dann schob der Träger den Verschluss nach hinten, um den Zyklus zu starten. Die Patrone wurde noch nicht hochgehoben, und die Verriegelung erfolgte nach dem entgegengesetzten Verfahren wie die Entriegelung, unterstützt von einer Schraubenfeder im Kolben.

DAS GEWEHR AR-15/M16

Ein Großteil der äußeren Form des neuen Gewehrs, besonders das gradlinige Profil mit der durchgezogenen Achse vom Kolben bis zum Lauf wie auch die Kombination von Kimme und Tragegriff stammte unmittelbar vom AR-10. Das galt natürlich auch für das Gassystem, den Verschluss mit den sieben Zapfen, den Abzug und die Sicherung. Das AR-15 war im Prinzip eine verkleinerte Version der früheren Waffen, angepasst an die Forderungen des Infanterieausschusses der US Army nach einem Gewehr, das nicht mehr als 2,72 kg wiegen sollte. Verlangt wurden außerdem eine Feuerwahl und bis auf 450 m die gleichen ballistischen Eigenschaften wie das Gewehr M1. Das AR-15 wurde nie so leicht, und ein frühes M16 mit vollem 20-Schuss-Magazin und Trageriemen wog fast 3,65 kg. Insgesamt waren die Forderungen recht hoch, aber für Stoner und sein Team bestand das einzige Problem darin, dass keine geeignete Munition zur Verfügung stand.

EIN NEUES KALIBER

Die Wahl fiel schließlich auf die „Sportpatrone“ von Remington im Kaliber 5,65 mm mit einem 3,56 g schweren Geschoss. Es hatte eine Mündungsgeschwindigkeit von 920 m/sek, verlor aber auf 400 m bereits 840 mm an Höhe und hatte nur halb so viel kinetische Energie wie die 7,62-mm-Patrone M2, die über die gleiche Distanz nur 595 mm an Höhe verlor. Armalite ließ sich bei der Sierra Bullet Co. ein neues Geschoss entwickeln und erhielt eine Patrone mit Bootsheckform, die nicht nur wesentlich aerodynamischer war, sondern auch beim Aufprall auf das Ziel schlingerte und damit die Kritik an der Durchschlagskraft widerlegen konnte. Die Patronenhülse wurde etwas verlängert, um eine größere Treibladung aufzunehmen, was die Mündungsgeschwindigkeit auf 990 m/sek brachte. Diese neue Patrone hieß .222 Special (beim Militär M109), bis Remington eine ähnliche Patrone als .222 Magnum brachte, woraufhin der Name in .223 Remington geändert wurde.

Oft wird gesagt, dass es für Armalite besser gewesen wäre, gleich eine neue Patrone zu entwickeln, etwa im Kaliber 6,6 mm und mit einem Geschoss zwischen 5,2 und 5,8 g, anstatt die 5,65-mm-Patrone zu übernehmen, mit der Stoner vorher experimentiert hatte. Wenn man sich eine Patrone ansieht, auf die diese Werte in etwa zutreffen, versteht man auch warum. Die .257 Winchester Magnum (6,53 mm) beispielsweise mit ihrem 5,64 g schweren Geschoss erreichte eine Mündungsgeschwindigkeit von 1166 m/sek, hatte fast genau so viel kinetische Energie wie die 7,62-mm-Patrone und verlor auf 400 m weniger als 200 mm an Höhe. Nach vielem hin und her auf politischer Ebene schwenkten die US-Streitkräfte schließlich auf die Linie der NATO ein, die inzwischen die von FN in Belgien entwickelte Patrone SS109 im Kaliber 5,56 mm x 45 eingeführt hatte, mit äußerlich gleicher Form, aber besseren ballistischen Eigenschaften.

DAS STURMGEWEHR WIRD ERWACHSEN

Die Einführung der Patrone 5,56 mm x 45 bei der NATO und einer ähnlichen 5,45-mm-Patrone im Warschauer Pakt kurze Zeit später war von entscheidender Bedeutung für die weitere Entwicklung des Allzweck-MG. Wichtig für die Infanterie ist, dass Angriffs- und Unterstützungswaffen die gleiche Munition verschießen. Das galt natürlich auch noch nach der Einführung der kleineren Patrone. Das führte zur Entwicklung noch flexiblerer Allzweck-MGs und zur Einführung der bereits besprochenen „Waffenfamilien". Eugene Stoner stand bei dieser Entwicklung in vorderster Front. Wie die meisten Konstrukteure von Selbstladegewehren glaubte Stoner, dass seine Waffe das leichte MG als Unterstützungswaffe auf Gruppenebene vielleicht nicht ersetzen, aber doch ergänzen könnte. So entwickelte er eine Version des AR-10 mit schwerem Lauf und Zweibein. Dann ging er noch weiter und stellte die Waffe auf Gurtzuführung um. Dazu entwickelte er auch gleich noch einen schnell wechselbaren Lauf und ein Dreibein mit Drehhalterung. Er fand zwar keine Abnehmer für dieses behelfsmäßige leichte MG und auch nicht für die Karabinerversion mit kürzerem Lauf, aber das entmutigte ihn nicht. Er baute Prototypen des AR-15 in beiden Ausführungen und war damit erfolgreicher. Colt baute die kurzläufige Version mit einer ausfahrbaren Schulterstütze als Commando. Diese Waffe wurde in Vietnam in großem Stil und später auch bei den US-Sondertruppen eingesetzt. Das leichte MG mit Magazin- oder Gurtzuführung wurde als Colt Automatic

PK (Pulemjot Kalaschnikowa)

Kaliber: 7,62 mm M91
Gewicht: 8,9 kg
Länge: 1195 mm
Lauflänge: 660 mm
Effektive Schussentfernung: über 2000 m
Ausführung: Gasdrucklader mit Gurtzuführung
Feuergeschwindigkeit: 650 Schuss/min
Mündungsgeschwindigkeit: 800 m/sek
Herstellerland: Sowjetunion

Links: Bei der PK-Familie handelt es sich um Gasdrucklader mit Drehkopfverschluss und Gurtzuführung. Die Gurte aus Metall zerfallen beim Abfeuern nicht.

Rifle gebaut. Die Reminiszenz an John Browning ist offensichtlich, aber der Erfolg blieb trotzdem aus.

SYSTEM 63

Stoner engagierte sich mehr als jeder andere Konstrukteur für die variable Mehrzweckwaffe und stellte das mit dem System 63 unter Beweis. Da Stoner sie nach seinem Weggang von Armalite entwickelt hatte, ließ er sie bei Cadillac Gage bauen, das ansonsten leichte Panzerwagen produzierte. Natürlich kam wieder der Stoner-Mechanismus zum Einsatz, aber diesmal mit konventionellem Gaszylinder und Kolben, um die Probleme mit Ablagerungen zu verhindern. Die Familie bestand aus 15 Komponenten, die fünf unterschiedliche Formen ergaben: eine Maschinenpistole, einen Karabiner, ein Sturmgewehr, ein leichtes MG und ein Unterstützungs-MG. Sie alle hatten das gleiche Gehäuse. Wählen konnte man bei den Läufen, den Kolben, der Munitionszuführung und zwischen Gurten und Magazinen. Die US Navy und das US Marine Corps erprobten das M63 ausgiebig in Vietnam. Sie fanden Gefallen an der Waffe, aber eingeführt wurde sie dann doch nicht.

DAS BELGISCHE MINIMI

Gegen die Einführung des Baukastenkonzepts bei Waffen regte sich viel Widerstand; flexiblere Allzweck-MGs im neuen kleineren Kaliber und mit der Wahl zwischen Gurt oder Magazin fanden hingegen mehr Freunde. Der erste Hersteller in dieser Klasse war FN aus Belgien, das bereits das 5,56-mm-Sturmgewehr CAL gebaut hatte. Das neue belgische MG hieß Minimi und wurde bei den US-Streitkräften nach der Einführung als automatische Gruppenwaffe M249 bezeichnet. FN baute die Prototypen des Minimi im Jahr 1974 und stieß damit auf reges Interesse. Die Entwicklung schritt dann aber quälend langsam voran, selbst für die Verhältnisse der konservativen Waffenindustrie, und die richtige Serienproduktion lief erst 1982 an. Dafür kam das Minimi aber wirklich als ausgereifte Waffe auf den Markt, und zwar in jeder Beziehung, im deutlichen Gegensatz zum M60 beispielsweise. Es war, zumindest theoretisch, mit knapp 7 kg „trocken“ noch leicht genug für ein Sturmgewehr. Vor diesem Hintergrund wird verständlich, dass von Anfang an konventionelle Kastenmagazine (von FN oder die des M16) und Gurte vorgesehen waren. Der Gurt wurde entweder frei hängend oder in einer leichten Plastikbox zugeführt. Für den Wechsel zwischen Gurt und Magazin war kein Umbau erforderlich. Das Minimi hatte eine normale feste Metallschulterstütze oder eine noch leichtere klappbare Ausführung, und die schnell wechselbaren Läufe, die denen des MAG stark ähnelten, waren in zwei Längen erhältlich. Die Verwandtschaft zum MAG zeigte sich auch beim Dreibein und dem zusätzlichen Visier für den Dauerfeuereinsatz.

Das Minimi wurde geringfügig an die US-Herstellungsverfahren angepasst und dann noch im Jahr des Serienanlaufs bei den US-Streitkräften eingeführt. Die US-Regierung bestellte zunächst 68 000 Stück, und die belgische Waffe, hergestellt in einem US-Tochterunternehmen, wurde als automatische Gruppenwaffe M249 eingeführt. Sie wurde auch als SAW (kurz für Squad Automatic Weapon) bezeichnet, eine neue Kategorie, die sich irgendwo zwischen dem schwereren M60 und dem M16 ansiedelte. Sie übernahm aber die Rolle des ersteren als Gruppenwaffe. Das einzige ernsthafte Problem, das die US-Streitkräfte mit dem SAW hatten, war die Benutzung der Patrone M109 statt der stärkeren, in Belgien entwickelten SS 109. Gelegentlich gab es damit Schwierigkeiten, den Gurt durch die Waffe zu ziehen, und die Feuergeschwindigkeit bei Magazinzufuhr wurde als zu hoch erachtet. Es verwun-

Links: **Das M63 von Stoner war ein mutiger Versuch, ein Baukastensystem für Infanteriewaffen zu schaffen, bestehend aus MPi, Sturmgewehr, leichtem und mittlerem MG.**

dert kaum, dass nach der Umstellung auf die SS 109 die Probleme nicht mehr auftraten. So wurde auch gleich noch eine neue Version des M16, das M16A2, für die stärkere Patrone entwickelt, die ebenfalls wesentlich besser war als das Vorgängermodell.

Zehn Jahre nach dem Serienanlauf war das Minimi bereits in einem Dutzend Nationen eingeführt, und es gab mindestens zwei Kopien, das südkoreanische K3 und das taiwanesische Typ 75. Es gab auch einen Rivalen in der Form des Ultimax 100 aus Singapur, das ungefähr zur gleichen Zeit wie das Minimi auf dem Markt erschienen war. Auch das israelische Negev zeigte in Grundeigenschaften, Funktionsprinzip und Vielseitigkeit deutliche Anklänge an das Minimi. Während der 80er Jahre kamen noch zahlreiche andere 5,56-mm-Waffen mit Feuerwahl auf den Markt.

SCHWERES FEUER

Das größte Problem bei dieser neuen Generation leichter Allzweck-MGs lag wohl beim Dauerfeuer über mittlere und größere Entfernungen. Der Wirkungsbereich einer 5,56-mm-Waffe wird normalerweise mit etwa 800 m angesetzt. Natürlich ist die Patrone – besonders die SS 109 – auch über diese Entfernung hinaus noch tödlich; man war sich aber einig, dass jenseits dieser 800 m der wichtige bestrichene Raum nicht mehr klar war und der Effekt eher vom Zufall abhing. So behielten die Streitkräfte in der Regel ihre schwereren Waffen wie das MAG und das M60 zur Feuerunterstützung, hatten daneben aber noch ein weiteres Ass im Ärmel: Das schwere MG, meistens im Kaliber 12,7 mm. Das wirksamste und wohl auch populärste war das Browning M2, eine der Waffen mit der längsten Dienstzeit in diesem Jahrhundert. Das Browning „Fifty“ in seiner ursprünglichen wassergekühlten Ausführung wurde erstmals am 15. Oktober 1918 abgefeuert, vier Wochen vor dem Ende des Ersten Weltkriegs. Am 12. November, einen Tag nach dem Waffenstillstand, wurde die luftgekühlte Version erprobt. Beide Waffen wurden im Zweiten Weltkrieg eingesetzt, aber bis 1933 hatte sich das luftgekühlte M2 als überlegen durchgesetzt. Als John Browning die schwere Waffe entwickelte, sah er keinen Grund, vom Prinzip des kurzen Rücklaufs abzurücken, das er bei der 7,62-mm-Waffe, dem M1917, angewandt hatte. Das M2 hat in fast unveränderter Form bis zum Ende des 20. Jahrhunderts überlebt. Die Produktion lief zwar in den 70er Jahren aus, aber das M2 kam in unterschiedlichen Versionen zurück, nachdem die moderneren Rivalen sich als untauglich erwiesen hatten. Die 12,7-mm-Patrone, die mit einer Feuergeschwindigkeit von etwa 500 Schuss pro Sekunde abgefeuert wurde, gab es in unterschiedlichen Formen: Als Mantelgeschoss, panzerbrechendes Geschoss, Brandgeschoss und Leuchtspurgeschoss. Das M2 hatte einen Wirkungsbereich von

Stoner M63 A1 (für Dauerfeuer)

Kaliber: 5,56 mm NATO
Gewicht: 5,65 kg (nur Waffe)
Länge: 1025 mm
Lauflänge: 550 mm
Effektive Schussentfernung: über 2000 m
Ausführung: Gasdrucklader mit Gurtzuführung
Feuergeschwindigkeit: 700 Schuss/min
Mündungsgeschwindigkeit: 990 m/sek
Herstellerland: Vereinigte Staaten

über 1800 m, bei Steilfeuer und mit Artillerie-Skalenaufsatz noch wesentlich mehr. Für den Fußsoldaten war es mit 38 kg wohl ein bisschen zu schwer, und das unverzichtbare Dreibein wog weitere 20 kg, dafür ließ es sich aber einfach auf die leichtesten Fahrzeuge montieren.

ALTERNATIVEN ZUM BROWNING M2

In den 60er Jahren war zwar eine Reihe verbesserter Konstruktionen in der Entwicklung, aber die Ablösung des schweren MG Browning M2HB war längst nicht so dringend wie die des alten mittleren MG der ersten Generation. Wichtiger waren wohl die neuen Patronen im Kaliber 12,7 mm, die eine Ergänzung zum weit verbreiteten Mantelgeschoss in diesem Kaliber darstellten. Dabei wurde unter anderem eine Technologie benutzt, die für Panzerbordkanonen entwickelt wurde. Dabei saß ein kleinkalibriger Pfeil in einer vollkalibrigen Einsteckhülse, die abfiel, sobald das Geschoss die Mündung verlassen hatte. Diese so genannten leichten panzerbrechenden Geschosse mit Treibspiegel konnten die Panzerung eines Mannschaftstransportwagens auf mehr als 1000 m durchschlagen. Als Alternative wurde in Norwegen eine bemerkenswerte Kombination aus panzerbrechendem, Brand- und Splittergeschoss entwickelt.

DAS DOVER DEVIL

Die Einführung dieser spezialisierten Munitionssysteme brachte aber ein neues Problem – gegen gewöhnliche Infanterieziele waren sie nicht so wirksam wie das konventionelle Mantelgeschoss, und gleichzeitig waren sie wesentlich teurer. Die amerikanische AAI Corporation löste in Zusammenarbeit mit der Rüstungsforschungs- und -entwicklungsdienststelle der US Army das Problem, beide Munitionstypen gleichzeitig zur Hand zu haben. Sie baute das schwere Allzweck-MG GPHMG, nach seinem Entstehungsort in New Jersey oft auch als Dover Devil bezeichnet. Basierend auf Versuchen, die während und nach dem Zweiten Weltkrieg mit größeren Kalibern als 12,7 mm gemacht wurden, wies das Dover Devil zwei getrennte Munitionszuführungen auf. Sie saßen jeweils auf einer Seite des Gehäuses und ermöglichten so die Verwendung unterschiedlicher Patronen. Die Wahl erfolgte über einen einfachen Hebel. Das Dover Devil war leichter und simpler als das M2HB, das es ablösen sollte, und hatte außerdem weniger bewegliche Teile. Nach ausgiebigen Erprobungen kam die US Army aber zu dem Schluss, dass diese Vorteile nicht den Aufwand einer Umstellung rechtfertigen würden, und so wurde das Projekt zu den Akten gelegt. AAI versuchte sich allein mit der Weiterentwicklung, hatte aber keinen Markt in Sicht und stornierte das Projekt schließlich völlig. Einige Komponenten fanden sich später bei einer Waffe der staatseigenen Chartered Industries (CIS) aus Singapur wieder, die auch das Ultimax 100 im Kaliber 5,56 mm bauten. Dieses 50MG war nach einem Baukastensystem aus fünf einzelnen Bausteinen zusammengesetzt. Wie beim Dover Devil konnte die Munition von beiden Seiten zugeführt werden. Diese Waffe ging zwar in die Produktion, fand aber keine Exportabnehmer.

Bei der Beschaffung der wenigen neuen schweren MGs im Kaliber 12,7 mm wandte man sich an die üblichen Hersteller des Browning M2HB – Lizenznehmer wie Saco und Ramo in den USA oder FN in Belgien. Beide amerikanischen Hersteller entwickelten zwar leichtere Ausführungen der altehrwürdigen Waffe –

diese wogen unbeladen nun etwa 26 kg – aber nicht einmal die Einführung eines schnell wechselbaren Laufes brachte die Kunden dazu, von der alten Version abzurücken.

Das Dover Devil wurde im Kaliber 20 mm entwickelt, war aber nicht die einzige „Infanteriewaffe", die vom 12,7-mm-Standardkaliber abwich. In Belgien versuchte sich FN – stets in vorderster Reihe, wenn es darum ging, neue Munitionstypen zu entwickeln – mit einem größeren, schwereren Geschoss im Kaliber 15 mm x 115, ließ sich aber durch die extreme Abnutzung der Läufe bei den Erprobungen abschrecken. So wurde das BRG-15, wie es schließlich hieß, auf das Kaliber 15,5 mm x 106 ausgerichtet. Dieses neue Geschoss zeichnete sich durch ein Führungsband aus Kunststoff aus, in der Artillerie bereits bekannt, aber bei einer Infanteriewaffe eine absolute Neuheit. Es wurde eine Reihe von Munitionstypen hergestellt, u. a. PB-AP (panzerbrechend mit Kunststoffband, die eine 19 mm starke Panzerplatte auf 800 m durchbrechen konnte, und PB-HEPI (Sprengbrandgeschoss mit Kunststoffband), daneben auch unterkalibrige panzerbrechende Geschosse mit Treibspiegel. Wie das 50MG und das Dover Devil hatte auch das BRG-15 einen doppelten Zuführmechanismus zum leichteren Wechsel zwischen unterschiedlicher Munition. Mit 60 kg unbeladen handelte es sich um eine schwere Waffe, die aber trotzdem mit dem leichten Dreibein und den Fahrzeughalterungen des M2 zurechtkam. Dafür sorgte eine integrierte Rückstoßdämpfung. Die Entwicklungskosten für das BRG-15 wurden zwar nie bekannt gegeben, müssen aber eine erhebliche Belastung dargestellt haben, denn FN kam unter ausländische Kontrolle, und das Nachfolgeunternehmen Fabrique Nationale Nouvelle Herstal (FNNH) wurde ein Tochterunternehmen des französischen Waffenherstellers GIAT.

SOWJETISCHE SCHWERE MGs

Das Gewicht der Geschosse in den verschiedenen 15,5-mm-Patronen variierte erheblich, aber die kinetische Energie eines solchen Geschosses, das mit mehr als 1000 m/sek unterwegs ist, ist stets enorm. Am Ende des 20. Jahrhunderts gab es, abgesehen von Munition für Kanonen, nur eine MG-Patrone mit ähnlicher Leistung: Die sowjetische Patrone 14,5 mm x 114 des russischen KPV (Krupnokalibernij Pulemjot Wladimirowna), einer simplen, ungeschliffenen Konstruktion, die kurz nach dem Zweiten Weltkrieg entstand. Das KPV wurde vielfach gegen Fahrzeuge und auch in der Luftabwehr eingesetzt, in der letzteren Rolle in gezogenen oder fahrzeuggestützten Einfach-, Zwillings- oder Vierlingslafetten unter der Bezeichnung ZPU (Zenitnaja Pulemjotanja Ustanowka). In dieser Form kam sie häufig in Nordvietnam zum Einsatz. Diese Waffe war eindeutig zu schwer für die abgesessene

RECHTS: US Army und Marine Corps haben 1984 das FN Minimi im NATO-Kaliber 5,56 mm als automatische Gruppenwaffe (SAW) M249 eingeführt. In dieser Rolle löste es das M60 ab.

RECHTS: Das FN Minimi war nicht so flexibel wie das Stoner M63 und somit erfolgreicher. Es konnte Magazine und Gurte benutzen. Dabei kamen die NATO-Standard-Magazine zum Einsatz.

Infanterie. In dieser Rolle ersetzte die Rote Armee das DShK durch eine 12,7-mm-Waffe mit dem Drehkopfverschluss von Kalaschnikow, nach ihren Konstrukteuren als NSV (G. I. Nikitin, J. M. Sokolow und W. I. Volkow) bezeichnet. Es gab Versionen mit Dreibein oder in Fahrzeugen, und der Wirkungsbereich lag bei über 2000 m. Ansonsten entsprachen die Werte in jeder Hinsicht denen des Browning M2HB.

DAS MG GEHT IN DIE LUFT

Als das MG noch nicht in Flugzeuge eingebaut wurde, brauchten sich die Piloten kaum voreinander zu fürchten. Mit einer Pistole oder einem Gewehr war es selbst in den langsamen Flugzeugen von 1914 unmöglich, ein anderes fliegendes Flugzeug zu treffen, und ein einziger Treffer konnte ohnehin nicht viel Schaden anrichten. Bereits 1912 wurde ein Lewis-MG von einem Flugzeug aus abgefeuert, und diese Waffe setzte sich allmählich durch. In der Regel saß sie bei größeren Flugzeugen in einer flexiblen Halterung und wurde vom Beobachter abgefeuert. Das größte Problem bei automatischen Waffen in Flugzeugen war die Positionierung. Wenn sie richtig wirksam sein sollten, mussten sie parallel zur Rumpfachse eingebaut werden, und das hieß bei den ersten Flugzeugen neben dem Piloten, damit er die unvermeidlichen Ladehem-

Klein-MG M134

Kaliber: 7,62 mm NATO
Gewicht: 26,4 kg
Länge: 800 mm
Lauflänge: 560 mm
Effektive Schussentfernung: 3000 m
Ausführung: sechsläufiger Revolver mit Fremdantrieb und Gurtzuführung
Feuergeschwindigkeit: 6000 Schuss/min
Mündungsgeschwindigkeit: 870 m/sek
Herstellerland: Vereinigte Staaten

mungen beseitigen konnte. Damit saß die Waffe aber hinter dem Propeller. Einige Konstrukteure befassten sich mit der Entwicklung von Unterbrechern, die die Waffe stoppen sollten, wenn ein Propellerblatt im Weg stand. Das beste System entwickelte Raymond Saulnier in Frankreich. Er selbst glaubte aber nicht so recht an seine Erfindung und rüstete deshalb seine Propellerblätter mit dicken Leitblechen aus Stahl aus. Das System funktionierte einigermaßen, aber noch nicht ganz im Sinne seines Erfinders. Das französische Fliegerass Roland Garros war da nicht so anspruchsvoll. Er löste das Problem – zumindest vorübergehend – im März 1915, indem er den Unterbrecher ausschaltete und sich allein auf die Wirkung der Leitbleche am Propeller verließ. Das ging auch gut genug, denn er konnte in den folgenden drei Wochen fünf deutsche Flugzeuge abschießen. Schließlich wurde er aber zur Landung gezwungen. Er versuchte zwar noch, sein Flugzeug zu verbrennen, aber die Deutschen kamen dennoch hinter seine Methode. Sie waren aber nicht bereit, so eine schäbige Lösung zu akzeptieren und wandten sich an den Holländer Anton Fokker, einen der besten Luftfahrtkonstrukteure seiner Zeit. Innerhalb von zwei Tagen hatte Fokker eine brauchbare Lösung vorgelegt, basierend auf einer Erfindung des Schweizer Ingenieurs Schneider. Das System wurde sofort eingebaut. Die Engländer und Franzosen benötigten tatsächlich fast ein Jahr, bis sie eine gleichwertige Synchronisierung hatten, und in dieser Zeit hatte die deutsche Luftwaffe die unangefochtene Lufthoheit.

Zum Beginn des Zweiten Weltkriegs hatten die meisten Jäger bereits acht MGs, und es gab sogar schon die ersten schwereren Kanonen an Bord. Am Kriegsende hatten die Alliierten in der Regel das 12,7-mm-Browning, während die Flugzeuge der deutschen Luftwaffe das MG131 oder das MG151 von Rheinmetall und Mauser im Kaliber 13 bzw. 15 mm hatten. Beide Seiten setzten auch Versionen der 20- und 30-mm-Kanonen von Hispano-Suiza ein. Als die Flugzeuge schneller wurden, waren sie nicht mehr so leicht zu treffen, und man versuchte bereits, höhere Feuergeschwindigkeiten zu erzielen als die 1200 Schuss pro Minute, die ein konventionelles MG ohne Schaden erreichen konnte. Die einzige andere Möglichkeit zur Erhöhung der Feuerkraft war nämlich der Einsatz von noch mehr MGs, die das Flugzeug aber immer schwerer machten und damit seine Leistung beeinträchtigten. Eine Möglichkeit zur Erhöhung der Feuergeschwindigkeit war der Fremdantrieb, den Richard Jordan Gatling ja bereits im vorigen Jahrhundert angewandt hatte. Gatling hatte unter anderem auch mit einem Elektromotor experimentiert und hatte damit eine Feuergeschwindigkeit von 3000 Schuss pro Minute erreicht. Verschossen hat er dabei die 7,62-mm-Krag-Jorgensen-Gewehrpatrone.

DAS GATLING NEU ERFUNDEN

Als die Konstrukteure feststellen mussten, dass sich die Leistungen des schweren MG nur noch durch eine radikale Abkehr von den üblichen Wegen steigern ließen, erinnerten sie sich wieder an Gatling. Kurz vor dem Ende des Zweiten Weltkriegs beauftragte die US-Regierung die kleine Firma Johnson Automatics Inc., gegründet von einem ehemaligen Oberst der Marines, die Möglichkeiten von Gatlings Konstruktion auszuloten. Johnson konnte ein funktionierendes Modell 1883 im Kaliber 11,43 mm auftreiben und auch die passende Munition dazu. Er wiederholte Gatlings Arbeit Schritt für Schritt, konnte aber dank eines moderneren Elektromotors die Leistung

XM-214 (Six-Pak)

Kaliber: 5,56 mm NATO
Gewicht: 38,6 kg (einschl. 1000 Schuss)
Länge: 685 mm
Lauflänge: 455 mm
Effektive Schussentfernung: über 2000 m
Ausführung: Sechsläufiger Revolver mit Fremdantrieb und Gurtzuführung
Feuergeschwindigkeit: bis zu 4000 Schuss/min
Mündungsgeschwindigkeit: 990 m/sek
Herstellerland: Vereinigte Staaten

OBEN: Die 7,62-mm-Kleinkanone war konzipiert für die Verwendung in Hubschraubern, da die hohe Feuergeschwindigkeit auch Treffer im schnellen Vorbeiflug ermöglichte.

erheblich steigern. Die modifizierte Waffe gab Feuerstöße zu 50 Schuss ab, und die Feuergeschwindigkeit wurde auf 5800 Schuss pro Minute hochgerechnet.

DIE VULCAN-KANONE

Die US Army übernahm die Ergebnisse von Johnsons Arbeit und erteilte der Rüstungsabteilung der General Electric Corporation einen Auftrag zur Weiterentwicklung. Am Anfang des nächsten Jahres war aus dem Projekt Vulcan der Prototyp T45 geworden. Im Funktionsprinzip unterschied er sich kaum von dem um 80 Jahre älteren Gatling. Nur die Zündung war etwas moderner: Gatling hatte Zündhütchen benutzt, die Vulcan hatte dagegen eine elektrische Zündung.

Es sollte aber immer noch ein Jahrzehnt dauern, bis die Waffe als M61 Vulcan, nun im Kaliber 20 mm, in die Serie ging. Sie setzte aber schnell den Standard, an dem die anderen gemessen wurden. Sie fand nicht nur zahlreiche Nachahmer, sondern bildete auch die Grundlage für eine Familie superschneller MGs mit Elektroantrieb in Kalibern von 5,56 mm bis 30 mm.

Die 20-mm-Vulcan M61 wurde 1956 bei der US Air Force im Lockheed F-104 Starfighter eingeführt. Die Folgeversionen zählten zur Standardausrüstung der US-Flugzeuge. Die Kanone konnte sich auch bei der US Army und der US Navy durchsetzen, bei der ersteren als M168, die die Grundlage eines gezogenen oder fahrzeuggestützten Luftabwehrsystems bildete. Die Navy erteilte General Electric den Auftrag, aus der Vulcan das vollautomatische Nahkampfsystem Phalanx zu bauen, um ihre Schiffe gegen Kurzstreckenraketen zu verteidigen. In der Universalhalterung EX-84 fand man die Kanone auch an Bord leichterer Schiffe. Die M197, eine leichtere Version der Kanone mit drei Läufen, wurde von Army und Marine Corps im Kampfhubschrauber Cobra und bei der Air Force in diversen Flugzeugen eingesetzt.

Der Vorteil der M61 Vulcan war ihre Einfachheit. Das komplizierteste Merkmal an der ganzen Kanone war die Zuführung von 100 Schuss pro Sekunde in die verschiedenen Verschlüsse. Die Lösung dieses Problems war eine Aufgabe für sich. Die Munition wurde in den üblichen Zerfallgurten zugeführt. Diese liefen durch einen Trenner und dann in eine Trommel. Die einzelnen Patronen wurden von der Trommel mit Hilfe einer Archimedischen Schraube in die Waffe geführt. Bei anderen Ausführungen kamen die Patronen lose aus einer großen Trommel, zugeführt wiederum über die Schraube.

DIE 7,62-MM-KLEINKANONE

Als die M61 in die Serie ging, machten sich die Entwickler bei General Electric daran, die Möglichkeiten einer solchen Kanone im Gewehrkaliber zu untersuchen. Das von der US Air Force finanzierte Projekt lief 1960 an. Ende 1962 wurde ein Prototyp erprobt, und zwei Jahre später wurde die Kleinkanone GAU-2B im NATO-Kaliber 7,62 mm x 51 eingeführt. Diese Kanone saß in einer Gondel SUU-11 unter den Tragflächen eines Flugzeugs oder im Fahrwerk eines Hubschraubers. Beim ersten Kampfeinsatz allerdings saßen drei dieser Kanonen quer im Rumpf einer alten C-47 Dakota und wurden durch die hintersten Kabinenfenster bzw. die Ladeklappe abgefeuert. Dazu musste der Pilot eine enge Kehre um das Bodenziel fliegen. Die AC-47, nach einem damals populären Song als Spooky oder Puff the Magic Dragon bezeichnet, erwies sich als wirksames Erdkampfflugzeug. So wurde das Konzept erweitert, zunächst unter der Bezeichnung Shadow und Stinger, später als Specter. Dafür wurde eine umgerüstete C-130 Hercules zunächst mit vier Kleinkanonen ausgestattet. Zwei wurden wieder ausgebaut und durch ein Paar 40-mm-Bofors-Kanonen bzw. in der Version Pave Aegis durch eine Bofors und eine speziell angepasste 105-mm-Haubitze M102 ersetzt.

DIE 5,56-MM-KLEINSTKANONE

Danach ging General Electric daran, auch das Kaliber 5,56 mm auszuprobieren, aber die US-Regierung fand keinen Gefallen an der Idee. Diese Waffe war wesentlich flexibler als die größeren Kanonen, denn diese konnten nur auf eine Feuergeschwindigkeit von 1000, 2000, 3000, 4000 oder 6000 Schuss pro Minute eingestellt werden, während die 5,56-mm-Kanone durch entsprechende Regelung des Elektromotors stufenlos zwischen 400 und 10 000 Schuss pro Minute abfeuerte. Die höhere Geschwindigkeit war durch das geringere Gewicht der beweglichen Teile bedingt. Die Munition für die 5,56-mm-Kanone saß in fabrikgefertigten 500-Schuss-Kassetten

M61/M168 Vulcan

Kaliber: 20 mm
Gewicht: 136 kg (nur Waffe)
Länge: Keine Angabe
Lauflänge: Keine Angabe
Effektive Schussentfernung: 6000 m
Ausführung: sechsläufiger Revolver mit Fremdantrieb und Gurtzuführung
Feuergeschwindigkeit: bis zu 6000 Schuss/min
Mündungsgeschwindigkeit: 670 m/sek
Herstellerland: Vereinigte Staaten

rechts und links am Gehäuse. Wenn eine Kassette leer war, stellte sich die Zuführung automatisch auf die nächste Kassette um. Die Waffe konnte problemlos Feuerstöße zu 2500 Schuss bei einer Geschwindigkeit von 4000 Schuss pro Minute abgeben. Sie wurde unter der Bezeichnung XM214 bei den US-Streitkräften erprobt, aber nie dort eingeführt. Ein Experte sagte dazu: „Das ist ein Beispiel einer Waffe, für die die taktische Forderung erst noch erfunden werden muss". Angesichts der praktischen Einschränkungen durch diese Munitionsart wohl auch kein Wunder.

DIE 12,7-MM-GAU-6

Eine Lücke gab es aber noch zwischen der 7,62-mm-Kleinkanone und der 20-mm-Kanone. General Electric füllte sie prompt mit einer drehbaren, mehrläufigen Kanone im altbewährten Kaliber 12,7 mm. Ursprünglich hatte man lediglich beabsichtigt, die 12,7-mm-Munition als Versuchsträger zu benutzen und gleichzeitig eine Kanone für eine in der Entwicklung befindliche 10-mm-Patrone zu bauen. Dann wurde das neue Kaliber aufgegeben, und so wurde die GECAL 50, wie sie schließlich heißen sollte, eben im Kaliber 12,7 mm weiterentwickelt. Der erste Prototyp GAU-6 hatte sechs Läufe und war durch die Stärke des Patronengurts auf eine Feuergeschwindigkeit von 4500 Schuss pro Minute beschränkt.

SPÄTERE FORMEN DER GECAL 50

Das Serienmodell GECAL 50 erschien in zwei Ausführungen: Eine Kanone mit sechs Läufen, die bis zu 8000 Schuss pro Minute abfeuerte und eine leichtere Kanone mit drei Läufen, die halb so schnell war. Dafür wurden Halterungen für Hubschrauber und leichte Fahrzeuge entwickelt, um die Waffe und ihre Kombination aus geringem Gewicht und der Durchschlagskraft der 12,7-mm-Patrone optimal zu nutzen. Es gab auch eine größere Version – die 30-mm-Kanone GAU-8A, die wichtigste Waffe des Erdkampfflugzeugs A-10 Thunderbolt. Die GAU-8A war in vieler Hinsicht einzigartig und wurde bald ein Mythos für sich. Dabei war sie durchaus nicht ungewöhnlich. Sie verschoss Massivkugeln aus Wolfram und abgereichertem Uran mit 4200 Schuss pro Minute. Sie zerstörten Panzerfahrzeuge allein durch ihre höhere kinetische Energie – man sagte, dass die Kanone mehr Schub erzeugte als die Triebwerke der A-10. Da sie entgegen der Flugrichtung wirkte, durften die Piloten nur ganz kurze Feuerstöße abgeben!

Oben: US Army und US Air Force setzen die Vulcan mit drei oder sechs Läufen ein (wie die M197 hier). Auf dem Mannschaftstransportwagen M113 dient sie der Flugabwehr.

DIE HUGHES CHAIN GUN

Beim Versuch, die Leistung des schweren MG zu steigern, griff man natürlich nicht nur auf das Prinzip von Gatling zurück. Ein Neuling auf dem Gebiet der Rüstungsindustrie, die Hughes Tool Company, machte sich 1970 daran, ein 7,62-mm-MG zu entwickeln, das die gleichen Außenmaße haben sollte wie der „konventionelle", aber äußerst komplizierte Rückstoßlader M79/M219, der 1960 als Koaxial-MG für den Kampfpanzer M60 eingeführt wurde. Ein Prototyp wurde als „Panzer-MG mit Fremdantrieb" unter der Kurzbezeichnung EPAM gebaut. Der Mechanismus wurde über ein Getriebe und eine Reihe von Nocken gesteuert. Diese Idee funktionierte bei der Erprobung ausgezeichnet, war aber auf jeden Fall zu kompliziert für eine Waffe, die im Feld instand gesetzt werden musste. Im Rahmen einer intensiven Überarbeitung kam man auf eine viel einfachere Kraftübertragung mittels einer Industrie-Rollenkette, wie sie auch in den meisten Motorrädern benutzt wird.

Die Endloskette sorgte für den Antrieb der Kanone und gleichzeitig für die Steuerung der Funktionen. Sie lief über vier im Rechteck angeordnete Zahnräder. Eines trieb die Kette selbst an, ein weiteres die Munitionszuführung. Die beiden weiteren waren Leiträder, die für die erforderliche Geometrie sorgten und die Spannung der Kette hielten. Ein Glied dieser Kette, das so genannte Kettenschloss, enthielt einen Stößel, der in permanenter Verbindung mit einem Schlitten stand. Dieser lief in einem Querschlitz unter dem Verschlussträger. Dieser Träger schiebt den Verschluss mit dem integrierten Auswerfer vorwärts und rückwärts, während die Kette über die Zahnräder läuft. Diese Waffe war wesentlich einfacher aufgebaut und auch kleiner und leichter als die Revolverkanone. Sie war zwar nicht ganz so schnell, aber das war auch nicht beabsichtigt. Mit der Revolverkanone teilte sie die Zuverlässigkeit des Fremdantriebs. Die Fehler, die Maxim damals zum Vorteil seines MG mit Eigenantrieb ausgenutzt hatte, waren inzwischen zu handfesten Vorteilen geworden.

Im Jahr 1972 brachte Hughes die Chain Gun (inzwischen ein eingetragenes Warenzeichen) auf den Markt. Sie wurde

OBEN: Die Hauptwaffe des Kampfhubschraubers AH-64 Apache ist die Hughes Chain Gun. Sie ist mit einem Helmvisier verbunden und wird durch die Kopfbewegung des Schützen gerichtet.

1976 als M320 im Kaliber 30 mm bei der US Army eingeführt. Die Kanone war die Bordwaffe des Kampfhubschraubers AH-64 Apache. Sie saß in einer Unterbuggondel und wurde über eine Computerverbindung zum Helm des Piloten gesteuert. Ein zweites Modell im Kaliber 25 mm wurde als Kanone M252 Bushmaster in den Panzern M2/M3 Bradley sowie in weitere Fahrzeuge eingebaut, und die 7,62-mm-Ausführung EX-34 fand sich als koaxiales MG im US-Kampfpanzer M1 Abrams, im britischen Kampfpanzer Challenger II und im Panzerkampfwagen Warrior.

HÜLSENLOSE MUNITION

Ein weiteres Problem stammt bereits aus den Anfangstagen des MG: Wohin mit den verbrauchten Hülsen? In dieser Hinsicht war die Erfindung der Messingpatrone ein Rückschritt, denn die davor übliche Papierpatrone wurde rückstandslos verbraucht und musste hinterher nicht ausgeworfen werden.

Die Technologie unserer Zeit gibt die Hoffnung, zu diesem Idealzustand zurückkehren zu können. Die Treibladung ist eine haltbare, handliche Einheit, die das Geschoss voll umgibt. Anfang der 90er Jahre hatte mindestens ein Hersteller eine Studie über eine leichte automatische Waffe veröffentlicht, die eine derartige Munition verschoss. Es handelte sich um eine rechteckige hülsenlose Patrone im Kaliber 4,85 mm x 33, die von Dynamit Nobel in Deutschland bis zum Prototypen entwickelt wurde. Ähnliche Versuche gab es auch in den Vereinigten Staaten. Bei anderen Forschungsprojekten wurde versucht, die konventionellen Geschosse durch unterkalibrige Pfeil- oder Nadelgeschosse mit Treibspiegel zu ersetzen. Es gab auch bei der Artillerie bereits weit fortgeschrittene Experimente mit flüssigen Treibladungen anstelle der festen Treibladungen, mit Hülsen aus Kunststoff oder traditionellem Metall, ja sogar ohne Hülsen. Der allgegenwärtige Mikroprozessor darf natürlich auch nicht fehlen. Damit kann man die Leistung des MG an Windgeschwindigkeit, Feuchtigkeit und Temperatur anpassen, um beim Flachfeuer die Anzahl der Ersttreffer zu erhöhen. Auch hier kann man auf Technologien zurückgreifen, die bei der schweren Artillerie bereits seit langem benutzt werden.

REGISTER

Hinweis: Kursive Seitenzahlen verweisen auf Abbildungen